Andreas Bauer

ZnO:Al-Elektroden in semitransparenten organischen Solarzellen und Tandemsolarzellen

ZnO:Al-Elektroden in semitransparenten organischen Solarzellen und Tandemsolarzellen

von
Andreas Bauer

Dissertation, Karlsruher Institut für Technologie (KIT)
Fakultät für Elektrotechnik und Informationstechnik, 2012

Die vorliegende Arbeit wurde von Oktober 2008 bis Juni 2012 am Zentrum
für Sonnenenergie- und Wasserstoff-Forschung Baden-Württemberg (ZSW)
im Fachgebiet Photovoltaik: Materialforschung angefertigt.

Impressum

Karlsruher Institut für Technologie (KIT)
KIT Scientific Publishing
Straße am Forum 2
D-76131 Karlsruhe
www.ksp.kit.edu

KIT – Universität des Landes Baden-Württemberg und
nationales Forschungszentrum in der Helmholtz-Gemeinschaft

KIT Scientific Publishing 2012
Print on Demand

ISBN 978-3-86644-910-7

ZnO:Al-Elektroden in semitransparenten organischen Solarzellen und Tandemsolarzellen

Zur Erlangung des akademischen Grades eines

DOKTOR-INGENIEURS

von der Fakultät für
Elektrotechnik und Informationstechnik
Karlsruher Institut für Technologie (TH)
genehmigte

DISSERTATION

von

Dipl.-Phys. Andreas Bauer
geb. am 30.08.1982 in Blaubeuren

Tag der mündlichen Prüfung: 19.07.2012
Hauptreferent: Prof. Dr. rer. nat. Uli Lemmer
Korreferentin: Prof. Dr.-Ing. Ellen Ivers-Tiffée

Auf seine eigene Art denken ist nicht selbstsüchtig.
Wer nicht auf seine eigene Art denkt, denkt überhaupt nicht.

Oscar Wilde

Inhaltsverzeichnis

Inhaltsverzeichnis		**I**
Formelzeichen und Abkürzungen		**V**
1	**Einleitung**	**1**
2	**Solarzellen aus organischen Halbleitern**	**5**
2.1	Halbleiter	5
	2.1.1 Anorganische Halbleiter	6
	2.1.1.1 Entartete Halbleiter	7
	2.1.2 Organische Halbleiter	8
	2.1.3 Halbleiter-Grenzflächen	10
	2.1.3.1 Donor-Akzeptor-Heteroübergang	11
	2.1.3.2 Grenzflächen zwischen Metallen oder entarteten Halbleitern und anorganischen oder organischen Halbleiter	13
	2.1.3.3 Heteroübergang organischer und anorganischer Halbleiter	16
2.2	Polymersolarzellen	16
	2.2.1 Aufbau	17
	2.2.1.1 Absorber	18
	2.2.1.2 Zwischenschichten	23
	2.2.1.3 Elektroden	26
	2.2.2 Wirkungsgrad	28
	2.2.2.1 Leerlaufspannung	28
	2.2.2.2 Photostrom	31

2.2.3 Degradation 31
2.3 Polymer-Tandemsolarzellen 32
   2.3.1 Aufbau 34
   2.3.2 Rekombinationsschicht 35
      2.3.2.1 Ohne Mittelelektrode 37
      2.3.2.2 Mit Mittelelektrode 38
      2.3.2.3 Zum Begriff "Rekombinationsschicht" 39
   2.3.3 Herausforderungen des Tandemzellenkonzepts 40

3 Experimentelle Verfahren   **43**
3.1 Synthese der Oxide 44
   3.1.1 TiO_2-Sol-Gel-Synthese 44
   3.1.2 ZnO-Nanopartikel-Synthese 45
   3.1.3 MoO_3-Nanopartikel-Synthese 46
3.2 Präparative Verfahren 47
   3.2.1 Rotationsbeschichtung 47
   3.2.2 Vakuumverfahren 48
      3.2.2.1 Thermisches Verdampfen 48
      3.2.2.2 Sputtern 49
3.3 Charakterisierung 49
   3.3.1 Strom-Spannungsmessung 50
      3.3.1.1 Ersatzschaltbild einer Solarzelle im Eindiodenmodell 51
   3.3.2 Externe Quanteneffizienz 54
   3.3.3 Rasterelektronenmikroskopie (REM) 56
   3.3.4 Transmission und Reflexion 56

4 Optimierung semitransparenter Sputterkathoden   **57**
4.1 Herstellung der semitransparenten Zellen 58
4.2 Minimierung von Sputterschäden an organischen Absorberschichten 61
   4.2.1 Invertierte Zellen mit thermisch abgeschiedener MoO_3-Pufferschicht 62
   4.2.2 Sol-Gel TiO_2-Pufferschicht 65
      4.2.2.1 Optimierung der TiO_2-Schichtdicke 71
4.3 Transmission semitransparenter $PCDTBT:PC_{70}BM$-Zellen . . . 73

4.4 Optimierung der Kurzschlussstromdichte semitransparenter PCDTBT:PC$_{70}$BM-Zellen 75

4.5 Spektr. Abh. der Kurzschlussstromdichte vom Al/ZnO:Al-Kathoden-Reflexionsspektrum 80

    4.5.1 Simulation der spektral-abhängigen Kurzschlussstromdichte mit SCAPS 85

5 Tandemsolarzellen   **89**

5.1 Herstellung der Solarzellen 90

5.2 Rekombinationsschichten 92

    5.2.1 ZnO:Al/PEDOT:PSS 94

    5.2.2 Minimale ZnO:Al-Schichtdicke 99

5.3 Optimierung des 3T-Tandemzellenaufbaus 102

    5.3.1 Angleichung der aktiven Subzellenflächen 103

    5.3.2 Schadensfreie Abscheidung gesputterter Al/ZnO:Al-Rekombinationsschichten 104

        5.3.2.1 Interface-Wechselwirkung von Anode und Kathode 104

        5.3.2.2 Alternativer MoO$_3$-Lochleiter zu PEDOT:PSS auf ITO 107

    5.3.3 Angleichung der Subzellenströme 109

    5.3.4 Implikation für die Optimierung von 2T-Tandemzellen . 111

6 Optoelektronische Charakterisierung von Subzellen in 3T-Tandemsolarzellen   **115**

6.1 Strom-Spannungscharakterisierung 115

6.2 Externe Quantenausbeute 122

    6.2.1 Ursprung des Messartefakts der 3T-Subzellen-EQE . . . 130

7 Effektives Tandemzellenersatzschaltbild   **133**

7.1 Modellentwicklung 134

    7.1.1 Effektiver Parallelwiderstand 140

    7.1.2 Effektiver Photostrom 142

7.2 Modellanwendung und Gültigkeit 144

    7.2.1 Ohne Beleuchtung 147

    7.2.2 Mit Beleuchtung 153

7.3   Anleitung zur Anwendung des effektiven Modells 157

7.4   Solarzellenmodule 159

7.5   Experimentelle Validierung des effektiven Ersatzschaltbildes . . 161

8   Zusammenfassung   **165**

Literaturverzeichnis   **169**

Abbildungsverzeichnis   **185**

Tabellenverzeichnis   **189**

Anhang   **191**

Danksagung   **199**

Veröffentlichungen   **201**

Formelzeichen und Abkürzungen

2T	Zwei-Terminal
3T	Drei-Terminal
A	Diodenidealitätsfaktor
AC	Wechselspannung
A_{EQE}	Aktive Zellfläche bei EQE-Messung
A_{IU}	Aktive Zellfläche bei IU-Messung
AM1.5G	Air Mass 1.5G
BC	Untere Zelle (engl. bottom cell)
BHJ	Bulk Heterojunction
CTS	Ladungstransfer-Zustand (engl. charge-transfer-state)
D/A	Donor-Akzeptor
DC	Gleichstrom
DCB	o-Dichlorbenzol
E_{a}	Aktivierungsenergie des Sperrsättigungsstroms
E_{F}	Fermienergie
$E_{\mathrm{F_n}}$	Quasi-Fermienergie von Elektronen
$E_{\mathrm{F_p}}$	Quasi-Fermienergie von Löchern
E_{g}	Bandlücke
EHL	Entarteter Halbleiter
EL	Elektrolumineszenz
$E_{\mathrm{LUMO_A}}$	LUMO-Energieniveau des Akzeptors
$E_{\mathrm{LUMO_D}}$	LUMO-Energieniveau des Donors
ϵ	Fehler des effektiven Modells
ϵ_{max}	Maximaler Fehler des effektiven Modells
EQE	Externe Quanteneffizienz
ESB	Effektives Ersatzschaltbild
η	Wirkungsgrad

ETL	Elektronentransportschicht (engl. electron transport layer)
f^2	Summe der Fehlerquadrate
FF	Füllfaktor
FLP	Fermi-Level-Pinning
η	Wirkungsgrad
HOMO	Höchstes besetztes Molekülorbital
$HOMO_D$	HOMO des Donors
HTL	Lochtransportschicht (hole transport layer)
HV	Hochvakuum (10^{-3} bis 10^{-7} mbar)
I	Strom
I_0	Sperrsättigungsstrom
I_D	Strom durch Diode
$I_{d,0}$	Sperrsättigungsstromvorfaktor
I_{EQE}	Durch EQE-Signal erzeugter Strom
I_{IU}	Strom aus Strom-Spannungsmessung
I_P	Strom über den Parallelwiderstand
I_{Ph}	Photostrom
I_{SC}	Kurzschlussstrom
$IC_{60}BA$	indene-C_{60} bisadduct
ICT-Zustand	Entspricht Oxidations- bzw. Reduktionspotentialen (engl. inter-charge-transfer)
IQE	Interne Quanteneffizienz
j_{SC}	Kurzschlussstromdichte
ITO	Zinn-dotiertes Indiumoxid
IU-Messung	Strom-Spannungsmessung, Kennlinienmessung
k_B	Boltzmannkonstante
LBG	Geringe Bandlücke (engl. low-band-gap)
LED	Leuchtdiode
LUMO	Niedrigstes unbesetztes Molekülorbital
$LUMO_A$	LUMO des Akzepotors
$LUMO_D$	LUMO des Donors
m	Kennliniensteigung
MEH-PPV	Dialkoxy Poly(p-Phenylen-Vinylen)
MIM	Metall-Isolator-Metall
MO	Metalloxid(e)
MPP	Punkt maximaler Leistung

μ	Ladungsträgerbeweglichkeit
n	Ladungsträgerdichte
NMS	Nicht gemessene Subzelle
OCC	Leerlaufbedingung (engl. open circuit condition)
OFET	Organischer Feldeffekttransistor
OHL	Organische(r) Halbleiter
OLED	Organische Leuchtdiode
OPV	Organische Photovoltaik
P	Leistung
P3HT	Poly(3-hexylthiophen)
PBDTT-DPP	Poly[2,6´-4,8-di(5-ethylhexylthienyl)benzo[1,2-b;3,4-b]dithiophene-alt-5-dibutyloctyl-3,6-bis(5-bromothiophen-2-yl)pyrrolo[3,4-c]pyrrole-1,4-dione]
PCBM	[6,6]-Phenyl-C_{61}-Buttersäuremethylester
$PC_{70}BM$	[6,6]-Phenyl-C_{71}-Buttersäuremethylester
PCDTBT	Poly[9´-hepta-decanyl-2,7-carbazole-alt-5,5-(4´,7´-di-2-thienyl-2´,1´,3´-benzothiadiazole)]
PDPP5T	Diketopyrrolopyrrole–Quinquethiophene
PEDOT:PSS	Poly(3,4-ethylendioxythiophen):Poly(styrenesulfonate)
PEG	Polyethylenglycol
PEO	Polyethylenoxid
P_{Licht}	Eingestrahlte Lichtleistung
P_{MPP}	Leistung am MPP
PL	Photolumineszenz
PSBTBT	Poly[(4,4´-bis(2-ethylhexyl)dithieno[3,2-b:2´,3´-d]silole)-2,6-diylalt-(2,1,3-benzothiadiazole)-4,7-diyl]
q	Elektrische Elementarladung
Q	Elektrische Ladung
R	Elektrischer Widerstand
R_{D}	Differentieller elektrischer Widerstand
$\overline{R}$	Durchschnittliche integrierte Reflexion zwischen 300 nm und 900 nm Wellenlänge
$\overline{R}_{700}$	Durchschnittliche integrierte Reflexion zwischen 300 nm und 700 nm Wellenlänge
R_{S}	Serienwiderstand
R_{P}	Parallelwiderstand

$R_\text{P}(U)$	Spannungsabhängiger Parallelwiderstand
$R_\text{P,EQE}$	Parallelwiderstand bei EQE-Messung
REM	Rasterelektronenmikroskop
$\rho_\text{P,A}$	Spezifischer Elementarwiderstand
rpm	Umdrehungen pro Minute
SCC	Kurzschlussbedingung (engl. short circuit condition)
sccm	Standardkubikzentimeter pro Minute
σ	Elektrische Leitfähigkeit
T	Temperatur
$\overline{T}$	Durchschnittliche integrierte Transmission zwischen 300 nm und 1300 nm Wellenlänge
$\overline{T}_{>700}$	Durchschnittliche integrierte Transmission zwischen 700 nm und 1300 nm Wellenlänge
TC	Obere Zelle (engl. top cell)
TCO	Transparente, leitende Oxide (engl. transparent conducting oxide)
U	Spannung
U_Bias	Biasspannung
U_EQE	Durch EQE-Signal erzeugte Spannung
U_IU	Angelegte Spannung bei Strom-Spannungsmessung
U_MPP	Spannung am MPP
U_OC	Leerlaufspannung
U_Photo	Durch Beleuchtung erzeugte Spannung
U_P	Parallelspannung (i. d. R. am Parallelwiderstand)
UCLA	University of California, Los Angeles
VLA	Vacuum-Level-Alignment
ZAO	ZnO:Al (Aluminium-dotiertes Zinkoxid)
ZSW	Zentrum für Sonnenenergie- und Wasserstoff-Forschung Baden-Württemberg

Kapitel 1

Einleitung

Der weltweite Energiebedarf wächst mit dem Aufkommen neuer Technologien und mit der fortschreitenden Industrialisierung der bevölkerungsreichsten Schwellenländer China und Indien. Diese hatten im Jahr 2010 einen vergleichsweise geringen pro Kopf Primärenergiebedarf (China 1,8 Tonnen Öläquivalent, Indien 0,5 Tonnen Öläquivalent; [1, 2]) im Vergleich zu Europa (3,4 Tonnen Öläquivalent; [1, 3]) oder den USA (7,4 Tonnen Öläquivalent; [1, 2]), der zweifellos zunehmend steigen wird. Die momentan genutzten Hauptenergieträger sind nur begrenzt vorhanden und werden folglich verstärkt Gegenstand politischer und wirtschaftlicher Interessen sein.

Gegenwärtig bilden fossile Brennstoffe das Fundament zur Energieerzeugung. Hierbei handelt es sich bekanntlich um die chemische Umsetzung urzeitlicher organischer Substanzen zu den Hauptenergieträgern Kohle, Erdgas und Erdöl. Diese Ausgangsstoffe entstanden zu ihrer Zeit aus dem Wachstum von Pflanzen (und Tieren), die abhängig vom Schein der Sonne, Kohlenstoffdioxid aus der Atmosphäre gefiltert und durch Photosynthese zu Kohlenwasserstoffen umgesetzt haben. Unter diesem Gesichtspunkt stellen die fossilen Brennstoffe einen "solaren Energie-Kredit" dar. Dieser muss genutzt werden, um Technologien zu entwickeln, die in der Lage sind den Energiebedarf der Gesellschaft aus der eingestrahlten Sonnenenergie zu decken.

Im Jahre 2010 betrug der weltweite Primärenergiebedarf $518 \cdot 10^{18}$ J/a der einer (elektrischen) Leistung von $144 \cdot 10^{12}$ kWh/a [1] entspricht. Wenngleich diese Beträge astronomisch hoch erscheinen, sind diese beim Vergleich mit der pro Jahr eingestrahlten Sonnenenergie von $5.400.000 \cdot 10^{18}$ J ($1.500.000 \cdot 10^{12}$ kWh) [4] weniger beeindruckend. Mit den Daten aus eingestrahlter Sonnenenergie und Jahresenergiebedarf kann errechnet werden, dass im Idealfall bereits nach 51

Minuten der Weltenergiebedarf für ein ganzes Jahr gedeckt werden kann.

Bei der Photovoltaik hat sich bereits ein Markt für fest installierte Systeme etabliert, bei denen es sich mehrheitlich um Silizium-basierte Technologien handelt. Zunehmend wird auf vergleichbar effiziente aber materialsparende Dünnschichttechnologien gesetzt, die vor allem in der Herstellung durch geringeren Material- und Energieverbrauch das Potential zur Kosteneinsparung bieten. Zu diesen neuen Technologien zählen die organischen Solarzellen, deren Absorber sich aus Polymeren oder anderen organischen Verbindungen zusammensetzt. Die Verwendung dünner, organischer Schichten lässt die Fertigung flexibler Solarzellen zu, die außerdem ein geringeres Gewicht (z.B. im Extremfall nur 4 Gramm pro Quadratmeter bei etwa 4% Wirkungsgrad [5]) im Vergleich zu anderen Technologien aufweisen. Für die Fertigung vorteilhaft erweist sich die Möglichkeit, die organischen Materialien aus der Lösung bei Raumtemperatur und normaler Umgebungsatmosphäre bzw. Reinraumumgebung zu verarbeiten. Mit ihren Eigenschaften können die organischen Solarzellen neue Anwendungsgebiete erschließen, für die sich noch keine geeigneten Technologien gefunden haben. Durch ihr geringes Gewicht, Flexibilität, ausgezeichnetes Schwachlichtverhalten und die Möglichkeit bei der Synthese der verwendeten Polymere die Farbgebung der organischen Solarzelle einzustellen, sind sie hervorragend für gebäude- oder Kfz-bezogene Anwendungen geeignet. Unabhängig vom späteren Einsatzort müssen für organische Solarzellen noch grundlegende Probleme, wie ungenügender Wirkungsgrad und Langzeitstabilität, gelöst werden. Das bisherige Referenzsystem, gemessen an der Zahl der Publikation während der letzten Jahre [6], besteht aus P3HT:PCBM und erfüllt keine der genannten Bedingungen für die Marktreife der organischen Solarzellen. Anhand dieses Referenzsystems war es aber möglich tiefergehende Einblicke in die physikalischen Prozesse der organischen Solarzellen zu gewinnen. Mit neuartigen Polymeren konnten bereits organische Solarzellen mit Wirkungsgraden von 9% (zertifiziert) [7] demonstriert werden. Daneben wurden bei der Langzeitstabilität ebenfalls große Fortschritte erzielt, die zu mittleren Lebensdauern $PCDTBT:PC_{70}BM$-basierter Solarzellen von etwa 7 Jahren führen [8]. Neben der Entwicklung neuer, leistungsfähigerer Polymere wird zunehmend auch versucht, den Wirkungsgrad organischer Solarzellen durch die Entwicklung und Verbesserung bestehender Zellkonzepte zu steigern. Vielversprechend erscheinen hierbei Tandemsolarzellen, die sich aus zwei übereinander gestapelten Solarzellen mit idealerweise komplementären Absorptionsspektren zusammensetzen.

Mit organischen Tandemzellen werden seit kurzem höhere Effizienzen als bei Einschicht-Solarzellen erreicht. Diese liegen bei rein flüssigprozessierten Absorbern bei 10,6% (zertifiziert, NREL) [9] und mit Absorbern aus kleinen Molekülen bei 10,7% (zertifiziert, SGS) [10]. Dabei werden zunehmend tatsächlich komplementär absorbierende Polymere als Absorber verwendet [11, 12]. Die beiden wesentlichen Bestandteile aller Tandemsolarzellen sind eine semitransparente Subzelle und die sogenannte Rekombinationschicht, die die Subzellen miteinander verbindet. Die Herstellung organischer semitransparenter Solarzellen ist durch den eingeschränkten Absorptionsbereich und die Verwendung dünner Schichten möglich. Dies führt zu vielfältigen Anwendungsmöglichkeiten, die sich nicht nur auf die Verwendung in Tandemsolarzellen beschränken. Hierzu zählen vor allem die oben genannten möglichen Anwendungsgebiete der organischen Photovoltaik in der Gebäude- und Kfz-Intergration, wobei es möglich ist semitransparente Zelle auch farbneutral erscheinen zu lassen [13]. Zur Herstellung semitransparenter Zellen muss auf die Absorberschicht eine obere, transparente Elektrode abgeschieden werden. Hierfür eignen sich auf Grund ihrer hohen Transparenz und Leitfähigkeit transparente, leitende Oxide. Geeignete Materialen sind z.B. Zinn-dotiertes Indiumoxid oder das kostengünstigere Aluminium-dotierte Zinkoxid (ZnO:Al) [14], die durch Sputtern abgeschieden werden. Auf derartigen semitransparenten Zellen beruhen 3-Terminal-Tandemsolarzellen, in denen die obere Elektrode der semitransparenten Zelle sowohl als Mittelelektrode aber auch als Rekombinationsschicht verwendet werden kann. Diese Form von Tandemsolarzellen erlaubt die Kontaktierung der einzelnen Subzelle zur elektrischen Charakterisierung sowie alternative Verschaltungskonzepte von Tandemzellen in Modulen. Zu diesem Zweck müssen die Abscheidung der transparenten ZnO:Al-Mittelelektrode und der Aufbau von 3-Terminal-Tandemsolarzellen anhand semitransparenter Zellen optimiert werden.

Aufbau der Arbeit

Grundlagen wie die theoretischen Aspekte der organischen Solarzellen werden in *Kapitel 2* behandelt und durch eine Einführung in die experimentellen Methoden in *Kapitel 3* vervollständigt. Die Herstellung von Tandemsolarzellen erfordert eine semitransparente Subzelle, deren Konzept sowie die Schritte zur Optimierung der transparenten Kathode in *Kapitel 4* erläutert werden. Anschließend untersucht *Kapitel 5* den Aufbau der Tandemzellen mit dem Schwerpunkt auf Rekombinationsschichten und die Wirkung ihrer Eigenschaften auf das Verhalten der Tandemzelle. Eine Besonderheit des Bauelementaufbaus ist die hochleitfähige ZnO:Al-Zwischenschicht, die die optoelektronische Charakterisierung der Subzellen innerhalb der Tandemzelle ermöglicht. Deren elektrische Wechselwirkung während der optoelektronischen Charakterisierung beschreibt *Kapitel 6*. In *Kapitel 7* wird ein vereinfachtes, effektives Ersatzschaltbildes einer Tandemzelle entwickelt, wodurch die Ersatzschaltbildparameter der Subzellen analytisch mit denen der Tandemzelle verknüpft werden können. Abschließend fasst *Kapitel 8* die gewonnenen Erkenntnisse zusammen und diskutiert deren Auswirkung und Möglichkeiten auf die weitere Entwicklung der organischen (Tandem)-Solarzellen.

Kapitel 2

Solarzellen aus organischen Halbleitern

Elektronische Bauteile bestehen mit wenigen Ausnahmen aus anorganischen Materialien, wie z.B. Silizium und III-V-Halbleitern in der Halbleitertechnik oder Kupfer in Stromleitungen. Die Verwendung und Erforschung organischer Materialien, die dieselben Funktionen übernehmen können, ist ein noch vergleichsweise junges Themenfeld. Bis 1977 waren nur die isolierenden Eigenschaften organischer Stoffe bekannt, bis es Shirakawa *et al.* [15] gelang, durch geeignete Behandlung von *trans*-Polyacetylenfilmen mit Halogendämpfen die elektrische Leitfähigkeit einer organischen Schicht zu demonstrieren. Ab diesem Zeitpunkt vergingen noch beinahe 10 Jahre, bis Tang [16] erstmals eine funktionierende, mit einem Absorber aus organischen Halbleitern in Bilayerstruktur aufgebauten Solarzelle (Wirkungsgrad ca. 1%) präsentieren konnte. Dennoch bedurfte es noch mehr als ein weiteres Jahrzehnt bis dieser Forschungszweig neue Ergebnisse und Wirkungsgrade von mehr als 2% [17] hervorbrachte. Seitdem hat sich aus diesen langwierigen Anfängen ein facettenreiches und rasant wachsendes Forschungsfeld entwickelt. Dieses erfreut sich seitdem stetig steigendem Interesse begründet durch vielfältige Anwendungs- und Gestaltungsmöglichkeiten bei gleichzeitiger Verknappung und Verteuerung der klassischen Elektronikmaterialien.

2.1 Halbleiter

Halbleiter sind der Grundbaustein praktisch aller modernen elektronischen Technologien, insbesondere in Form von Transistoren, die in Mikrochips verbaut werden. Daneben erweitert sich das Anwendungsfeld zusehends auf die Erzeugung von Energie aus Sonnenlicht. Während bisher hauptsächlich Solarzellen

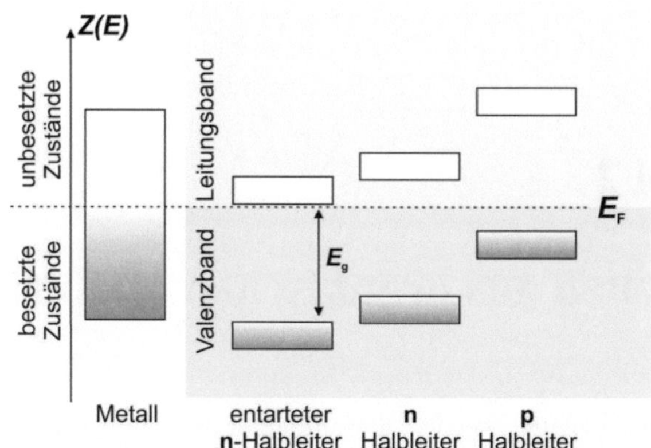

Abbildung 2.1: Abhängig von der Lage der Fermienergie relativ zu den vorhandenen Bändern und den besetzten Zuständen ergeben sich entartete, p- und n-Halbleiter. In Metallen liegt die Fermienergie innerhalb eines Bandes.

auf Basis von Silizium, III-V-Verbindungshalbleitern, CdTe und CuInSe$_2$ bzw. Cu(In,Ga)(S,Se)$_2$ hergestellt werden, schreitet die Entwicklung organischer Solarzellen voran. Deren Absorber besteht aus kleinen Molekülen oder Polymeren und eine Marktreife dieser Technologie ist bereits absehbar. Weitere organische wie anorganische Halbleiter werden in Solarzellen als selektive Ladungstransportschichten zwischen den Elektroden und dem Absorber verwendet. Darüber hinaus bildet in Tandemzellen ein p- und n-Halbleiterheteroübergang die Rekombinationsschicht, die die Subzellen elektrisch miteinander verbindet.

Die theoretischen Grundlagen zu den verwendeten, organischen wie anorganischen, halbleitenden Materialien sollen hier vorgestellt werden.

2.1.1 Anorganische Halbleiter

Zu Halbleitern zählen Materialien, die eine über den Festkörper ausgedehnte Bandstruktur aufweisen und deren Fermienergie innerhalb der Bandlücke zwischen einem besetzten und einem unbesetzten Band liegt (Abb. 2.1). Die Bandstruktur von Halbleitern entsteht aus der Periodizität der Anordnung der Atome im Festkörper. Dabei werden die Atomkerne als positiv geladene Potentialtöpfe betrachtet, mit denen alle Elektronen wechselwirken. Die Wellenfunktionen, die die Schrödingergleichung dieser Problemstellung lösen, heißen Blochwellen. Aus der Wechselwirkung der Elektronen mit den Atomrümpfen folgt die Aufspaltung der Energieniveaus in Bänder mit einem Kontinuum an besetzbaren Zuständen, wobei die Bänder durch eine zustandsfreie Zone (Bandlücke) voneinander getrennt sind.

Für Halbleiter von besonderer Bedeutung sind das Valenzband, dem energetisch höchsten, bei 0 K vollständig mit Elektronen gefüllten Band, und das Leitungsband, dem energetisch niedrigsten, unbesetzten Band. Vollständig gefüllte Bänder ermöglichen durch fehlende besetzbare Zustände keinen Ladungsträgertransport. Daher müssen Ladungsträger zuerst vom Valenz- in das Leitungsband angeregt werden. Analog zu Metallen ist hier dann innerhalb des Leitungsbandes die thermische Energie der Ladungsträger ausreichend um freie Zustände innerhalb des Zustandskontinuums zu besetzten und begründet deren (hohe) Leitfähigkeit. Anhand der energetischen Lage der Fermienergie in Bezug auf die Bänder wird zwischen vier verschiedenen Typen von Halbleitern unterschieden (Abb. 2.1): intrinsische (d.h. die Elektronendichte gleicht der Löcherdichte, nicht aufgeführt), p-, n- und entartete Halbleiter. Bei n-Halbleitern liegt die Fermienergie nahe, aber unterhalb des Leitungsbandes umgekehrt zu p-Halbleitern, bei denen die Fermienergie nahe, aber oberhalb des Valenzbandes liegt. Zu den bekanntesten und häufig in organischen Solarzellen verwendeten (Metalloxid)Halbleitern zählen als n-Halbleiter TiO_2 oder ZnO-Nanopartikel sowie V_2O_5 oder MoO_3 als p-Halbleiter. Zwar kann MoO_3 wegen seinem in Bezug auf das HOMO von P3HT sowie auf die ITO-Anode energetisch günstig gelegenen Leitungsband als p-Halbleiter verwendet werden, zählt aber nach Meyer *et al.* [18] aufgrund seiner physikalischen Eigenschaften eigentlich zu den n-Halbleitern. Die entarteten Halbleiter werden im Folgenden diskutiert.

2.1.1.1 Entartete Halbleiter

Eine besondere Form der Halbleiter stellen die entarteten Halbleiter dar (siehe Abb. 2.1) und werden durch das Einbringen von Fremdatomen (Dotierung) in einen Halbleiter erzeugt. Bei ausreichend hoher Dotierung mit Donatoren entsteht im Halbleitern ein zusätzliches Band unterhalb des Leitungsbandes (Donatorenband). Auf analoge Weise entstehen durch hohe Dotierung mit Akzeptoren ebenfalls entartete Halbleiter. Aufgrund der hohen Dotierung spaltet sich das Donatorband auf und reicht infolgedessen bis in das Leitungsband hinein, wobei

sich hierbei auch der Bandabstand verringert [19]. Als Konsequenz der Band-
überlagerung liegt die Fermienergie nun innerhalb eines Bandkontinuums [20]
aus Leitungs- und Donatorenband und ermöglicht bereits durch eine rein thermische Anregung von Elektronen Stromfluss. Zusammen mit der hohen Konzentration an Ladungsträgern (typische Größenordnung 10^{19} - 10^{21} 1/cm^3) ergeben
sich Eigenschaften, die den Eigenschaften eines metallischen Leiters ähneln.
Bekannte Vertreter dieser Halbleiterklasse und für optoelektronische Anwendungen wie Solarzellen, Leuchtdioden und Displays von herausragender Bedeutung sind transparente, leitende Oxide (TCO). In organischen Solarzellen wird
Zinn-dotiertes Indiumoxid (ITO) als Anode verwendet. Die Abscheidung von
TCOs erweist sich im Zusammenhang mit organischen Schichten als problematisch, da TCOs vorwiegend durch Sputtern abgeschieden werden. Hierbei tritt
ein Beschuss der organischen Schicht mit hochenergetischen Partikeln auf, die
zur Schädigung organischer Verbindungen führt. Dies ist insbesondere bei der
Herstellung semitransparenter Solarzellen problematisch, deren Kathode ebenfalls aus einem TCO besteht. Ein hierfür geeignetes Material ist Aluminium-
dotiertes Zinkoxid (ZAO), das bereits in semitransparenten Solarzellen verwendet wurde [21, 22]. Eine weiterführende Optimierung des Sputterprozesses zur
Abscheidung von ZAO auf eine organische Schicht ist Gegenstand von Kapitel 4
(S. 57).

2.1.2 Organische Halbleiter

Die wesentliche Eigenschaft aller Halbleiter ist die Ausbildung von stationären,
räumlich kontinuierlichen Zuständen, die als Bänder bezeichnet werden. In anorganischen Halbleitern entstehen diese Bänder durch die Überlagerung der Elektronenwellenfunktionen höherer Energieorbitale (die Wellenfunktionen sind hier
delokalisierter) zwischen den Atomen. Je nach Lage der Bänder relativ zur Fermienergie spricht man von p- bzw. n-Halbleitern. Durch Dotierung kann die
Ladungsträgerdichte im Halbleiter gesteigert werden, findet aber bei den in organischen Solarzellen häufig verwendeten Halbleiterabsorbern wie z.B. P3HT,
PCDTBT, PSBTBT und PCBM (mit Ausnahme von PEDOT:PSS) selten Verwendung.
Bei organischen Halbleitern ist die Bildung von Bändern vom Konzept (Überlagerung delokalisierter Elektronenwellenfunktionen) her identisch, wenngleich
der Mechanismus verschieden ist. Ausgehend von einer Kohlenwasserstoffket-

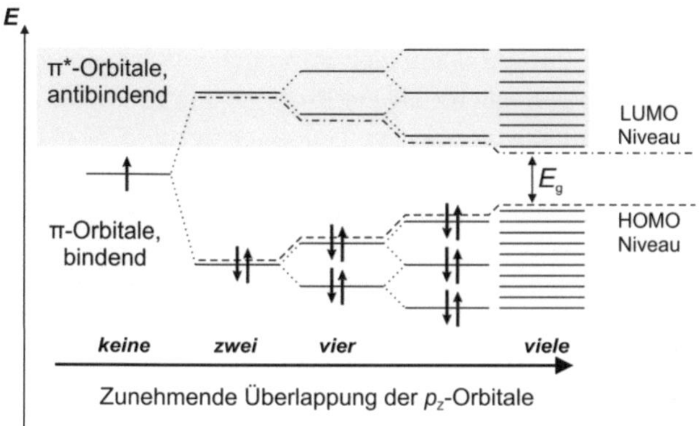

Abbildung 2.2: Aufspaltung eines diskreten p_z-Orbitalenergieniveaus durch die Wechselwirkung mit weiteren p_z-Orbitalen in bindende π-Orbitale und anitbindende π^*-Orbitalen. Mit zunehmender Anzahl beteiligter p_z-Orbitale nimmt der energetische Abstand zwischen LUMO und HOMO (E_g, Bandlücke) ab. Aufgrund der Peierlsverzerrung [23] können LUMO und HOMO aber nicht zusammenfallen, so dass eine Bandlücke bestehen bleibt.

te (CH-Kette) mit nur jeweils einem an ein Kohlenstoffatom (C) gebundenem Wasserstoffatom (H) und einer anfänglichen Einzelbindung zwischen den C-Atomen, ist ein Elektron im p_z-Orbital pro C-Atom noch frei verfügbar. Die Überlagerung zweier p_z-Elektronenwellenfunktionen führt zur Aufspaltung der Energieniveaus in ein bindendes, vollständig gefülltes π-Orbital und ein leeres, antibindendes π^*-Orbital (vgl. Abb. 2.2). Mit zunehmender Anzahl beteiligter p_z-Orbitale verfeinert sich die Aufspaltung der π^*- und π-Orbitale weiter bis hin zu einer Halbleiter-ähnlichen Bandstruktur in Form eines π^*- und π-Bandes. Hierbei heißt das höchste π-Orbital HOMO und das niedrigste π^*-Orbital LUMO. HOMO und LUMO sind durch eine Bandlücke (E_g) voneinander getrennt, wobei die Bandlücke mit zunehmender CH-Kettenlänge abnimmt. Für ausreichend lange CH-Ketten verschwände schließlich die Bandlücke, so dass HOMO und LUMO zusammenfallen würden. In diesem Fall bildeten π^*- und π-Band ein zusammenhängendes Band, das aufgrund der gleichen Anzahl an Zuständen in den jeweiligen Bändern nur noch zur Hälfte mit Elektronen gefüllt wäre. Ein solcher Zustand entspräche einem eindimensionalen metallischen Leiter. Jedoch ist ist die Konjugation der CH-Kette energetisch günstiger und führt stattdessen zu einer alternierenden Dimerisation der C-Atome [23]. Hierdurch wird die Hälfte der Einfachbindungen durch eine σ- und eine π-Doppelbindung ersetzt, deren Bindungslänge geringer als die der Einfachbindung ist. Die Änderung der Gitterperiodizität führt zur sogenannten Peierlsverzerrung [23] und zur zwangsläufigen Bildung einer Bandlücke in konjugierten CH-Ketten. Dadurch erhält das Polymer seine halbleitendenden Eigenschaften und die Differenzenergie aus LUMO und HOMO entspricht der Bandlücke eines Halbleiters.

Zum Transport von Ladungsträgern über einen ausgedehnten Polymerhalbleiter müssen Ladungsträger zwischen einzelnen Polymeren ausgetauscht werden. Benachbarte Polymere stehen dabei in elektrischer Wechselwirkung in Abhängigkeit von ihrem Abstand und ihrer räumlichen Orientierung. Zusammen mit den Eigenschaften ihrer Seitenketten bzw. Materialkombinationen führt diese Wechselwirkung zur Aufspaltung der intramolekularen π-Bänder und zu den intermolekularen Ladungstransfer-Zuständen an den Grenzflächen [24]. Über die Ladungstransferzustände erfolgt dann der Transport zwischen den Molekülen.

Der Mechanismus zur eigentlichen Übertragung von Ladungsträgern zwischen zwei Polymeren lässt sich nicht trivial beschreiben. Zum Ladungstransport existieren zahlreiche Modelle, von denen das bekannteste das "Hopping-Modell" ist, das den Transport durch Springen der Ladungsträger zwischen lokalisierten Zuständen beschreibt. Im Poole-Frenkel Modell sind lokalisierte Zustände ebenfalls ein wesentlicher Bestandteil des Ladungsträgertransports, dienen aber in ihrer Funktion hauptsächlich dazu, Ladungsträger einzufangen. Der geringe energetische Abstand zwischen lokalisierten Zuständen und den Transportzuständen ermöglicht eine thermische oder elektrische Anregung der Ladungsträger, so dass nun der eigentliche Transport analog zum anorganischen Halbleiter erfolgt. Basierend auf diesen Ladungstransportmodellen führen die lokalisierten Zustände selbst wieder zu einer bandartigen Struktur, sofern Sprünge zwischen lokalisierten Zuständen regelmäßiger Natur sind und die Ladungsträgermobilität ausreicht.

2.1.3 Halbleiter-Grenzflächen

Der Aufbau der Solarzelle führt zu verschiedenartigen Grenzflächen, an denen Halbleiter beteiligt sind (Abb. 2.3). Hierzu zählen Halbleiter-Metall- bzw. entarte Halbleiter-Grenzflächen (z.B. TiO_2/Al oder ITO/PEDOT:PSS), rein organische Grenzflächen (z.B. Donor/Akzeptor) und Grenzflächen von organischen

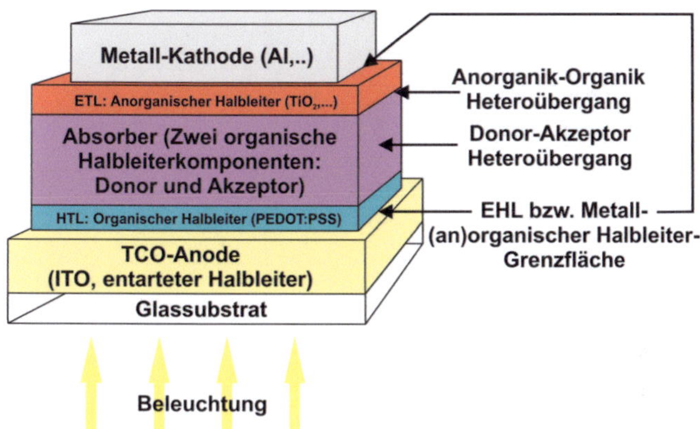

Abbildung 2.3: Aufbau einer organischen Solarzelle einschließlich der vorkommenden Halbleitergrenzflächen. ETL: Elektronentransportschicht, HTL: Lochtransportschicht, EHL: Entarteter Halbleiter

und anorganischen Halbleitern (z.B. TiO_2/PEDOT:PSS), von denen letztere als Rekombinationsschicht in Tandemsolarzellen verwendet werden [25]. Je nach den intrinsischen Eigenschaften der Halbleiter und Metalle, der Lage der Bänder, den Bandlücken sowie der Lage der Fermienergie bzw. der Ladungstransferzustände bei organischen Halbleitern, sind die Prozesse, die zu einem thermodynamischen Gleichgewicht zwischen den Materialien führen, unterschiedlich. In den Grenzfällen handelt es sich entweder um Fermi-Level-Pinning (FLP) oder Vakuum-Level-Alignment (VLA).

2.1.3.1 Donor-Akzeptor-Heteroübergang

Die physikalische Interpretation des Donor-Akzeptorübergangs unterscheidet sich in der Methodologie vom anorganischen p-n-Übergang. Beim klassischen anorganischen p-n-Übergang gleichen sich die Ferminiveaus beider Halbleiter aneinander an. In organischen Halbleitern wird die Wechselwirkung zwischen Donor und Akzeptor über die sogenannten Ladungstransferzustände (CTS) beschrieben, die durch eine Rotverschiebung des Elektrolumineszenz-Spektrums des Absorbers [26, 27] nachgewiesen werden können.

Abbildung 2.4 zeigt die durch Beleuchtung hervorgerufene Anregung eines Elektrons vom $HOMO_D$ des Donors (Absorber) auf das $LUMO_D$-Niveau zu

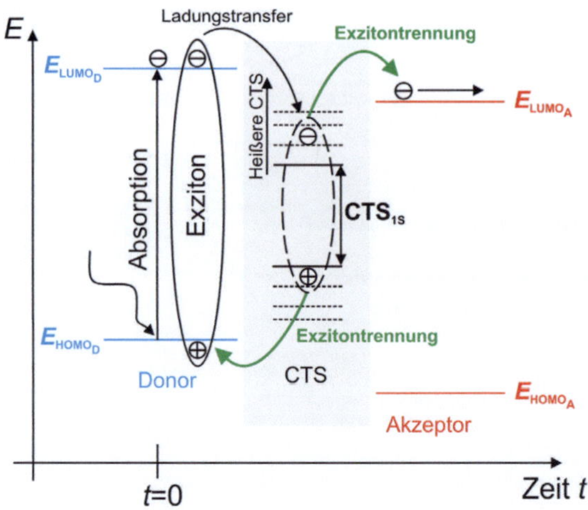

Abbildung 2.4: Ladungstransferzustände zwischen Donor und Akzeptor und deren Rolle bei der Erzeugung freier Ladungsträger bei Beleuchtung (nach [28]).

einem gebunden Elektron-Loch Paar, das sogenannte Exziton. Wegen der allgemein geringen Dielektrizitätskonstanten des Donors und der damit verbundenen schwachen Abschirmung können Exzitonen bei Raumtemperatur nicht thermisch aufgebrochen werden. Typische Bindungsenergien von Exzitonen liegen z.B. bei P3HT:PCBM im Bereich von 0,3-0,4 eV [29]. Damit ist für die Trennung von Exzitonen eine Akzeptorkomponente erforderlich, deren LUMO (E_{LUMO_A}) tiefer als das der Donorkomponente E_{LUMO_D} liegen muss. Daneben führt die Wechselwirkung von Donor- und Akzeptor-LUMO zur Ausbildung der CTS, die zwischen dem HOMO des Donors und dem LUMO des Akzeptors liegen. Im am stärksten gebundenen Zustand (CTS_{1s}) ist eine Trennung des Exzitons unwahrscheinlich und führt zur Rekombination [30]. Dagegen befinden sich heiße Exzitonen in einem weniger stark gebundenen Zustand und eine Trennung ist wahrscheinlicher [31, 30]. Die Ausbildung heißer Exzitonen erfordert eine ausreichend große Differenz zwischen Donor- und Akzeptor-LUMO, damit genügend Energie vorhanden ist, um höhere CTS besetzen zu können. Scheinbar stehen dann Leerlaufspannung und Photostromerzeugung durch die Lage der CTS in direkter Konkurrenz - für hohe Leerlaufspannung sollte die LUMO-Differenz so gering wie möglich sein, für größere Ströme dagegen höher - und eine gleichzeitige Optimierung scheint ausgeschlossen. Trotzdem kommen Deibel *et al.* [28] zu dem Schluss, dass dies nicht zwingend der Fall sein muss, da auch morphologische und andere Effekte zur Besetzung des tiefsten CTS durch Dipolbildung [32] führen können.

2.1.3.2 Grenzflächen zwischen Metallen oder entarteten Halbleitern und anorganischen oder organischen Halbleiter

Die Art der Wechselwirkung an der organisch-metallischen Grenzflächen wird im wesentlichen durch die Beschaffenheit der Metalloberfläche bestimmt. Bei Verunreinigung der Metalloberfläche mit Kohlenstoff oder anderen Stoffen entsteht eine dünne, passivierte Schicht, die die Überlappung der π-Wellenfunktion mit den Wellenfunktionen der Metallelektronen reduziert. Die Wechselwirkung zwischen organischem Halbleiter und Metall ist daher nur schwach ausgeprägt und kann mit Hilfe des CTS-Modells beschrieben werden [33]. Hierfür werden die ICT-Zustände (ICT: inter-charge-transfer) der organischen Halbleiter eingeführt, bei denen zwischen positiven ICT^+-Zuständen und negativen ICT^--Zuständen unterschieden werden kann. Die ICT^+-Zustände beschreiben die unter Berücksichtigung des Substrats notwendige Energie, um ein Elektron aus dem organischen Halbleiter zu entfernen und in einen räumlich wie elektrisch relaxierten Zustand zu bringen. Auf gleiche Weise werden die ICT^--Zustände definiert, die die Energie beschreiben die nötig ist, um ein Elektron einem organischen Halbleiter hinzuzufügen. So gesehen beschreiben der ICT^+-Zustände ein modifiziertes Ionisationspotential und ICT^--Zustände eine modifizierte Elektronenaffinität. An der Grenzfläche werden dann abhängig von der Lage der Fermienergie des Metalls relativ zu den ICT^+- und ICT^--Zuständen, zwei Mechanismen unterschieden: Vakuum-Level-Alignment (VLA) und Fermi-Level-Pinning (FLP).

Abbildung 2.5 zeigt beide möglichen Mechanismen. FLP tritt immer dann an der organisch-metallischen Grenzfläche auf, wenn die Fermienergie des Metalls über der Energie des ICT^--Zustands oder unter der Energie des ICT^+-Zustands liegt. Durch das Vorhandensein von energetisch günstigeren Zuständen für die Elektronen und den damit einhergehenden Austausch von Ladungsträgern verschieben sich die beteiligten Energieniveaus bis Fermienergie und die Energie des beteiligten CTS übereinstimmen und ein thermodynamisches Gleichgewicht vorherrscht. Liegt die Fermienergie des Metalls zwischen den Energien des

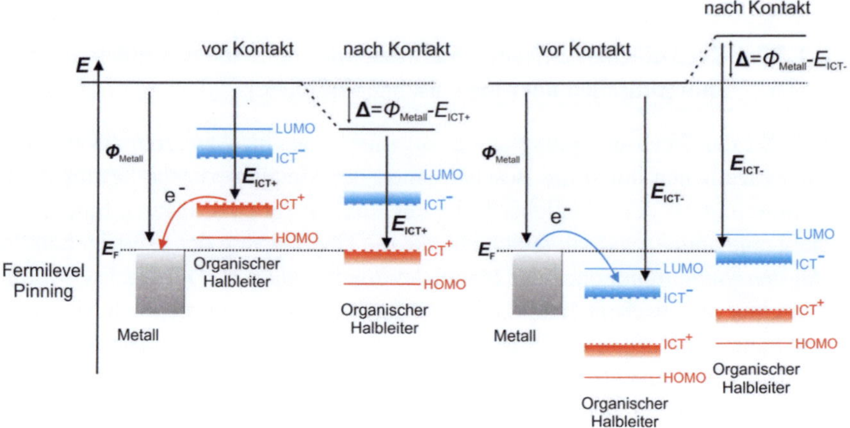

(a) Ausrichtung an Fermienergie (Fermie-Level-Pinning, FLP)

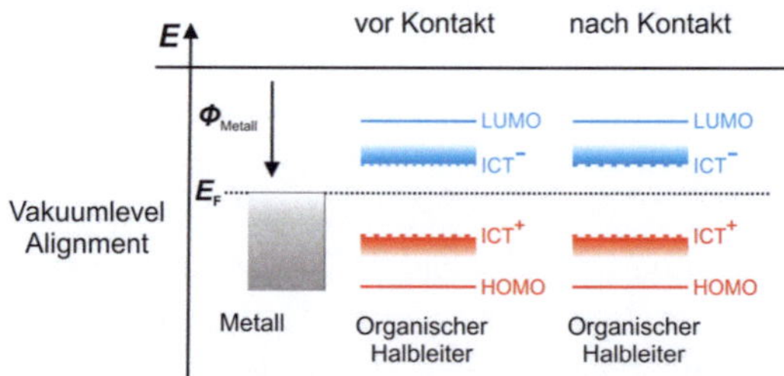

(b) Ausrichtung am Vakuumniveau (Vakuum-Level-Alignment, VLA)

Abbildung 2.5: Wechselwirkung der CTS an einer Metall/OHL Grenzfläche. Abhängig von der Lage der ICT^+- und ICT^--Zustände relativ zur Fermienergie E_F des Metalls tritt Fermi-Level-Pinning auf, wenn Ladungsträger zwischen den Schichten ausgetauscht werden können, ansonsten bleibt das Vakuumniveau beider Schichten unverändert auf einem identischen Niveau (nach [33]).

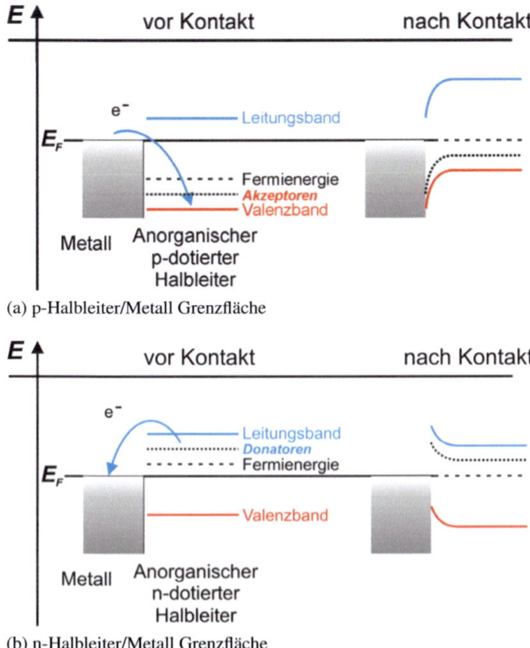

(a) p-Halbleiter/Metall Grenzfläche

(b) n-Halbleiter/Metall Grenzfläche

Abbildung 2.6: Grenzfläche zwischen einer anorganischen p- bzw. n-Halbleiterschicht und einer Metallschicht (Schottky-Kontakt).

ICT^+-Zustands und des ICT^--Zustands, kann kein Austausch von Ladungsträgern erfolgen, da keine besetzbaren, energetisch günstiger gelegene Energieniveaus vorhanden sind und man spricht aufgrund der unveränderten Vakuumenergie von VLA.

Ähnlich verhält es sich bei einem sogenannten Schottky-Kontakt an Grenzflächen zwischen anorganischen Halbleitern und Metallen (Abb. 2.6). Bei FLP stellt sich an der Grenzfläche Ladungsträgerneutralität ein, d.h. dem Halbleiter zugeführte bzw. daraus entfernte Ladung wird durch Grenzflächenzustände wieder kompensiert. Das Resultat dieses Vorgangs ist ein Bandverbiegung im Halbleiter nahe der Grenzflächen. Typisch für einen solchen Übergang ist die Ausbildung einer Schottky-Barriere, die in Abhängigkeit ihrer Höhe die Injektion und Extraktion von Ladungsträger beeinflusst.

Ob sich eine Schottky-Barriere auch bei organischen Halbleitern bildet ist auch mit Hilfe der Literatur nicht eindeutig zu beantworten. Zunächst einmal unterscheiden sich die Prozesse, die an der Grenzfläche auftreten voneinander: bei anorganischen Halbleitern tritt FLP auf, während sich bei organischen Halbleitern ein ICT-Zustand an die Fermienergie des Metalls angleicht. Aus diesem Gesichtspunkt heraus ist in einem solchen Fall der Kontakt zwischen organischem Halbleiter und Metall an der Grenzfläche ohmsch. Braun *et al.* [33] haben bereits genau hierauf hingewiesen und ergänzt, dass sich an der Grenzfläche selbst keine Barriere bilden muss. Stattdessen kann eine für einen Schottky-Kontakt typische Barriere auch erst im organischen Halbleiter zwischen den ICT-Zuständen mit zunehmender Entfernung (z.B. durch Verschiebung der ICT-Zustände in die Bandlücke durch Spiegelladung, die mit zunehmender Distanz zur Grenzfläche abnimmt) zur Grenzfläche auftreten [33].

2.1.3.3 Heteroübergang organischer und anorganischer Halbleiter

Die vorhergehende Darstellung der Wechselwirkung zwischen organischen Halbleitern und Metallen macht die Anwendung des selben Prinzips auf einen organisch/anorganischen Halbleiterheteroübergang schlüssig, ist aber hinsichtlich Metalloxidhalbleiter nicht ganz korrekt [34]. Maßgeblich ist bei dieser Art von Grenzflächen der Ausgleich des chemischen Potentials eines Elektrons aus der Substratoberfläche durch das Oxidations- bzw. Reduktionspotentials eines adsorbierten Moleküls/Polymers. Für die Beschreibung des Ausgleichsprozesses sind die elektronischen Eigenschaften des Metalloxids belanglos, vielmehr ist die Betrachtung des Ionisationspotentials des Moleküls/Polymers und der Austrittsarbeit des Metalloxids ausreichend. FLP tritt genau dann auf, wenn das Ionisationspotential des Moleküls/Polymers größer als die Austrittsarbeit des Metalloxids ist und zur Ionisation des Moleküls/Polymers führt. Zu genaueren Studie über die reine Phänomenologie hinaus sei auf die Arbeit von Greiner *et al.* [34] verwiesen.

2.2 Polymersolarzellen

Ausgehend von den halbleitenden Eigenschaften organischer Materialien, insbesondere von Polymeren und Fullerenen, lassen sich diese als Absorber in Solarzellen verarbeiten. Wegen der Bindungsenergie der Exzitonen im Polymer, die auf Grund der geringen spezifischen dielektrischen Konstanten nicht durch die thermische Energie überwunden werden kann, wird die Verwendung einer weiteren Komponente nötig: dem (Fulleren-)Akzeptor. Historisch erwies sich die Synthese des C_{60}-Buckminsterfullerens durch Kroto *et al.* [35] als Glücksfall, da C_{60} die notwendigen Akzeptoreigenschaften aufwies und bis heute (2012!) der Standardakzeptor der OPV in Form seiner Derivate PCBM und $PC_{70}BM$ ist. Sariciftci *et al.* [36] nutzten 1992 die Kombination aus MEH-PPV und C_{60} um den Ladungstransfer von Polymer auf Fulleren zu demonstrieren, welcher die Grundlage der Polymersolarzellen darstellt.

2.2.1 Aufbau

Im Allgemeinen besteht eine Polymersolarzelle aus fünf, auf ein Glassubstrat aufgetragene Schichten: Transparente Anode, Lochtransportschicht (HTL), dem Polymer:Fulleren-Absorber, einer Elektronentransportschicht (ETL) und der metallischen Kathode (Abb. 2.7a und 2.7b). Dabei werden für die funktionellen Zwischenschichten häufig p-Halbleiter als HTL-Schichten und n-Halbleiter als ETL-Schichten verwendet. Rein formell wird dann der Aufbau durch die Reihenfolge der ETL und HTL unterschieden. Besteht der Kontakt zur transparenten (Front-)Elektrode (hier: Anode) aus einer HTL, spricht man vom regulären Aufbau (Abb. 2.7a und 2.7c), ansonsten bei einer ETL auf der transparenten (Front-)Elektrode (hier: Kathode) vom invertierten Aufbau (Abb. 2.7b und 2.7d). Möglich wird die freie und vom n- oder p-Charakter unabhängige Wahl des Halbleiters zwischen Absorber und Elektrode durch die strukturellen Eigenschaften des Absorbers, die im Idealfall keine Vorzugsrichtung aufweist. Wird die metallische (undurchsichtige) Kathode durch eine transparente Elektrode ersetzt spricht man von semitransparenten Solarzellen (Abb. 2.7c und 2.7d). Geeignete Materialien sind TCO aller Art (ITO, ZAO, etc.), dünne Metallschichten vorwiegend aus Gold [37, 38] oder Silber[39, 40, 41, 42] und Schichten aus hochleitfähigem PEDOT:PSS [43]. Darüber hinaus können auch Kombinationen aus dünnen, metallischen Zwischenschichten und TCO-Schichten wie Silber/TCO [44, 45, 46] oder Aluminium/ZAO [21] als semitransparente Elektrode verwendet werden. Der Begriff semitransparent folgt aus der teilweisen Absorption des Lichts insbesondere durch die photoaktive Schicht, die die Form des transmittierten Spektrums gegenüber dem eingestrahlten verändert.

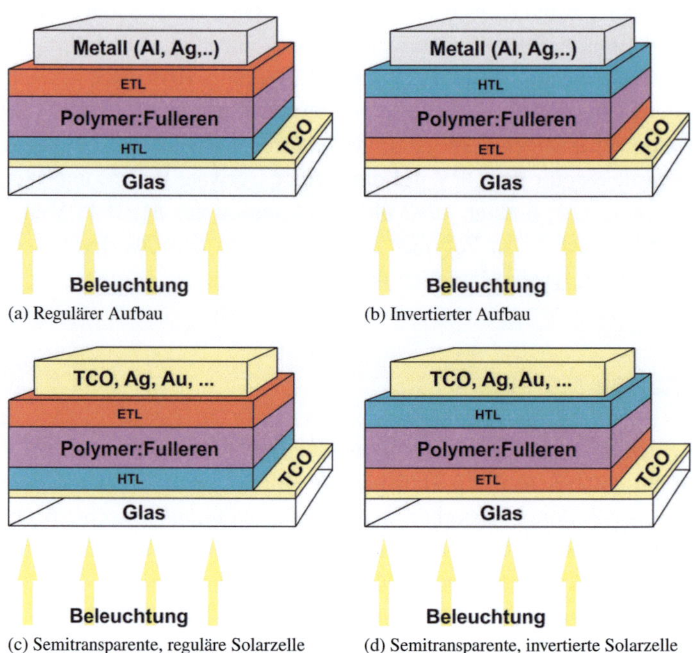

(a) Regulärer Aufbau   (b) Invertierter Aufbau

(c) Semitransparente, reguläre Solarzelle   (d) Semitransparente, invertierte Solarzelle

Abbildung 2.7: *Schichtaufbau regulärer und invertierter Polymersolarzellen.*

2.2.1.1 Absorber

Der Absorber von Polymersolarzellen besteht aus einem Zwei-Komponentensystem: Polymer und Fulleren. Die Polymerkomponente (Donor) absorbiert Photonen und erzeugt im Donor gebundene Ladungsträgerpaare, sogenannte Exzitonen, die mit Hilfe eines Fullerens (Akzeptor) dissoziiert werden. In Folge der Dissoziation wird das Elektron eines Exzitons auf das LUMO des Fullerens übertragen, während das Loch im HOMO des Donors verbleibt. Anschließend erfolgt der Transport der Ladungsträger in Donor und Akzeptor zu den jeweiligen Elektroden.

Von besonderer Bedeutung für die Funktionsweise der organischen Solarzellen ist die räumliche Anordnung der photoaktiven Schicht. Im Gegensatz zu anorganischen Solarzellen mit Absorbern in Form einer p-n- oder p-i-n-Struktur,

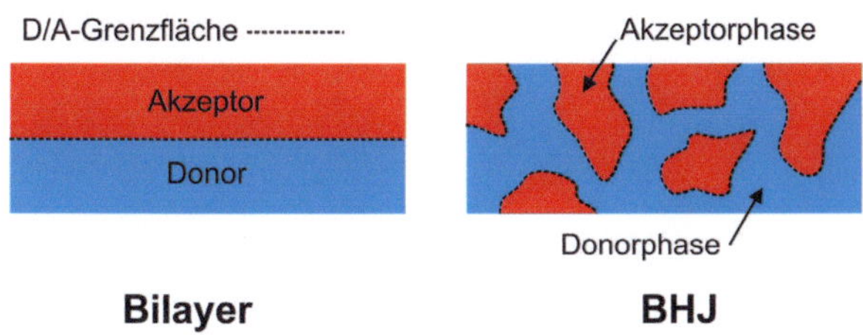

Abbildung 2.8: *Konzepte zur Verwirklichung der photoaktiven Schicht in organischen Solarzellen.*

kommt für organische Solarzellen zur Erzeugung freier Ladungsträgerpaare ausschließlich ein quasi p-n-Halbleiterheteroübergang zwischen Donor und Akzeptor (im weiteren D/A-Grenzfläche) in Frage. Im klassischen Aufbau würden sich getrennte Phasen von Donor und Akzeptor gegenüberliegen (Bilayer-Struktur, Abb. 2.8) und die D/A-Grenzfläche wäre von der Größenordnung der Zellfläche. Allerdings ist die experimentelle Realisierung eines diskreten Übergangs, zum Beispiel zwischen P3HT und PCBM, nicht möglich, da sich beide Phasen entweder an ihrer Grenzfläche [47] oder im gesamten Absorbervolumen [48] (z.B. nach heizen) durchmischen. Daneben wird für die Dissoziation der Exzitonen die D/A-Grenzfläche benötigt und erfordert, wegen ihrer geringen Diffusionslänge (Exzitondiffusionslänge) von etwa 10 nm, räumlich nahe beieinander liegende Donor- und Akzeptorphasen. Deshalb wird zur gleichzeitigen Maximierung der D/A-Grenzflächen, der Durchmischung von Donor- und Akzeptorphase und der einfacheren Abscheidung der Absorberschicht für Polymersolarzellen das "bulk-heterojunction" Prinzip (BHJ, Abb. 2.8) verwendet. Das BHJ-Konzept nutzt dabei aus, dass beide Absorberkomponenten gemeinsam aus der Lösung abgeschieden werden können und sich nach der Trocknung von selbst eine ungeordnete, sich aus kristallinen und amorphen Phasen zusammengesetzte Schicht bildet. Durch die Mischung der Phasen wird die Grenzfläche zwischen Donor und Akzeptor aus der Ebene in das Volumen der Zelle erweitert. Nachteilig an dieser Absorberstruktur gegenüber dem Bilayerkonzept sind einerseits der verlängerte Weg der Ladungsträger zu den Elektroden und die Entstehung von im Bulk isolierten Domänen ohne Kontakt zu den Elektroden. Das Vorhandensein isolierter Domänen lässt sich durch den Vergleich von Elektroluminenszenz (EL) und Photolumineszenz (PL)

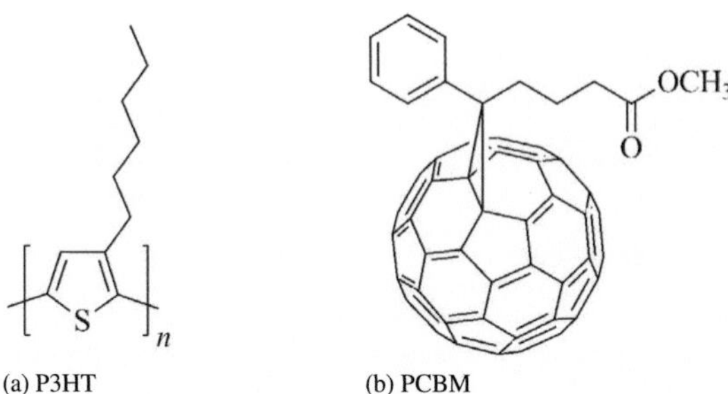

Abbildung 2.9: *Strukturformeln von P3HT und PCBM.*

Spektren beweisen. In isolierte Domänen können wegen des fehlenden Kontakts zu einer Elektrode keine Ladungsträger zur (strahlenden) Rekombination injiziert werden wodurch dort keine EL beobachtet werden kann [27]. Bei PL sind diese Bereiche durch ihre kleinere Struktur und schnellere Rekombination aktiver und führen, bei Betrachtung der gesamten Zelle, zu einer Diskrepanz zwischen PL und EL Messungen.

Generell beschränken die geringe Beweglichkeit der Ladungsträger und die damit verbundene geringe Diffusionslänge die praktikable Absorberschichtdicke. Bei zu dicken Schichten rekombinieren deshalb viele der Ladungsträger bevor sie die Elektroden erreicht haben. Aufgrund der hohen Absorptionskoeffizienten organischer Materialien können organische Absorber in extrem dünnen Schichten im Bereich von 70 nm bis 200 nm verarbeitet werden. Damit liegen die Absorberschichtdicken im Bereich der Diffusionslängen der Ladungsträger, so dass diese die Elektroden erreichen können und eine effiziente Photostromerzeugung möglich wird.

Das Referenzabsorbersystem, auf dem auch diese Arbeit aufbaut, besteht aus einem Gemisch aus P3HT (Abb. 2.9a) und PCBM [49] (Abb. 2.9b), einem Derivat des Buckminsterfullerens C_{60}. In der BHJ hat die räumliche und strukturelle Anordnung, die Morphologie, der Absorbermaterialien einen entscheidenden Einfluss auf die elementaren Prozesse wie Erzeugung freier Ladungsträgerpaare und Ladungsträgertransport und wird kontrovers in der Literatur diskutiert. Über das Gesamtabsorbervolumen ist der lokale Anteil an P3HT (oder PCBM) nicht homogen, sondern ändert sich durch Segregationsprozesse. Diese werden durch die Wahl des Substrats [50] und dessen Oberflächenenergie beeinflusst [51, 52]. So weist die Grenzfläche zwischen P3HT:PCBM und PEDOT:PSS einen geringfügig erhöhten PCBM-Anteil auf, zeigt aber keine nachteiligen Effekte hinsichtlich der Leistung der Zelle [52] obwohl Xu *et al.* [51] hervorheben, dass die Segregation von PCBM zur Anodenseite (besser: nach unten) einen invertierten Zellaufbau sinnvoller macht. Die Segregation kann daneben durch thermische Behandlungen wie Ausheizen hervorgerufen werden. So konnten Kim *et al.* [53] zeigen, dass sich bei fehlender Kathode eine 0,7 nm dünne, reine P3HT-Schicht an der Substratoberfläche bildet. Parnell *et al.* [54] zufolge ist die Substratoberfläche direkt nach der Abscheidung der P3HT:PCBM-Schicht PCBM frei und wird erst durch Ausheizen durchmischt. Hierbei handelt es sich um Heizschritte, die vor der Abscheidung einer Kathode erfolgen. Nach Orimo *et al.* [55] ist die Reihenfolge der Heizschritte bedeutend, da sich im Fall einer bereits auf der Probe befindlichen Aluminiumkathode das Segregationsverhalten von P3HT:PCBM dahingehend ändert, dass nicht P3HT zur Kathode wandert, sondern wie gewünscht PCBM. Aufgrund des gegenüber P3HT tiefliegenden HOMO von PCBM können nun weniger Löcher die Grenzfläche zur Al-Kathode erreichen, womit der Sperrsättigungsstrom sinkt und die Leerlaufspannung steigt.

Die Auswirkung des Ausheizens[1] von Absorberschichten auf Morphologie und Leistung von P3HT:PCBM-Polymersolarzellen untersuchten erstmalig zeitgleich Yang *et al.* [58] und Li *et al.*[59] 2005. Beim Ausheizen entmischen sich die beiden Phasen und es bilden sich kristalline P3HT- und amorphe bzw. nanokristalline PCBM-Phasen [58, 60], die die D/A-Grenzfläche weiter vergößern und Ladungstrennung sowie Ladungstransport innerhalb der Phasen verbessern [58]. Insbesondere die Ausbildung ausgedehnter kristalliner P3HT-Nanodrähten erhöht die Lochmobilität auf bis zu 0,06 $\text{cm}^2/(\text{V·s})^{-1}$. Die Größe der PCBM-Nano-Kristallite und die Kristallinität sind dabei abhängig von der Temperatur und nehmen mit steigender Temperatur zu [61]. Neben der Temperatur wird die Kristallisation durch die Dauer des Ausheizens bestimmt, die sich in zwei Phasen einteilen lässt [62], wobei die erste Phase (bis ca. 5 Minuten) die Kristallisation von P3HT und die zweite (ab ca. 30 Minuten) die Kristallisation von PCBM steuert. Die optimale Temperatur beim Ausheizen

---

[1]Ergänzend sei bemerkt, dass auch die Kühlrate mit der die Absorberschichten wieder auf Raumtemperatur gebracht werden, einen nicht unerheblichen Einfluss auf die Segregation und Ausbildung kristalliner P3HT-Domänen hat: bei schnellerer Kühlung ist die Kristallinität der P3HT-Domänen reduziert [56, 57].

von P3HT:PCBM basierten Absorbern liegt nach Kim *et al.* [63] bei 140°C und einer Dauer von 15 Minuten. Er kommt damit zu einem anderen Ergebnis als Padinger *et al.* [64], die 75 °C als optimale Temperatur angeben.

Die Physik um den Transport und Erzeugung freier Ladungsträger wird maßgeblich von den morphologischen Eigenschaften der Absorberschicht beeinflusst. In ausgeheizten Absorbern erfolgt der Transfer und die Trennung von Exzitonen ultra schnell auf einer Zeitskala von etwa 100 fs [65, 66] und ist darüber hinaus auch effizienter, wie sich anhand einer höheren internen Quanteneffizienz belegen lässt [66]. Als mögliche Ursache kann vermutet werden, dass sich durch Ausheizen der Absorber das Ionisationspotential von P3HT verringert, so dass sich nach Anregung ein Exziton eher in einem "heißen" Zustand befindet und seine Dissoziationwahrscheinlichkeit vergrößert ist [67]. Guo *et al.* [66] haben außerdem die Effizienzen der notwendigen Prozesse zur Erzeugung freier Ladungsträger näher untersucht und bestimmt. So steigt die Effizienz zur Trennung der Exzitonen von 80% bei ungeheizten P3HT:PCBM-Absorbern auf 93% und die Effizienz zur Sammlung der freien Ladungsträger von 57-74% auf 91-100%. Die Effizienz des Ladungstransfers selbst ist vom Heizen unabhängig. Keivanidis *et al.* [68] beobachten ebenfalls eine größere Zahl freier Ladungsträger in zuvor geheizten P3HT:PCBM-Absorbern und führen dies auf die Bildung größerer P3HT- und PCBM-Domänen zurück, wobei die Zahl isolierter Domänen abnimmt und die Zahl möglicher Pfade zu den Elektroden zunimmt [69], die es ermöglichen freie Ladungsträger aus der Dissoziation der Exzitonen effizient von der D/A-Grenzfläche abzutransportieren und die dort sonst auftretende paarweise Rekombination verhindert. Damit übereinstimmend kann auch eine verringerte Rate der bimolekularen Rekombination mit zunehmender Segregation von P3HT und PCBM [70, 71] beobachtet werden. Die verminderte Rekombination und die damit verbesserten Ladungstransporteigenschaften machen sich schließlich auch in der Solarzellenkennlinie durch einen geringeren Serienwiderstand bemerkbar [72], insbesondere bei P3HT:PCBM-Schichtdicken die die Ladungsträgerdiffusionslänge übersteigen. Neben dem Einfluss der thermischen Verfahren auf die Absorbermorphologie kann diese bereits während der Schichtabscheidung durch die Wahl des Lösungsmittels gesteuert werden. Zum Einfluss der Lösungsmittel und Heizen auf die vertikale Segregation von P3HT und PCBM haben Ruderer *et al.* [73] eine ausführliche Studie vorgelegt. Eventuelle Reste von Lösungsmittel im Absorber können nachträglich zu Agglomeration des PCBMs führen und können trotz

Ausheizen in geringen Konzentrationen im Absorber verbleiben [74], wogegen Wang *et al.* [56] Restlösemittel im Absorber durch Heizen überhalb der Glasübergangstemperatur entfernen konnten. Die Ausbildung und Größe kristalliner P3HT-Phasen wird schon vorab durch die Trocknung bzw. das Verdampfen des Lösungsmittels gesteuert [75]. Bei langsamer Trocknung ist die Trennung zwischen P3HT- und PCBM-Phasen ausgeprägter sowie die Bildung der kristallinen P3HT-Phase verbessert [76]. Dazu konsistent sind die Ergebnisse von Sanyal *et al.* [77], die eine bessere Segregation und Kristallisation für niedrige Umgebungstemperaturen (10 °C) sehen und mit einer geringeren Verdampfungsrate des Lösungsmittels und langsameren Trocknung einhergehen sollte.

2.2.1.2 Zwischenschichten

Die Anforderung an halbleitende Schichten, die Absorber und Elektroden verbinden, umfassen ausreichende Leitfähigkeit, geeignete Lage der Bandenergien [78] und, in Abhängigkeit vom Solarzellenaufbau (regulär oder invertiert), Transparenz. Zu diesen Materialien zählen vor allem Metalloxide (MO) wie ZnO, MoO_3, WO_3, V_2O_5 und TiO_2. Insbesondere bei Metalloxiden sollte nach Hadipour *et al.* [79] darüber hinaus der Brechungsindex miteinbezogen werden, da der Übergang zwischen ITO/MO (hier: MoO_3) zu durchaus signifikanten Reflexionen und geringerem Photostrom führen kann.

Die Einkopplung des Lichts durch transparente Zwischenschichten spielt besonders bei dünnen Absorberschichten [80] eine bedeutende Rolle. In dünnen Schichten ist die Lage des optischen-elektrischen Feldes und seines Maximums für die effiziente Stromerzeugung im besonderen Maße bedeutend und kann mit Hilfe sogenannter "optischer Distanzschichten" (Abb. 2.10) verschoben werden. Dagegen sehen Andersson *et al.* [81] die Verwendung optischer Zwischenschichten kritischer und argumentieren, dass durch Optimierung der Absorberschichtdicke auf diese verzichtet werden kann. Allerdings kann wegen Kopplung elektrischer wie optischer Eigenschaften an die Absorberschichtdicke eine dünne Absorberschicht aus Sicht der elektrischen Eigenschaften vorteilhafter sein und macht die Anpassung des optisch-elektrischen Feldes über eine optische Distanzschicht notwendig [80]. Als optische Distanzschicht geeignet sind Materialien wie TiO_2 [82, 83] und ZnO [80], die außerdem häufig ein Bestandteil (n-Halbleiter) von Rekombinationsschichten in Tandemsolarzellen sind. Bei

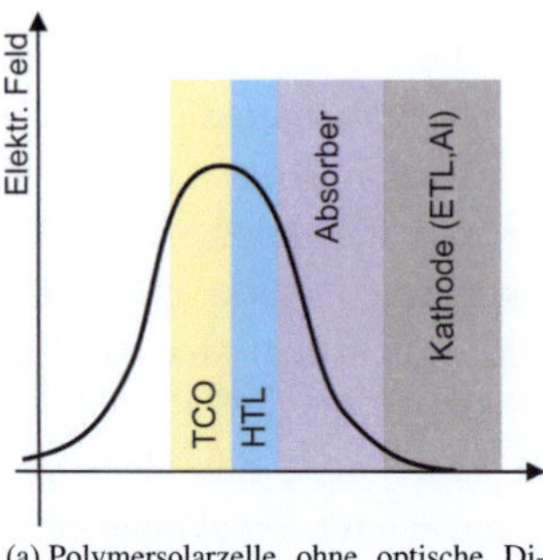

(a) Polymersolarzelle ohne optische Distanzschicht.

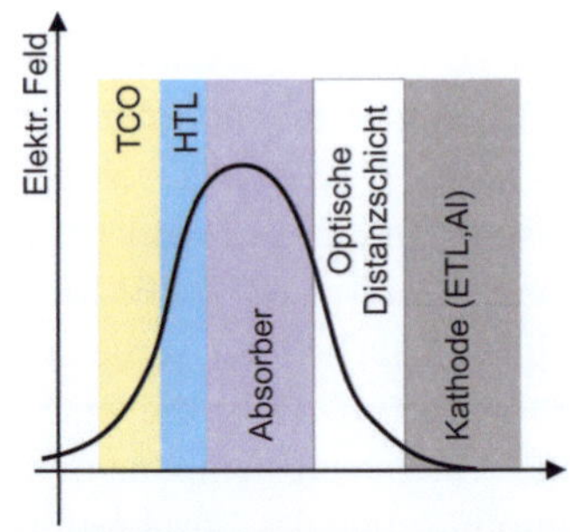

(b) Polymersolarzelle mit eingefügter optischer Distanzschicht zwischen Abosrber und Kathode.

Abbildung 2.10: Mit Hilfe optischer Distanzschichten kann das optische-elektrische Feld im Absorber verschoben werden. Abbildung nach [80].

Tandemzellen kann zusätzlich in bzw. an der Rekombinationsschicht ein optischer Spacer verwendet werden, um die Subzellenströme zur Maximierung des Wirkungsgrads aneinander anzugleichen [84].

Durch das BHJ-Konzept in Polymersolarzellen, kann die Photostromflussrichtung, bzw. die Richtung des inneren elektrischen Feldes, in der Solarzelle durch halbleitende, transparente Zwischenschichten bestimmt werden. Für den invertierten Aufbau werden zum Beispiel Metalloxidschichten wie MoO_3, sowohl thermisch verdampft [85], als auch aus der Lösung prozessiertes [86] oder thermisch verdampftes [41] V_2O_5 als p-Halbleiter verwendet. Letzteres ist aber wegen seiner Toxizität und mutagenen Eigenschaften bedenklich.

In regulären Polymersolarzellen wird im Allgemeinen PEDOT:PSS als HTL verwendet, wobei zunehmend zur Verbesserung der Stabilität auch auf Metalloxide, insbesondere MoO_3 [87, 88], V_2O_5 [89] und NiO [90], zurückgegriffen wird. Ein sehr häufig verwendeter Lochleiter und geeigneter PEDOT:PSS-Ersatz [18] ist MoO_3, welches daneben auch die Stabilität der Solarzelle erhöht [85]. MoO_3 kann aus der Füssigphase abgeschieden werden [91] und wurde bereits mit der selben Synthese in organischen Solarzellen verwendet [92]. Nachteilig ist hierbei das zwingend notwendige Ausheizen der Schichten bei 300 °C zur Entfernung der organischen Komponenten. Es erlaubt daher nicht die Verwendung in invertierten Zellen.

Die optimale MoO_3-Schichtdicke kann der Literatur entnommen werden und beträgt für aus der Lösung abgeschiedene Schichten wenige Nanometer. Murase *et al.* [93] geben wegen der Schwierigkeit, die Schichtdicke dünner MoO_3-Schichten (weniger als 10 nm) zuverlässig anzugeben, die Konzentration der Lösung an und finden das Optimum in der geringsten verwendeten (0,2 Gewichtsprozent) Konzentration. Insbesondere der Kurzschlussstrom zeigt sich im besonderen Maße von der MoO_3-Schichtdicke abhängig und nimmt bereits ab 0,5 Gewichtsprozent deutlich ab [93]. Daneben steigt ab 10 nm MoO_3-Schichtdicke der Serienwiderstand signifikant an und reduziert den Füllfaktor [93]. Andere Gruppen kommen ebenfalls zu ähnlichen Ergebnissen, wenngleich diese sich auf eine MoO_3-Schichtdicke konzentrieren: 10 nm bei P3HT:PCBM-Absorbern [94] und 5 nm bei PCDTBT:PCBM-Absorbern [42]. Diese Werte decken sich in etwa mit den verwendeten Schichtdicken bei thermisch verdampftem MoO_3 von 3 nm [95] und 5 nm [96] Dicke. In [93] wird ebenfalls eine thermisch verdampfte, 5 nm dicke MoO_3-Referenzschicht verwendet, mit der aber nicht die Bestwerte flüssigprozessierter MoO_3-Schichten erreicht werden können. Abschließend sei noch angemerkt, dass nach Liu *et al.* [96] der Schleuderprozess (genauer: die Rotationsgeschwindigkeit) selbst einen hochsignifikanten Einfluss auf die späteren Eigenschaften der Solarzelle, insbesondere den Füllfaktor[2], haben kann.

Die Auswahl an Zwischenschichten auf der Kathodenseite umfasst neben den transparenten n-Halbleitern TiO_2 [97] und ZnO [98, 99] auch Alkalifluorid-Schichten, wobei hier LiF als Referenzmaterial auf Grund seiner häufigen Verwendung genannt werden kann. LiF verbessert die Leistung der Solarzelle durch Steigerung der Leerlaufspannung und des Füllfaktors, jedoch sind die Mechanismen, die dahinter liegen nicht eindeutig geklärt: so wird vermutet, dass sich an der Grenzfläche eine Dipolschicht ausbildet [100]. Zur ausführlichen Diskussion von Modellen, Ursachen und Prozesse an dieser Art von Grenzfläche sei auf die Disserationsschrift von J. Hanisch [101] verwiesen. Andere Alkalifluoride, NaF, KF und CsF [102] steigern wie LiF die Leistung der Solarzelle, die notwendigen Schichtdicken hierfür sind jedoch sehr unterschiedlich [103]. Als Alternative zu LiF kann, insbesondere im Rahmen von Sputterprozessen, $LiCoO_2$ verwendet werden ohne dass sich die Leistung der Zellen verringert [22].

---

[2]Hier wurden Schwankungen zwischen 35% und 59% aufgezeigt.

2.2.1.3 Elektroden

Ein geeignetes Material für Anoden in Polymersolarzellen ist auf Grund der guten elektrischen Eigenschaften und gleichzeitig hoher Transparenz Zinn dotiertes Indiumoxid (ITO). Daneben existieren alternative transparente, leitfähige Metalloxide (TCO) wie Aluminium-dotiertes Zinkoxid (ZAO) oder Fluor-dotiertes Zinnoxid, werden aber bisher nur sehr selten als Ersatz verwendet.

Wegen seiner hohen elektrischen Leitfähigkeit, hohem Reflexionsvermögen und seiner geringen Austrittsarbeit eignet sich Aluminium in Kombination mit geeigneter Zwischenschicht zum Absorber als Kathode. Besonders die Reflexionseigenschaften der Aluminiumschicht vergrößern durch Rückstreuung den erzeugten Photostrom und die Effizienz [104, 105]. Die Abscheidung von Aluminium erfolgt durch thermisches Verdampfen oder Sputtern. Obwohl letzterer Prozess zur Schädigung der organischen Schichten führt, können durch geeignete Maßnahmen wie Ausheizen durchaus höhere Effizienzen gegenüber Referenzbauelementen mit thermisch verdampftem Aluminium erreicht werden [106]. Hierbei lässt die Zunahme der Effizienz im wesentlichen auf eine Zunahme der Leerlaufspannung zurückführen [106]. Zur Erklärung der vergrößerten Leerlaufspannung existieren diverse Ansätze. Zhang *et al.* [107] verwenden durch Elektronenstrahl abgeschiedene Aluminiumschichten und argumentieren, dass hierdurch, wie bei Sputtern [106], energetisch tiefliegende Lochstörstellen entstehen, die zur Ausbildung von Dipolen an der P3HT/Al-Grenzfläche führen und die Leerlaufspannung erhöhen. Das Ausheizen der Aluminiumschicht auf dem Absorber führt zur Durchmischung des Aluminiums mit dem P3HT:PCBM-Absorber und zu einem verbesserten elektrischen Kontakt zur Aluminiumkathode [53, 108]. Zhang *et al.* [109] führen mit der Phänomenologie aus den Referenzen [53, 108] die Eigenschaften des verbesserten Kontakts der Kathode zur Absorberschicht auf die Ausbildung von Al-O-C Komplexen zurück. Eine ratenabhängige Bildung von Al-C und Al-C-O Komplexen und die thermisch geförderte Durchmischung des Absorbers mit Aluminium konnte auch bei thermisch verdampften Aluminiumkathoden beobachtet werden [110].

Für semitransparente Solarzellen muss eine zweite transparente Elektrode verwendet werden. Geeignete metallische Materialien sind Gold und Silber, die auf Grund ihrer hohen Leitfähigkeit die Verwendung extrem dünner, optisch teildurchlässigen Schichten erlauben. Daneben können TCO-Schichten (z.B. ZAO) verwendet werden, die jedoch gesputtert werden müssen. Das Sputtern auf or-

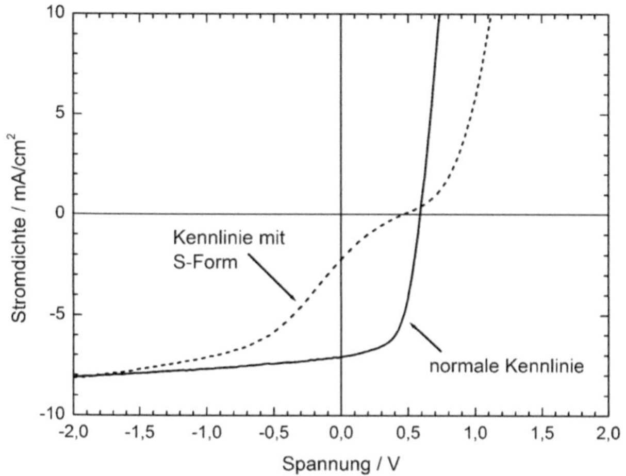

Abbildung 2.11: *Beispiele für normale Kennlinien und Kennlinien mit S-Form.*

ganische Schichten führt zu deren Schädigung, die ein noch zu überwindendes Problem darstellt. Eine Möglichkeit zur Beseitigung bzw. Minderung von Sputterschäden, die sich als S-Kurve (vgl. Abb. 2.11) in den Kennlinien darstellen können, besteht im Ausheizen der Proben nach Abscheidung der Elektrode [22]. Die Ausbildung einer S-Kurve in der Kennlinie ist charakteristisch für Barrierenbildung und die Akkumulation von Elektronen an der Absorber/Kathoden-Grenzfläche [111]. Zur Minimierung der Schäden während des Sputterprozesses wurden bereits verschiedene Ansätze aufgezeigt: die Verwendung schwererer Edelgase als Sputtergas (Krypton [112]) oder die Erhöhung des Prozessdrucks [113], wobei dort die Verwendung von Krypton als Sputtergas keine Vorteile aufzeigte. Ein anderer Ansatz ist die Ausnutzung der bereits vorhandenen und notwendigen Zwischenschichten an Anode oder Kathode. Zwar werden hier ebenfalls zum Teil organische Materialien wie PEDOT oder PEO verwendet, es existieren aber auch eine Vielzahl von Metalloxiden die entsprechende Halbleitereigenschaften aufweisen und thermisch verdampft oder aus der flüssigphase (Sol-Gel, Nanopartikel) abgeschieden werden können. Schmidt *et al.* [114] haben diesen Ansatz in einer Kombination aus thermisch verdampftem MoO_3 und gesputterter ITO-Schicht erfolgreich verwirklicht, wenngleich bei einer dünnen

MoO_3-Zwischenschicht mit 5 nm Schichtdicke die für Sputterschädigung typische S-Kurve in der Kennlinie erscheint und erst bei dickeren Schichten verschwindet. Die Reduktion von Sputterschäden an organischen Schichten mit Hilfe 8 nm dünner Metalloxidpufferschichten aus TiO_2 ist Gegenstand von Kapitel 4 (siehe S. 57).

2.2.2 Wirkungsgrad

Unter dem Wirkungsgrad einer Solarzelle versteht man das Verhältnis ihrer Leistung zur eingestrahlten Leistung. Der theoretische maximale Wirkungsgrad einer Solarzelle mit nur einer definierten Bandlücke wurde von Shockley und Queisser [115] bereits 1961 bestimmt und beträgt 30% für eine Bandlücke von 1,1 eV. Diese Rechnung beinhaltet neben der unvermeidlichen strahlenden Rekombination keine Verlustmechanismen hinsichtlich der Energie und kann als absolutes Maximum verstanden werden. Das Wirkungsgradmaximum von Tandemsolarzellen ist gegenüber regulären Solarzellen um einen Faktor 1,4 größer und beträgt 42% [116]. Hinsichtlich der Polymersolarzellen ergibt sich ein maximal möglicher Wirkungsgrad von 29%, der sich bei realistischer Betrachtung auf etwa 23% reduziert [117].

2.2.2.1 Leerlaufspannung

Der Ursprung der Leerlaufspannung in organischen Solarzellen wurde über die letzten Jahre hinweg in der Fachliteratur ausführlich diskutiert und erörtert. Als Leerlaufspannung einer Solarzelle kann der Punkt in der IU-Kennlinie (vgl. Abb. 3.4, S. 50) angesehen werden, an dem der erzeugte Photostrom durch Injektion von Elektronen in die Kathode durch Rekombination kompensiert wird [118]. Hauptsächlich zwei Modelle haben sich dabei etabliert, das MIM-Modell (MIM: Metall-Isolator-Metall), das die maximale erreichbare Leerlaufspannung als Differenz der Austrittsarbeiten der verwendeten Elektroden angibt und ein zweites, das die Grenze der Leerlaufspannung in der Potentialdifferenz aus LUMO des Akzeptors ($LUMO_A$) und HOMO des Donors ($HOMO_D$) sieht (Abb. 2.12, linke und mittlere Abbildung). Bei letzterem ist die Akzeptorstärke maßgeblich [119] (wobei die Kathode wegen des FLPs hierbei keine Rolle spielt) sowie das Oxidationspotential [120] bzw. das Ionisationspotential [121] des Donors.

Allerdings müssen sich beide Modelle nicht gegenseitig ausschließen. Vielmehr

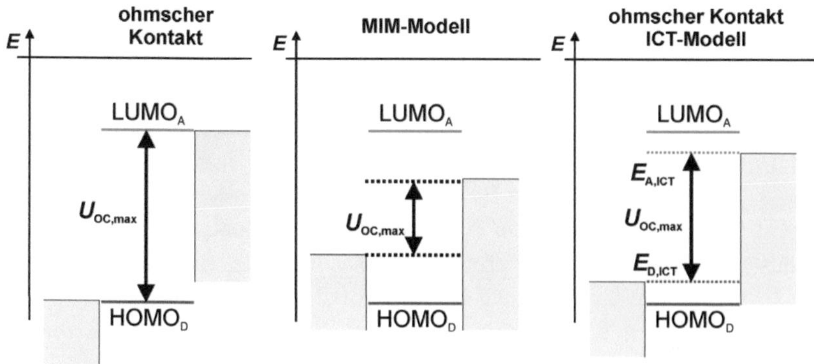

Abbildung 2.12: Verschiedene Modelle zum Ursprung der Leerlaufspannung. *links*: Ohmsches Modell - der Kontakt zwischen Elektroden und den Bändern des Absorbers ist ohmsch und die Leerlaufspannung ist gleich der Differenz der Bandenergien. *Mitte*: MIM-Modell - die Leerlaufspannung ist gleich der Differenz der Elektrodenaustrittsarbeiten und wegen des nicht-ohmschen Kontakts zu den Bändern geringer als im ohmschen Modell. *rechts*: ICT-Modell - entspricht dem ohmschen Modell, außer dass der Kontakt zwischen den ICT-Niveaus und den Elektroden erfolgt und die Leerlaufspannung nun aus der Differenz der ICT-Zustände.

konnten Lo *et al.* [122] an CuPC/C_{60} basierten Solarzellen zeigen, dass sowohl das MIM-Modell als auch das ohmsche Modell gilt. Lo *et al.* identifizieren hierbei zwei Bereiche, die die Leerlaufspannung bestimmen. Im ersten Bereich steigt die Leerlaufspannung linearer mit wachsender Elektrodenaustrittsarbeitsdifferenz (MIM-Modell, mit ITO- und Al-Elektroden). Begrenzt von $LUMO_D$ und $HOMO_A$ unter Berücksichtigung der Exzitonbindungsenergie erreicht im zweiten Bereich die Leerlaufspannung schließlich ihren Sättigungswert (ohmscher Kontakt). Mihailetchi *et al.* [123] konnten ebenfalls zeigen, dass beide Modelle ineinander übergehen, da bei ohmschem Kontakt die Differenz der Austrittsarbeiten der Elektroden der Energiedifferenz aus $LUMO_D$ und $HOMO_A$ entspricht, wenn Spannungsverluste durch Bandverbiegung an den ohmschen Kontakten berücksichtigt werden. Ansonsten ist bei einem nicht-ohmschen Kontakt von Elektroden und isolierender Schicht die Differenz aus den Elektrodenaustrittsarbeiten maßgeblich. Ebenfalls beobachtet wurde ein numerischer Offset von 0,2 eV [123, 124] pro Elektrode bei der Leerlaufspannung. Weitere Arbeiten zu diesem Thema gehen sogar von 0,3 eV pro Elektrode aus [125], wobei Scharber *et al.* davon ausgehen, dass das MIM-Modell nicht gültig ist. Garcia-Belmonte und Bisquert [126] konnten ebenfalls den von Scharber *et al.* [125] beobachteten numerischen 0,3 eV Offset erklären, bezogen sich hierbei jedoch auf die Zustandsdichte der Löcher und Elektronen in HOMO bzw. LUMO von Donor bzw. Akzeptor. In den Bändern thermalisieren die Ladungsträger in die jeweils energetisch günstigeren Zustände unter gleichzeitiger Reduktion des Abstands zwischen den Quasi-Ferminiveaus E_{F_p} und E_{F_n} (in den Bändern), wodurch sich die Leerlaufspannung um jeweils 0,3 eV verringert.

In einem weiteren und neueren Ansatz ist die Rolle der LUMOs und HOMOs sowie die Rolle der Ionisationspotentiale und Elektronenaffinitäten weiter verfeinert worden. Zur Beschreibung der Wechselwirkung an der organisch-metallischen Grenzfläche werden die *ICT*-Zustände genutzt, an deren Energieniveau (und nicht HOMO, LUMO, Ionisationspotential oder Elektronenaffinität) sich im Falle von FLP die Fermienergie der Elektrode angleicht. Maßgeblich ist nun die Differenz zwischen den *ICT*-Zuständen in Donor und Akzeptor [127, 128] (Abb. 2.12, rechte Abbildung) sowie die Verluste durch strahlende Rekombination der CTS (ca. 0,25 eV) und nicht-strahlende Rekombination (ca. 0,35 eV)[3] [128].

Zusammengefasst gibt es drei Ansätze, die sich zwar in den Details unterscheiden, im Mechanismus aber identisch sind. Nach Stand der gegenwärtigen Forschung erscheint die Beschreibung der effektiven Bandlücke in Polymersolarzelle anhand der *ICT*-Zustände am sinnvollsten. Der energetische Offset der Leerlaufspannung wird auf zwei Mechanismen zurückgeführt (Änderung der Zustandsdichte und Quasifermienergie, Rekombinationsprozesse), wobei die Beschreibung durch Rekombinationsprozesse klarer und durch die Ergebnisse zweier unabhängiger Arbeiten belegt ist. Die Entstehung der Leerlaufspannung ist unabhängig von den äußeren Kontakten. Im Fall ohmscher Kontakte bleibt die Leerlaufspannung unverändert wogegen im MIM-Modell die Barrieren an den Kontakten mitberücksichtigt werden müssen und die Leerlaufspannung dabei mindern können, aber nicht müssen.

---

[3]Ebenfalls Gesamt-Offset von 0,6 eV [29].

2.2.2.2 Photostrom

Die elektrische Leistung ist das Produkt aus Strom und Spannung wonach für Solarzellen im idealen Arbeitspunkt beide in dem Sinne maximiert werden, dass ihr Produkt maximal wird. Der Photostrom folgt hauptsächlich aus der Lichtabsorption des Donor-Polymers und der Erzeugung eines Exzitons, das an der D/A-Grenzfläche getrennt wird. Die Trennung des Exzitons und die Bildung freier Ladungsträgerpaare in P3HT:PCBM-Solarzellen erfolgt unabhängig von angelegten elektrischen Feldern [129] und der Temperatur [129, 130]. Die Extraktion der erzeugten Ladungsträger hängt dagegen von der angelegten Spannung ab und konkurriert mit der Rekombination freier Ladungsträger [129]. Neben der zum internen elektrischen Feld proportionalen Ladungsträgerextraktion hat die Mobilität der Ladungsträger einen nicht vernachlässigbaren Einfluss und kann die Extraktion begrenzen [131].

2.2.3 Degradation

Ein wesentlicher Nachteil der Polymersolarzellen ist deren hohe Empfindlichkeit gegenüber Sauerstoff und Feuchtigkeit. Diese führt, sofern Herstellung und Messung nicht unter Inert-Atmosphäre erfolgen, zur schnellen Degradation unverkapselter Zellen und macht eine im Anschluss an die Herstellung zügige Messung nötig. Hierbei kann zwischen der Degradation der Grenzfläche zwischen Elektrode und Absorber und dem Absorber selbst unterschieden werden.

Bei P3HT-basierten Absorbern führt die Exposition an Sauerstoff zur Dotierung von P3HT sowie der energetischen Vertiefung vorhandener Störstellen [132] und einer Verbreiterung der effektiven Zustandsdichten [133]. Der Vorgang wird durch Beleuchtung [132] und damit einhergehender Photooxidation von P3HT [134] beschleunigt, wobei hauptsächlich der UV-Anteil des Spektrums ($\lambda < 370$ nm) für die (irreversible [134]) Degradation von P3HT verantwortlich ist [135]. Durch die sauerstoffbezogene Degradation verringert sich außerdem die Ladungsträgermobilität in der Absorberschicht [132, 133], die auch den Serienwiderstand der Solarzelle erhöht [133]. Damit resultiert trotz unveränderter Exzitonerzeugung und Exzitontrennung ein verringerter Solarzellenstrom [136]. Zur Minderung der Degradation der aktiven Schicht ist eine Schicht aus TiO_2 geeignet, die wegen ihrer Eigenschaften an der Grenzfläche zwischen aktiver Schicht und Elektrode (hauptsächlich Kathode) verwendet werden kann [137]. Die Grenzflächen sind besonders anfällig für Degradationsprozesse, da sie je nach Herstellungsprozess direkt mit der Umgebungsatmosphäre (Sauerstoff und Luftfeuchtigkeit) in Kontakt kommen können. Mit LiF und Aluminium sowie PEDOT:PSS werden mitunter die besten Ergebnisse bei der Effizienz von Polymersolarzellen erzielt. Beide Grenzflächen sind jedoch aus Sicht der Stabilität weniger geeignet. Insbesondere das saure PEDOT:PSS führt zur Degradation der ITO/PEDOT:PSS-Grenzfläche [138], wie sich auch aus dem direkten Vergleich von MoO_3 [85] bzw. V_2O_5 [89] und PEDOT:PSS ergibt. Voroshazi *et al.* [88] kamen zu einem ähnlichen Ergebnis, wenn PEDOT:PSS mit MoO_3 ersetzt worden war, jedoch konnten sie in einer weiteren Arbeit [87] zeigen, dass weniger die Säure von PEDOT:PSS problematisch ist, als seine hygroskopischen Eigenschaften, die eine Degradation der Kathodengrenzfläche verursacht. Dies betrifft vor allem Aluminium, das auch in Gegenwart einer LiF-Zwischenschicht an seiner Grenzfläche hin zur organischen Schicht mit Sauerstoff zu einer isolierenden Al_2O_3-Schicht reagiert [139].

2.3 Polymer-Tandemsolarzellen

Konventionelle Methoden zur Verbesserung des Wirkungsgrads von organischen (auch anorganischen) Solarzellen zielen auf die Verbesserung der Erzeugung von Ladungsträgerpaaren und Ladungsträgertransport durch Verwendung neuer, alternativer Komponenten wie Zwischenschichten und Materialien für Absorber und Elektroden. Der maximale Wirkungsgrad von Solarzellen im regulären Aufbau, unabhängig von normaler oder invertierter Struktur, wird durch das Shockley-Queisser Limit festgelegt [115] und beträgt 30% bei einer Bandlücke von 1,1 eV und ausschließlich strahlender Rekombination der Ladungsträger. Die Bandlücke bestimmt die maximal mögliche Leerlaufspannung der Solarzelle woraus unmittelbar folgt, dass mit größerer Bandlücke höhere Leerlaufspannungen erzielt werden können, sich aber gleichzeitig der Anteil des nutzbaren Sonnenspektrums reduziert und für die Photostromgenerierung verloren ist.
Eine simultane Erhöhung von Leerlaufspannung und Photostrom kann durch die Kombination zweier Solarzellen mit komplementären Absorptionspektren erreicht werden. Diese Solarzellen werden monolithisch aufeinander gestapelt[4] und durch eine Rekombinationsschicht, bzw. Mittelelektrode, elektrisch mitein-

---

[4]Ein solcher Aufbau ist nicht zwingend notwendig, vielmehr können sich in einer geeigneten Struktur low- und wide-band-gap Material auch gegenüberliegen [140], wobei die Ströme eines solchen Konzepts mit denen monolithischer Tandemzellen mit Rekombinationsschicht vergleichbar wäre [141].

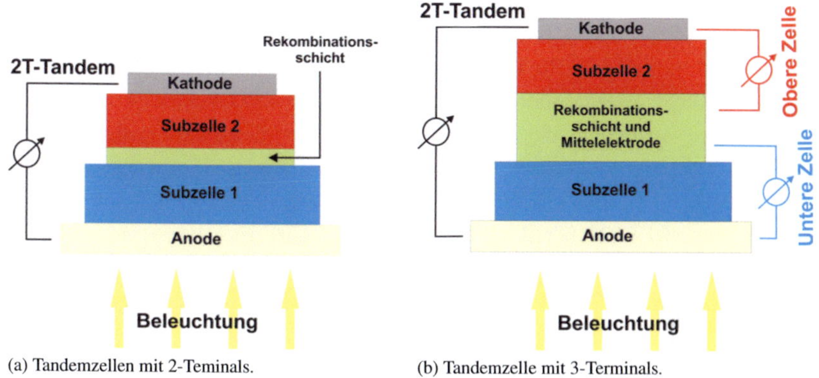

(a) Tandemzellen mit 2-Teminals.   (b) Tandemzelle mit 3-Terminals.

Abbildung 2.13: Allgemeiner schematischer Aufbau einer Tandemzelle mit seriell verschalteten Subzellen. Die vorhandene Mittelelektrode in 3-Terminal-Tandemzellen ermöglicht die Kontaktierung der beiden Subzellen.

ander verbunden (vgl. Abb. 2.13). Dieser Solarzellenaufbau heißt Tandemzelle. Daneben kann das Tandemzellenkonzept auch für Materialien verwendet werden, die aufgrund ihrer begrenzten elektrischen Transporteigenschaften nur in sehr dünnen Schichten mir geringer Absorption hohe Effizienzen liefern können [142]. Mit dem Tandemaufbau kann die Schichtdicke des photoaktiven Materials ausreichend gering gehalten werden und durch die Verwendung von zwei Subzellen die notwendige Absorption erreicht werden.

De Vos [116] konnte theoretisch zeigen, dass mit einer solchen Tandemstruktur zweier aufeinander gestapelter Solarzellen bei normaler Sonneneinstrahlung (1 Sonne) ein Wirkungsgrad von 42% erreicht werden kann. Dieses Konzept kann auf eine beliebige Anzahl von gestapelten Zellen übertragen werden und würde bei konzentrierter Lichteinstrahlung Wirkungsgrade von 86% ermöglichen und dem maximal möglichen, thermodynamischen Wirkungsgrad von 85% nach Würfel [4] entsprechen.

Bei organischen Tandemsolarzellen sind wegen der Materialeigenschaften von Polymeren und Fullerenen bisher nur vergleichsweise geringere Effizienzen zu erwarten und überschreiten nach theoretischer Betrachtungen nicht 14,1% [143] bzw. 15% [144]. Weitere Studien [145, 146], die sich mit realistischen bzw. verwendeten Materialsystemen wie P3HT und PCPDTBT bzw. PCBM und

$PC_{70}BM$ befassen, haben für deren Kombination in einer Tandemzelle einen theoretisch erreichbaren Wirkungsgrad von 9% vorhergesagt. Bisher konnte jedoch experimentell nur ein Wirkungsgrad von 6,5% für eine solche Tandemzelle mit $P3HT:PC_{70}BM$- und PCPDTBT:PCBM-Absorber erreicht werden [25]. Dieser Wert wurde über längere Zeit hinweg nicht übertroffen und erst mit neuen Absorberkomponenten auf 7% ($P3HT:IC_{60}BA^5$ und $PSBTBT:PC_{70}BM$ [148], $PCDTBT:PC_{70}BM$ und $PDPP5T^6:PCBM$ [12]) bzw. erst kürzlich auf 8,6% (zertifiziert von NREL)($P3HT:IC_{60}BA$ und $PBDTT-DPP:PC_{70}BM$) erhöht [11]. Aktuell konnte dieser Wert von der Gruppe um Prof. Yang-Yang (UCLA) noch weiter auf nunmehr 10,6% erhöht werden, jedoch sind noch keine Informationen über die von Sumitomo Chemical bereitgestellten Materialien verfügbar [9].

2.3.1 Aufbau

Üblicherweise werden die monolithisch aufeinander gestapelten Solarzellen in der Tandemzelle seriell verschaltet (Abb. 2.13), da hierbei keine Mittelelektrode benötigt wird und die äußeren Kontakte ausreichen. Im Vergleich zu regulären Solarzellen stehen bei Tandemzellen die Subzellen in optischer und elektrischer Wechselwirkung, die im Allgemeinen nicht vernachlässigt werden kann. Gerade hier haben die jeweiligen Absorberschichtdicken und elektrischen Eigenschaften [150, 151] sowie die Rekombinationsschichtdicke [152] einen maßgeblichen Einfluss auf die Lage der Intensitätsmaximas des Lichts innerhalb der photoaktiven Schichten und auf den Transport der Ladungsträger durch die Tandemzelle. Hier zeigt sich, dass es vorteilhaft ist, wenn die Ladungsträgermobilitäten in beiden Subzellen identisch sind [153], wobei diese durch die jeweiligen Absorberschichtdicken variiert werden können. Daneben muss in Tandemzellen mit seriell verschalteten Subzellen besonders darauf geachtet werden, dass die Photoströme der Subzellen übereinstimmen. Dies wird in erster Linie durch das Einstellen der Absorberschichtdicken erreicht, was evtl. die elektrischen Eigenschaften nachteilig abändert. Eine andere Möglichkeit ist die Verwendung optischer Distanzschichten [152]. In einem alternativen Ansatz [154] wird in der Rekombinationsschicht ein Reflektor integriert, der Licht zurückstreut.
Die elektrische Verbindung der Subzellen untereinander erfolgt mit Hilfe einer

---

[5]$IC_{60}BA$: indene-C_{60} bisadduct [147].
[6]Diketopyrrolopyrrole–Quinquethiophene[149].

sogenannten Rekombinationsschicht[7], die im einfachsten Fall die innere Kathode durch einen transparenten n-Halbleiter und die innere Anode durch einen transparenten p-Halbleiter ersetzt. Ein solcher Aufbau heißt auch 2-Terminal-Tandemsolarzelle (2T-Tandemzelle). Es existieren daneben noch komplexere Rekombinationsschichten, die sich aus ein oder zwei separaten Elektroden zusammensetzt und als 3T- bzw. 4T-Tandemsolarzellen bezeichnet werden. Solche Tandemzellen bieten den Vorteil, dass die Subzellen parallel verschaltet werden können und ihre optoelektronischen Eigenschaften bestimmt werden können.

2.3.2 Rekombinationsschicht

Die Rekombinationsschicht in organischen Tandemzellen erfüllt zwei Aufgaben: die optische und elektronische Verbindung der Subzellen sowie den Schutz von Subzelle 1 während der Aufbringung von Subzelle 2 (vgl. Abb. 2.13). Aus Sicht des Herstellungsprozesses verhindert eine chemisch resistente Rekombinationsschicht die Auflösung bereits vorhandener Schichten von Subzelle 1. Bei Verwendung orthogonaler Lösungsmittelsysteme in beiden Subzellen spielt die Rekombinationsschicht für den Herstellungsprozess keine Rolle mehr. Da die Rekombinationsschicht auch aus der Lösung verarbeitet werden kann, muss darauf geachtet werden, dass eine Auflösung der darunter liegenden Schichten durch geeignete Wahl des Lösungsmittels unterbunden wird. Häufig verwendete, flüssigprozessierte Materialen für Rekombinationschichten sind TiO_2 (in Isopropanol gelöst) [25], ZnO-Nanopartikel (in Aceton gelöst) [155] und PEDOT:PSS (in Wasser gelöst) [25] oder pH-neutrales PEDOT:PSS (in Wasser gelöst) [155]. Diese Lösungsmittel sind im Allgemeinen mit den verwendeten Absorbermaterialien kompatibel. Zur Erfüllung der optoelektronischen Anforderungen müssen die in der Rekombinationsschicht verwendeten Materialien eine ausreichende Transparenz aufweisen (zur Beleuchtung von Subzelle 2), gleichzeitig ausreichend leitfähig sein und einen elektrisch verlustarmen Kontakt zwischen den Subzellen ermöglichen. Tabelle (2.1) listet eine Reihe bekannter Rekombinationsschichten seriell verschalteter Tandemzellen auf.

---

[7]Bemerkung: eine Rekombinationsschicht ist nicht immer zwingend erforderlich, tatsächlich kann durch einen geeigneten Aufbau der photoaktiven Schichten eine quasi parallel verschaltete Tandemzelle konstruiert werden [150].

N	M	P	invertierter Aufbau	Quellen
TiO_2	keine	PEDOT:PSS$_s$	nein	[25, 145, 153, 156]
TiO_2	keine[*]	PEDOT:PSS$_m$	ja	[148]
TiO_2	Al	PEDOT:PSS$_s$	nein	[157]
TiO_2	Al	MoO_3	nein	[158]
ZnO	keine	PEDOT:PSS$_{pH}$	nein	[155]
ZnO	keine	PEDOT:PSS$_m$	ja	[11]
ZnO	keine	PEDOT:PSS$_m$	nein	[142, 159]
ZnO	Al	MoO_3	ja	[160]
ZnO	Al	V_2O_5	ja	[160]
ZnO	Ag	V_2O_5	ja	[161]
LiF	Al	WO_3	nein	[162]
LiF	Al	MoO_3	nein	[163]
LiF	Al/Au	ohne	nein	[162]
LiF	Al/Au	PEDOT:PSS$_s$	nein	[164]
LiF	ITO	MoO_3	nein	[165]
$LiCoO_2$	Al/ZAO	PEDOT:PSS$_{pH}$	nein	[166]
Sm	Au	PEDOT:PSS$_s$	nein	[167]
Ca	Al/Ag	MoO_3	ja	[168, 169]
keine	ITO	PEDOT:PSS$_s$	nein	[170]
	Al	MoO_3		[171]

Tabelle 2.1: Verschiedene in Tandemzellen als Rekombinationsschicht verwendete Materialkombinationen. *Abkürzungen:* **N** - Materialbasis der n-(Halbleiter-)Schicht, **P** - Materialbasis der p-(Halbleiter-)Schicht, **M** - Zwischenschicht aus Metall oder entartetem Halbleiter. Indizes an PEDOT:PSS: s - sauer, pH - pH-neutral, m - modifiziert. [*] Anmerkung: Im vorderen Teil der Publikation wird keine Aluminiumzwischenschicht in der Rekombinationsschicht verwendet, es wird aber im experimentellen Teil am Ende eine solche mit 0,5 nm angeführt. Es ist leider nicht nachvollziehbar, welche der Angaben nun korrekt ist.

2.3.2.1 Ohne Mittelelektrode

Im einfachsten Aufbau besteht die Rekombinationsschicht aus einer n-p-Tunneldiode (vgl. Abb. 2.14), wie sie sich bei anorganischen Tandemzellen bereits etabliert hat [172]. Hierfür eignen sich Materialkombinationen aus PEDOT:PSS und TiO_2 [25], ZnO-Nanopartikel mit einer pH-neutralen PEDOT:PSS-Lösung [155, 173] oder rein organische Halbleiter [174, 175], um einen Tunnelkontakt bzw. quasi-ohmschen Kontakt zwischen den Subzellen zu formen. Generell sind für einen derartigen Tunnelkontakt ausreichend hohe Ladungsträgerdichten in beiden Halbleitermaterialien notwendig, die außerdem die Ausdehnung der Raumladungszonen innerhalb der Halbleiter auf wenige Nanometer beschränken. Nebeneffekte der hohen Ladungsträgerkonzentration sind eine schnelle Ladungsträgerrekombination, die Unterdrückung des Quasifermilevelsplittings und ein damit ermöglichter verlustfreier elektrischer Kontakt zwischen den Subzellen (d.h. ihre Leerlaufspannungen addieren sich) [175]. Um den elektrischen Kontakt zwischen der p- und n-Halbleiterschicht zu verbessern, kann eine wenige Nanometer dünne Aluminiumschicht verwendet werden [160], die einen ohmschen Kontakt statt eines Tunnelkontakts herstellt. Hierdurch vergrößert sich die Zahl der Rekombinationszentren [158, 176] und führt nach Guo *et al.* [158] zu einem verbesserten elektrischen Kontakt zwischen den Subzellen durch bessere Anpassung des Leitungsbandes der n-Schicht an das Valenzband der p-Schicht. Weitere Ansätze verwenden eine Kathode aus LiF/Al [162, 163] oder Ca/Al [168] in Kombination mit einem p-leitenden Metalloxid aus WO_3 oder MoO_3.
In 2T-Tandemzellen sind die Eigenschaften der Subzellen weitgehend unzugänglich, wenngleich zumindest die Kurzschlussströme der Subzellen mit Hilfe einer geeigneten EQE-Messmethode bestimmt werden können. Aus den regulären Strom-Spannungsmessungen sind nur die angelegte Spannung und der gemessene Strom zugänglich während der Spannungsabfall in den einzelnen Subzellen nicht bestimmt werden kann. Gilot *et al.* [177] konnten durch Einführung einer weiteren Elektrode außerhalb der aktiven Fläche der Tandemzelle den Spannungsabfall der lichtquellen-nahen Subzelle bestimmen. Damit sind die Teilspannungen beider Subzellen sowie der Gesamtstrom bekannt und die Kennlinien beider Subzellen können aus der Auftragung von Gesamtstrom gegen die jeweilige Teilspannung erzeugt werden.

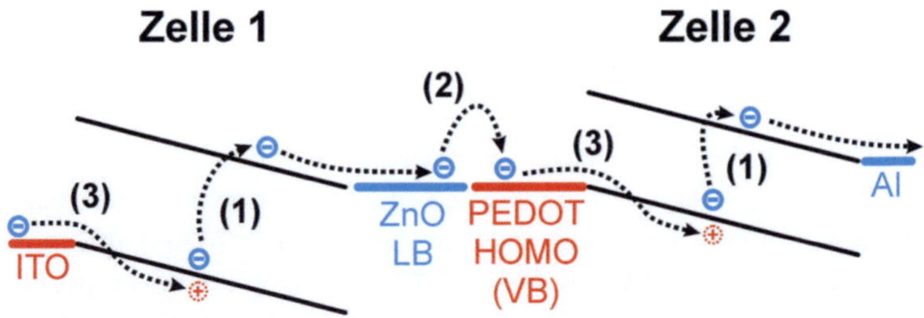

Abbildung 2.14: Schema zur eigentlichen Funktionsweise der Rekombinationsschicht einer Tandemzelle. Die Aufgabe der Rekombinationsschicht besteht im Transport des Elektrons und dessen Transfer vom LUMO-Niveau (bzw. Leitungsband) der einen Zelle in das HOMO-Niveau (bzw. Valenzband) der anderen Zelle.

2.3.2.2 Mit Mittelelektrode

Der Einsatz von einem oder zwei zusätzlichen Terminals innerhalb der Rekombinationsschicht erlaubt neben der seriellen Verschaltung der Subzelle auch die parallele Verschaltung sowie die optoelektronische Charakterisierung der Subzelle (bei Betrieb) innerhalb der Tandemzelle. Am vielfältigsten erweisen sich 4T-Tandemzellen [167], wobei die Elektroden in der Rekombinationsschicht durch einen transparenten Isolator voneinander getrennt werden müssen, die Subzellen aber in jeder beliebigen Weise verschaltet werden können. In 3T-Tandemzellen muss bereits bei der Herstellung festgelegt werden, ob eine Elektrode als Anode, Kathode (parallel) oder beides (seriell) dient. Als Material für Mittelelektroden kommen dünne, hochleitfähige Edelmetallschichten aus Gold [37, 164, 178] oder Silber [179], Kohlenstoffnanoröhren [180], durch Sputtern abgeschiedene TCO-Schichten aus ITO [165], IZO [181] oder ZnO:Al [166] in Frage.

Aus analytischer Sicht haben Rekombinationsschichten mit mindestens einem Terminal einen weiteren Vorteil. Die optoelektronische Charakterisierung mittels Strom-Spannungsmessung und EQE kann für jede Subzelle individuell durchgeführt werden. Damit ist es möglich, die Subzellen mit ihren entsprechenden Gegenstücken als Einzelzellen zu vergleichen, wobei je nach Einzelzelle ein Filter verwendet werden muss, um die gleichen Beleuchtungsbedingungen zu erzeugen [182]. Aus diesen Messungen kann die Eigenschaft bzw. die Kennlinie einer korrespondierenden Tandemzelle simuliert und anschließend mit dem experimentellen Ergebnis der Tandemzelle verglichen werden.

2.3.2.3 Zum Begriff "Rekombinationsschicht"

In der Literatur wird ausschließlich der Begriff "Rekombinationsschicht" verwendet, wenn es darum geht die serielle Subzellenverschaltung zur Tandemzelle zu beschreiben. Im Grunde ist dieser Begriff in so weit korrekt, wie Elektronen und Löcher betrachtet werden. Letztere sind Quasiteilchen und dienen zur Beschreibung unbesetzter Zustände im Festkörper. In so einem Bild ist die Rekombinationsschicht tätsächlich eine solche, da hier die gegensätzlichen Ladungsträger rekombinieren müssen, damit durch eine Tandemzelle Strom fließen kann. Allerdings gibt es zwei Arten der Rekombination von Ladungsträgern: strahlende und nicht strahlende. Unabhängig vom Rekombinationsmechanismus ist die potentielle Energie, die die Teilchen hatten, verloren, jedoch könnte bei strahlender Rekombination das emittierte Photon erneut absorbiert werden. Um die verloren gegangene Energie zu bestimmen, ist es nötig die Aufspaltung in die Quasi-Fermienergien am p-n-Übergang der Rekombinationsschicht zu betrachten. Die Aufspaltung findet auf Grund hoher Ladungsträgerdichten und der auf wenige Nanometer begrenzten Raumladungszonen nicht statt, so dass bei strahlender Rekombination quasi ein Photon ohne Energie emittiert werden würde. Prinzipiell würde demnach z.B. ein Loch oder Elektron nicht durch ein Band transportiert, sondern würde durch dieses emissionslos hindurch-rekombinieren. So gesehen ist der Name Rekombinationsschicht sicherlich nicht falsch, aber zumindest etwas irreführend.

Intuitiver ist die Betrachtung des Problems, wenn nur Elektronen betrachtet werden (Abb. 2.14). In diesem Modell tritt in der Rekombinationsschicht keine Rekombination auf, sondern sie dient zum Ladungsträgertransfer (2) und zur Ladungsträgerinjektion (3) von der einen in die andere Zelle. Der Transfer (2) erfolgt dabei durch die Tunnelbarriere, die durch die Bandverbiegung der p- und n-Halbleiterkomponeneten entsteht. Durch die hohe Ladungsträgerdichten beiden Halbleiterkomponenten liegt die Fermienergie nahe der Bänder, so dass nach Angleichung der Fermienergien E_F das Leitungsband des n-Halbleiters (ZnO) und das Valenzband bzw. HOMO des p-Halbleiters (PEDOT) energetisch auf gleicher Höhe liegen. Daher können aufgrund der geringen Breite der Tunnelbarriere Elektronen direkt vom ZnO-Leitungsband in das PEDOT-HOMO tunneln. Damit ein Stromfluss durch die gesamte Tandemzelle möglich ist, müssen für jedes zum Strom beitragende Elektron zwei Photonen absorbiert (1) werden. Dabei ist es nicht notwendig, dass ein bestimmtes Elektron zwei mal angeregt wird, vielmehr ist entscheidend, dass für jedes Elektron einer Subzelle in der anderen ein freier, besetzbarer Zustand (4) verfügbar ist. Vorausgesetzt der Kontakt zwischen den Zellen und der Elektroden aus Aluminium und ITO ist ohmscher Natur, dann folgt das maximal erreichbare elektrische Potential aus der Vakuumenergieverschiebung und die Leistung aus dem Produkt vom an den Elektroden angelegten Potential mit dem erzeugtem Strom.

2.3.3 Herausforderungen des Tandemzellenkonzepts

Trotz der Steigerung der Solarzellen-Effizienz durch den Tandemaufbau führen dessen Besonderheiten zu neuen Fragestellungen, physikalisch wie technisch. Im Allgemeinen wird wegen der einfacheren Umsetzbarkeit für die Verschaltung der Subzellen in einer Tandemzelle der serielle Ansatz gewählt, welcher für den optimalen Betrieb übereinstimmende Subzellen-Ströme erfordert. Zur gleichzeitigen Maximierung von Strom und Leerlaufspannung (und damit des Wirkungsgrads) ist eine Aufteilung in Polymere mit großer und kleiner Bandlücke erforderlich. Hierbei muss darauf geachtet werden, dass die Breite der jeweiligen Absorptionsfenster so gewählt wird, dass nachher die in den Subzellen generierten Photoströme übereinstimmen. Nach einer theoretischen Betrachtung von Minnaert *et al.* [183] wäre für organische Tandemzellen eine Bandlückenkombination von 1,8 eV und 1,1 eV optimal, mit einer jeweiligen Breite der Absorptionsfenster von 400 nm. Eine optimale Ausnutzung des Sonnenspektrums erfordert darüber hinaus Subzellen-Absorptionsspektren, die sich nur minimal und im Rahmen der Notwendigkeit überschneiden. Erst vor kurzem wurden mit PBDTT-DPP [11] und PDPP5T [149] hierfür geeignete Polymere mit einem zu P3HT komplementären Absorptionsspektrum vorgestellt. Dadurch ist im Gegensatz zu gewöhnlichen Solarzellen die Effizienz von Tandemzellen durch die spektrale Aufteilung der Subzellen im besonderen Maße von der Verteilung der Intensitäten bzw. des Photonenflusses im Spektrums abhängig.

Aus Sicht der Herstellung müssen die Prozesse aufeinander abgestimmt werden, damit die Abscheidung der Schichten der oberen Zelle nicht die bereits aufgetragenen schädigt. Dieses Problem wird bereits durch die Rekombinationsschicht gelöst, die diese schützende Funktion übernimmt (bzw. übernehmen muss). Bei der Herstellung von Tandemzellen sollte auch berücksichtigt werden, dass anstatt der üblichen 5 Schichten mindestens 8 Schichten abgeschieden werden müssen. Dabei kann der Wirkungsgrad höchstens um 40% von 30% auf 42% steigen.

Kapitel 3

Experimentelle Verfahren

Zur Herstellung der organischen Solarzellen werden unterschiedliche Metalloxidschichten benötigt, die aus der Lösung abgeschieden werden sollen. Hierfür müssen die Metalloxide entweder in Form eines Sol-Gel-Precursors oder einer Nanopartikelsuspension aufgearbeitet werden. Neben den Metalloxiden werden auch die organischen Schichten aus der Flüssigphase abgeschieden. Die Auftragung erfolgt dabei unabhängig vom Material durch Rotationsbeschichtung bzw. Spin-Coating (kurz: aufschleudern). Andere Materialen wie z.B. LiF, $LiCoO_2$, Al und ZnO:Al werden durch Vakuumprozesse wie thermisches Verdampfen oder Sputtern abgeschieden.

Zur Charakterisierung der Solarzellen stehen mehrere ineinander übergreifende Verfahren zur Verfügung. Das Standardverfahren zur optoelektronischen Charakterisierung von Solarzellen (bzw. Dioden) ist das Erstellen ihrer Kennlinie aus einer Strom-Spannungsmessung. Sie gibt Aufschluss über die elektrischen Eigenschaften, insbesondere der Photostromgenerierung, sowie die zu erwartende Effizienz der Solarzelle. Darüber hinaus können aus der Kennlinie die Eigenschaften der Bauteile eines Solarzellen-Ersatzschaltbildes bestimmt werden. Die spektral aufgelöste optoelektronische Charakterisierung ist durch die Bestimmung der externen Quanteneffizienz möglich. Weitere Solarzelleneigenschaften wie Schichtdicken und Oberflächenerscheinung werden durch hochauflösende Rasterelektronenmikroskopie (REM) bestimmt. Die rein optischen Eigenschaften der Solarzelle, insbesondere des semitransparenten Rückkontakts, werden mit Hilfe von Transmissions- und Reflexionsmessungen untersucht.

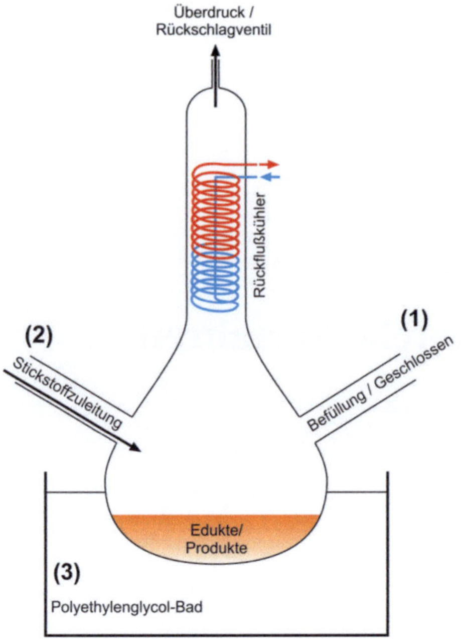

Abbildung 3.1: *Aufbau zur Synthese des TiO_2-Precursors.*

3.1 Synthese der Oxide

Metalloxidzwischenschichten mit Halbleitereigenschaften können in Form eines Sol-Gels oder gelöster Nanopartikel als Ausgangsmaterial aus der Flüssigphase abgeschieden werden. Dabei sind für die Herstellung von semitransparenten und Tandemsolarzellen TiO_2- und ZnO-Nanopartikel-Schichten von Interesse, wobei TiO_2-Schichten als Teil der Rekombinationsschicht oder als Pufferschicht beim Sputtern verwendet werden.

3.1.1 TiO_2-Sol-Gel-Synthese

Die Herstellung des TiO_2-Precursors erfolgt nach dem von Kim [184] gezeigten Verfahren. Dazu wird ein Dreihalskolben (Abb. 3.1) mit Salzsäure gereinigt und gespült. Damit kein Hydrolyseprozess bereits während der Sol-Gel-Herstellung

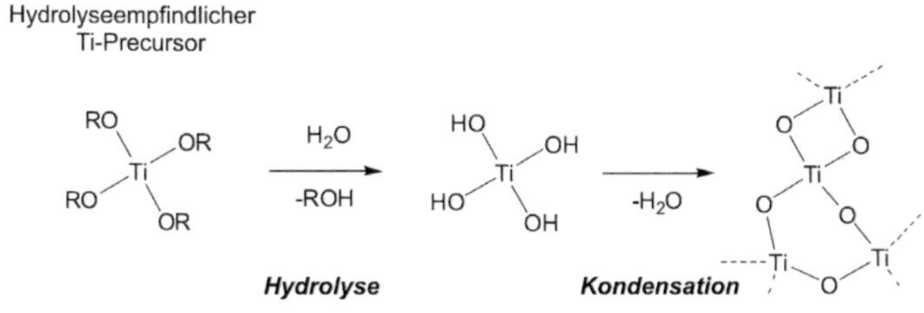

Abbildung 3.2: *Schematische Darstellung der Ti-Precursor-Hydrolyse (nach [185]).*

erfolgen kann, müssen sämtliche Wasserreste durch Heizen entfernt werden. Der Dreihalskolben wird mit 25 ml 2-Methoxyethanol (Sigma Aldrich, wasserfrei, 99,8%), 2,5 ml Ethanolamin (Merck, 99,5%) und 5 ml Tetraisopropylorthotitanat (Sigma Aldrich, 99,999%) befüllt **(1)** und verschlossen. Der Stickstofffluss **(2)** wird mäßig eingestellt und der Teil der Apparatur mit den Edukten in einem Ölbad (Polyethylenglycol) positioniert **(3)**. Unter Rücklaufkühlung, rühren und Stickstofffluss werden die Edukte für vier Stunden im 80 °C warmen Ölbad belassen und verbleiben nachfolgend noch zwei weitere Stunden im auf 120 °C erwärmten Ölbad. Zur Destillation wird der Hals zum Befüllen **(1)** wieder geöffnet, die Temperatur des Ölbads auf 150 °C erhöht und der Stickstofffluss vergrößert. Nach Abschluss der Destillation wird das Produkt unter Rühren auf Raumtemperatur abgekühlt bis eine zähe, rötliche Masse am Boden des Kolbens zurückbleibt. Diese wird mit Isopropanol auf den gewünschten Titangehalt verdünnt und kann direkt verwendet werden. Nach dem Aufschleudern der Schicht aus der Lösung und nach verdampfen des Isopropanols, beginnt die Hydrolyse (vgl. Abb. 3.2) durch das in der Raumluft enthaltene Wasser und führt zur Umsetzung in die TiO_2-Schicht.

3.1.2 ZnO-Nanopartikel-Synthese

Die Synthese [186] sphärischer ZnO-Nanopartikel mit 4 bis 7 nm Durchmesser erfolgt nach Pacholski *et al.* [187]. Hierzu wird Zinkacetatdihydrat bei 60 °C in Methanol unter andauerndem Rühren gelöst. Anschließend wird KOH zugegeben und die Dispersion für weitere zwei Stunden bei 60 °C gerührt. Die Dispersion wird nun beiseite gestellt und abgewartet, bis die ZnO-Nanopartikel ausgefallen sind. Zum Waschen wird das überschüssige Methanol abgegossen, durch frisches Methanol ersetzt und erneut abgewartet bis die ZnO-Nanopartikel ausgefallen sind. Der Überstand von Methanol wird im Anschluss abgegossen, die hochkonzentrierte ZnO-Nanopartikeldispersion in Küvetten abgefüllt und zentrifugiert. Vor Verwendung zur Abscheidung von ZnO-Nanopartikelschichten wird das feuchte Pulver mit Aceton auf die gewünschte Massenkonzentration verdünnt (typischerweise 10 bis 30 mg/ml) und im Ultraschallbad homogenisiert. Das Ergebnis ist eine leicht weißlich getrübte, aber transparente Dispersion.

3.1.3 MoO$_3$-Nanopartikel-Synthese

Die Synthese der MoO$_3$-Nanopartikel erfolgt auf Grundlage der Arbeit von Lin *et al.* [91]. Als Edukte der Synthese wurden 1,5 g MoO$_3$ als Pulver mit 11,5 ml H$_2$O$_2$ (30%-tige, wässrige Lösung) in einem Rundkolben vermengt (es bildet sich eine gelbe, intransparente Suspension) und anschließend mit Rückflusskühlung unter ständigem Rühren für zwei Stunden in einem 80 °C warmen Ölbad belassen. Mit Erreichen der Endtemperatur von 80 °C beginnt die Reaktion der Edukte unter Bläschenbildung sowie der Ausbildung einer zunehmend klarer werdenden, aber immer noch gelblichen Suspension. Nach dem vollständigen Ablauf der zwei Stunden ruht die Suspension für 24 Stunden. Eine solche Ruhephase erfolgt nach jedem Syntheseschritt. Anschließend werden 2,375 ml PEG (Polyethylenglycol) hinzugegeben und bei 70 °C unter stetem Rühren für 30 Minuten erwärmt. Im nächsten Schritt werden 14,4 ml 2-Methoxyethanol hinzugefügt und die Suspension unter Rühren für 30 Minuten im 60 °C warmen Ölbad belassen. Vor Verwendung der Suspension wird diese filtriert und mit Ethanol verdünnt. Als Aufschleuderparameter haben sich folgende Werte bewährt: 150 μl bei 5000 rpm für 40 s. Abschließend wird das beschichtete Substrat unter Umgebungsatmosphäre auf eine 300 °C heiße Heizplatte gelegt und dort für 10 Minuten belassen wodurch sich dessen anfangs bläuliche Oberflächenfärbung zu einer leicht gelblichen Erscheinung ändert. An dieser Stelle sei ergänzend bemerkt, dass bei Lagerung der Suspension deren gelbliche Farbe zuerst in Grün und schließlich in Blau übergeht. Auf deren Verwendbarkeit scheint dies aber keinen Einfluss zu haben und scheint eine Folge des Kontakts mit der Umgebungsatmosphäre bzw. des Sauerstoffs darin zu sein.

3.2 Präparative Verfahren

Abhängig vom verwendeten Material kommen verschiedene Verfahren zur Schichtabscheidung zum Einsatz. Lösungsbasierte Schichten werden in dieser Arbeit durch Rotationsbeschichtung abgeschieden und für feste Stoffe, sofern diese sich nicht in geeigneter Weise lösen lassen, müssen vakuumbasierte Verfahren angewandt werden. Zu den verwendeten Vakuumverfahren gehören thermisches Verdampfen und Sputtern (auch als Kathodenzerstäubung bekannt).

3.2.1 Rotationsbeschichtung

Zur Abscheidung lösungsbasierter Schichten wird ausschließlich das Rotationsbeschichtungsverfahren verwendet. In diesem Verfahren wird das abzuscheidende Material auf ein mit Unterdruck auf einem Drehteller fixiertes Substrat aufgebracht. Anschließend wird der Drehteller in Rotation versetzt, wodurch die auf das Material wirkende Fliehkraft dieses radial beschleunigt und über das Substrat verteilt. Überschüssiges, nicht haftendes Material wird vom Substrat heruntergeschleudert. Letzteres stellt den wesentlichsten Nachteil der Rotationsbeschichtung dar, da zur Beschichtung kleiner Substratflächen eine vergleichsweise große Materialmenge nötig ist. Dieser Nachteil wird durch die Möglichkeit, dünne und gleichzeitig homogene Schichten herzustellen, ausgeglichen. Neben diesen grundsätzlichen Eigenheiten der Rotationsbeschichtung spielen auch Viskosität und besonders die durch Substratoberfläche und Lösungsmittel beeinflusste Benetzungseigenschaften eine entscheidende Rolle. Die Einstellung der Schichtdicke erfolgt über die Rotationsgeschwindigkeit und der Massenkonzentration der Lösung.

Nach der Abscheidung des Materials werden die Schichten durch Verdampfen des Lösungsmittels getrocknet. Dieser Vorgang stellt den kritischsten Schritt bei der Herstellung dar, da hierbei Faktoren wie Trocknungsdauer und Umgebungsatmosphäre maßgeblich die morphologischen und die damit verbundenen optoelektronischen Eigenschaften, insbesondere die der Polymer:Fulleren-Gemische, prägen. Li *et al.* [59] haben gezeigt, dass für P3HT:PCBM-Gemische eine langsame Trocknung zu einem ausgeglichenerem Ladungsträgertransport und damit zu einer besseren Leistung der Solarzelle führt. Eine solche langsamere Trocknung lässt sich durch die Verwendung von hochsiedenden Lösungsmitteln [188] wie Dichlorbenzol erreichen.

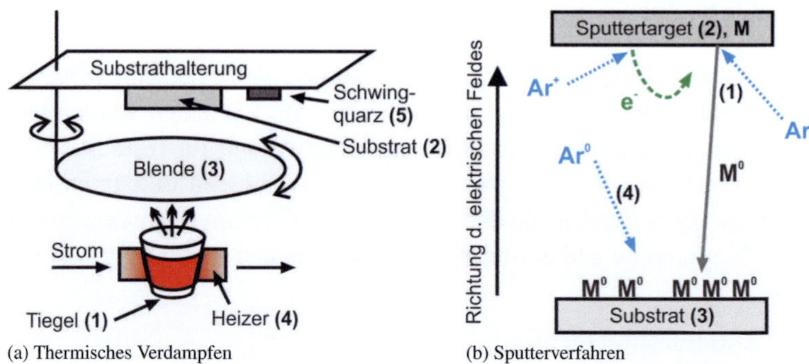

Abbildung 3.3: *Verschiedene Verfahren zur Kathodenabscheidung im HV*

3.2.2 Vakuumverfahren

Die Kathoden von Solarzellen bestehen im Allgemeinen aus der Kombination einer Zwischenschicht wie LiF (o.ä.) und der eigentlichen Elektrode aus Aluminium oder dem transparenten ZAO. Die Abscheidung solcher Schichten erfolgt im Vakuum durch thermisches Verdampfen (LiF, Al) oder Sputtern (LiCoO$_2$, Al, ZAO).

3.2.2.1 Thermisches Verdampfen

Thermisches Verdampfen (Abb. 3.3a) erfolgt im Hochvakuum (HV) bei einem Basiskammerdruck von weniger als 10^{-5} mbar. Im HV ist sichergestellt, dass das verdampfte Material nicht mit anderen Stoffen (insbesondere Restsauerstoff) auf dem Weg zum Substrat reagiert und letzteres auch überhaupt erreicht. Das zu verdampfende Material wird in einen Tiegel (**1**) gegeben und gegenüber dem Substrat (**2**) positioniert. Tiegel und Substrat sind durch eine Blende (**3**) voneinander getrennt. Der Tiegel befindet sich in einem Heizer (**4**) durch den Starkstrom geleitet wird, welcher sich am elektrischen Widerstand in Wärme umsetzt. Die zu verdampfenden Materialien werden zur Abscheidung bis über den Siedepunkt erwärmt und kondensieren anschließend auf dem Substrat. Zur Bestimmung der Schichtdicke wird ein Schwingquarz (**5**) verwendet, der *in-situ* die Bestimmung von Aufdampfrate und zeitaufgelöster Schichtdicke auf dem Substrat ermöglicht.

3.2.2.2 Sputtern

Sputtern (Abb. 3.3b) ist ein Prozess im HV und ermöglicht die Abscheidung von ZAO, die in einem thermischen Verfahren nicht möglich ist. Die Kathodenabscheidung erfolgt bei einem Basiskammerdruck kleiner 10^{-6} mbar, wobei als Prozessgas Argon verwendet wird. Zur Steigerung der Sputterrate wird ein Magnetron-Sputtersystem verwendet. In diesem System werden über dem Target radial angerichtete Magnete angebracht, die über der Targetoberfläche ein schlauchförmiges Magnetfeld erzeugen, in dem Elektronen und Ionen eingefangen werden. Dadurch ist die Elektronen- bzw. Ionendichte nahe der Targetoberfläche vergrößert und erhöht die Ionisationswahrscheinlichkeit naher Argonatome. Ionisierte Argonatome (1) werden in Richtung des Targets (2) beschleunigt und stoßen bei ausreichender kinetischer Energie aus dessen Oberfläche Partikel heraus. Diese schlagen sich bei Erreichen der Substratoberfläche (3) nieder, welche in einem Abstand von 7 cm dem Target gegenüber liegt. Die Schichtdicke kann während des Prozesses nicht *in-situ* bestimmt werden und wird nachträglich durch Messung der Bruchkante von Teststreifen am Rasterelektronenmikroskop bestimmt. Daraus wird zusammen mit der Sputterdauer (einschließlich der notwendigen Zeit zum Öffnen und Schließen der Blende) eine Referenzrate für einen Parametersatz (Sputterleistung, Gasfluss und Sputtergaspartialdruck) bestimmt, anhand derer nun über die Sputterdauer die gewünschte Schichtdicke eingestellt wird.

Im Zusammenhang mit organischen Dünnschichten erweist sich Sputtern als problematisch, da es bei der Abscheidung durch Ionenbeschuss [189] und gestreuter, neutraler Argonatome [190] (4) zur Schädigung von Kohlenstoffbindungen kommt [191]. In früheren Arbeiten konnte bereits gezeigt werden, dass die Schädigung durch den Al- und/oder ZAO-Sputterprozess durch nachträgliches Ausheizen der Proben beseitigt werden kann [21] und im Vergleich zu rein thermisch abgeschiedenen Kontakten höhere Wirkungsgrade möglich sind [106].

3.3 Charakterisierung

Um Einblick in die optoelektronischen Eigenschaften der Solarzelle zu bekommen, stehen mehrere Methoden zur Verfügung. Die Strom-Spannungsmessung ist das Standardverfahren zur Bestimmung des Wirkungsgrads und der optoelektronischen Eigenschaften einer Solarzelle. Daneben bietet ergänzend die externe

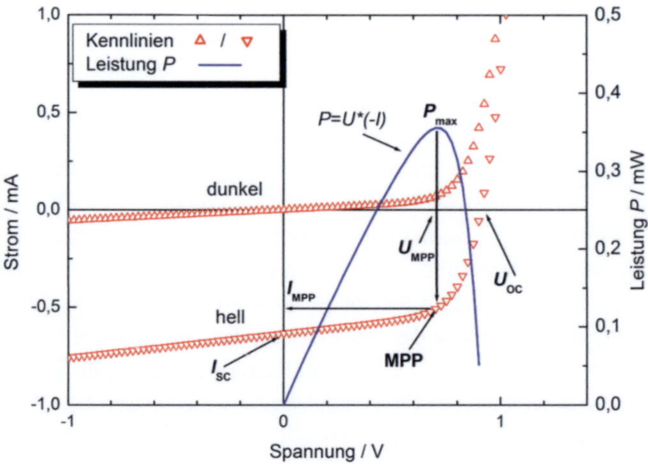

Abbildung 3.4: IU-Kennlinie und die daraus abgeleiteten charakteristischen Kenngrößen einer Solarzelle. Leerlaufspannung U_{OC} und Kurzschlussstrom I_{SC} können direkt abgelesen werden während Füllfaktor FF und Leistung P errechnet werden müssen.

Quanteneffizienz (EQE) Einblick in die spektral aufgelöste Erzeugung von freien Ladungsträgerpaaren.

Weitere Eigenschaften wie Schichtfolge, -dicken und Oberflächen können mit dem Rasterelektronenmikroskop (REM) untersucht werden.

Die rein optischen Eigenschaften semitransparenter Zellen und semitransparenter Kathoden, wie das Transmissions- und Reflexionsvermögen, werden durch die gleichnamigen Messmethoden bestimmt.

3.3.1 Strom-Spannungsmessung

Die ideale, unbeleuchtete Solarzelle verhält sich wie eine Diode, deren charakteristische Eigenschaften durch Strom-Spannungsmessungen abgeleitet werden können. Das Ergebnis einer solchen Messung sind die in Abbildung 3.4 gezeigten Kennlinien. Zur Durchführung wird an die Solarzelle eine Spannung U angelegt und der daraus resultierende Strom $I(U)$ bestimmt (Keithley Sourcemeter). Dabei kann zwischen Kennlinien ohne Beleuchtung (Dunkelkennlinie) und Kennlinien mit Beleuchtung (Hellkennlinie, Lichtquelle: Wacom Sonnensimulator AM1.5G, AAA, Xenon- und Halogen-Lampe) unterschieden werden, von denen für Solarzellen letztere wichtiger ist. Aus der Hellkennlinie lassen sich die für die Energiegewinnung in erster Linie wichtigen Parameter wie der Wirkungsgrad, der Punkt maximaler Leistung (MPP) und die damit verbundenen Kenngrößen einer Solarzelle, Leerlaufspannung U_{OC}, Kurzschlussstrom I_{SC} und Füllfaktor FF, bestimmen. Mit Kurzschlussstrom, Leerlaufspannung und dem MPP kann der Füllfaktor anhand von

$$\mathrm{FF} = \frac{P_{\mathrm{max}}}{I_{\mathrm{SC}} \cdot U_{\mathrm{OC}}} = \frac{I_{\mathrm{MPP}} \cdot U_{\mathrm{MPP}}}{I_{\mathrm{SC}} \cdot U_{\mathrm{OC}}}$$

bestimmt werden und variiert zwischen 0 und 1, wobei der Wert 1 einer idealen Solarzelle ohne elektrische Verluste entspricht. Typische Füllfaktoren organischer Solarzellen liegen bei 0,6. Der Wirkungsgrad η folgt aus dem Verhältnis der eingestrahlten Leistung P_{Licht} und der maximalem elektrischen Leistung P_{max} der Solarzelle:

$$\eta = \frac{P_{\mathrm{max}}}{P_{\mathrm{Licht}}} = \frac{FF \cdot I_{\mathrm{SC}} \cdot U_{\mathrm{OC}}}{P_{\mathrm{Licht}}}.$$

Die Messung der Kennlinie von Tandemsolarzellen erfolgt wie bei gewöhnlichen Solarzellen und ist unabhängig vom Vorhandensein einer Mittelelektrode. Anders verhält es sich mit der Charakterisierung der Subzellen in 3-Terminal-Tandemzellen, deren Ergebnis vom elektrischen Zustand der anderen, nicht gemessenen Zelle abhängt. Eine ausführliche Diskussion dieser Thematik und deren Folgen ist Gegenstand von Kapitel 6.1 (S. 115).
Mit Hilfe eines elektrischen Modells der Solarzelle, typischerweise dem Eindiodenmodell können aus der Kennlinie neben den Eigenschaften der Diode auch die des Serien- und Parallelwiderstands sowie der erzeugte Photostrom bestimmt werden.

3.3.1.1 Ersatzschaltbild einer Solarzelle im Eindiodenmodell

Das einfachste, nicht triviale Ersatzschaltbild einer realen Solarzelle (Abb. 3.5) beinhaltet die Beschreibung des p-n Übergangs durch eine Diode, eine von der Spannung unabhängige Photostromquelle, einen Serienwiderstand R_{S} zur Beschreibung von Kontakt- und Leitungswiderständen sowie einen Parallelwider-

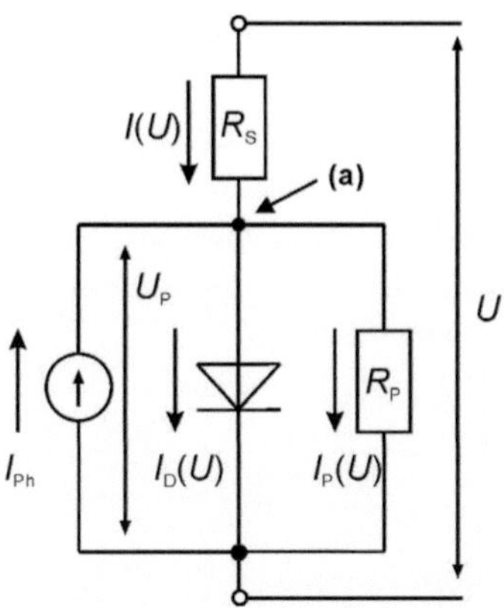

Abbildung 3.5: Ersatzschaltbild einer regulären Solarzelle im Eindiodenmodell bestehend aus einer Diode (I_D), einer Photostromquelle (I_Ph), Serienwiderstand (R_S; Leitungs- und Kontaktwiderstände, etc.) und einem Parallelwiderstand (R_P, Defektströme durch Materialfehler, Kurzschlüsse etc., die an der Diode vorbeifließen).

stand R_P, der Defekte (Materialfehler, Kurzschlüsse, etc.) in der Solarzelle beschreibt.

Der Zusammenhang von Spannung und Strom kann mit Hilfe der Kontinuitätsgleichung hergeleitet werde. Diese besagt, dass keine Ladungsträger erzeugt oder vernichtet werden können, so dass an jedem Knoten im Ersatzschaltbild die Summe der einlaufenden Ströme gleich der Summe der auslaufenden Ströme ist (Knotenregel). Am Knoten **(a)** fließen bei einer an die Solarzelle angelegten Spannung U die Teilströme der Bauelemente I_P, I_D und I_Ph sowie der Gesamtstrom I und es gilt

$$I(U) + I_\mathrm{Ph} = I_\mathrm{D}(U) + I_\mathrm{P}(U). \tag{3.1}$$

Die Teilströme $I_\mathrm{D}(U)$ und $I_\mathrm{P}(U)$ können durch die Ausdrücke

$$I_\mathrm{D}(U) = I_0 \left[exp\left(\frac{q}{Ak_\mathrm{B}T}(U - R_\mathrm{S}I(U)) \right) - 1 \right]$$

$$I_\mathrm{P}(U) = \frac{U - R_\mathrm{S}I(U)}{R_\mathrm{P}} \tag{3.2}$$

ersetzt werden. Hierbei erscheinen die physikalischen Konstanten der elektrische Elementarladung q und der Boltzmannkonstante k_B. Weitere Parameter sind der Diodenidealitätsfaktor A, der Dioden-Sperrsättigungsstrom I_0 und die Temperatur T. Der Diodenidealitätsfaktor wird im Normalfall durch die Rekombinationskinetik bestimmt und ist bei ausschließlich strahlender Rekombination $A = 1$ und bei ausschließlicher Rekombination in der Raumladungszone (anorganische p-n Grenzfläche) $A = 2$. Dazwischen und darüber sind alle Werte erlaubt (auch über 2) und entsprechen dem gleichzeitigen Auftreten verschiedener Rekombinationsmechanismen einschließlich weiterer, andersartiger Rekombinationsmechanismen.

Die Strom-Spannungsgleichung der Solarzelle im Eindiodenmodell ist

$$I(U) = I_0 \left[exp\left(\frac{q}{Ak_B T}(U - R_S I(U)) \right) - 1 \right] + \frac{U - R_S I(U)}{R_P} - I_{Ph}. \quad (3.3)$$

In dieser Gleichung ist der Zusammenhang zwischen Strom und Spannung transzendent, d.h. eine Lösung ist hier nur auf numerischem Wege möglich.

Aus Gleichung 3.3 können wesentliche Kenngrößen wie die Leerlaufspannung mit der Bedingung $I(U_{OC}) = 0$

$$U_{OC} \approx \frac{Ak_B T}{q} \ln\left(\frac{I_{Ph}}{I_0} \right) \quad \text{für} \quad \frac{U_{OC}}{R_P} \ll I_{Ph} \wedge I_0(\approx 10^{-9}A) \ll I_{Ph}(\approx 10^{-3}A)$$

$$(3.4)$$

und der Kurzschlussstrom aus der Bedingung $I_{SC} = I(0)$

$$I_{SC} = -I_{Ph} \cdot \left(1 + \frac{R_S}{R_P} \right)^{-1} \approx -I_{Ph} \quad \text{für} \quad R_S \ll R_P \wedge I_D \approx 0 \quad (3.5)$$

hergeleitet werden.

Das Eindiodenmodell ist ursprünglich anhand anorganischer Solarzellen entwickelt worden. Es ist aber wegen des p-n Halbleitercharakters des Donor-Akzeptor-Übergangs (auch in BHJ Solarzellen) auch auf organische Solarzellen übertragbar [192]. Eine physikalische Interpretation der Parameter des Eindiodenmodells, bzw. später im effektiven Eindiodenmodell der Tandemzelle (siehe Kap. 7, S. 133), geht über den Rahmen dieser Arbeit hinaus, jedoch kann an dieser Stelle auf die Arbeit von Rand *et al.* [121] verwiesen werden, in der eine solche Analyse für das Eindiodenmodell im Detail ausgeführt wurde.

3.3.2   Externe Quanteneffizienz

Für die Strom-Spannungsmessung wird ein simuliertes, polychromatisches Sonnenspektrum verwendet, das keinen Aufschluss über die wellenlängenabhängige Erzeugung freier Ladungsträgerpaare gibt. Die externe Quanteneffizienz (EQE) ermöglicht die Bestimmung der Effizienz der Konversion von Photonen einer definierten Wellenlänge in freie Ladungsträgerpaare, wobei sie den Quotient aus erzeugten Ladungsträgerpaaren und einfallenden Photonen beschreibt.
Den schematischen Aufbau des EQE-Messplatzes zeigt Abbildung 3.6. Als Lichtquelle wird eine 100 W Xenonlampe (**1**) verwendet, aus deren Spektrum durch Monochromator (**2**) und Filter (**3**) monochromatisches Licht erzeugt wird. Ein Teil des monochromatischen Lichts wird über Strahlteiler (**4**) auf Monitorzellen (**5**) gelenkt. Abhängig vom Spektralbereich wird für Wellenlängen von weniger als 900 nm eine Si-Monitorzelle und größere Wellenlängen eine Ge-Monitorzelle verwendet. Der Strom der Monitorzellen, aus dem später die Zahl der eingestrahlten Photonen bestimmt wird, wird mit einer kalibrierten Si-Referenzzelle auf die wellenlängenabhängige Intensität der Lichtquelle kalibriert. Die Referenzzelle wird hierfür auf der späteren Probenposition platziert. Während der eigentlichen Messung korrigieren die Monitorzellen die Intensitätsschwankungen der Lichtquelle.
Die EQE-Messung der Tandemzelle gestaltet sich schwieriger als die normaler Solarzellen, da die Messung eigentlich unter Kurzschlussbedingung erfolgen sollte. Außerdem ist das eingestrahlte Licht monochromatisch und hat zur Folge, dass gerade im langwelligen Bereich des Spektrums kein Strom gemessen werden kann, da die Subzelle mit großer Bandlücke hier nicht absorbiert. Daher wird die EQE der Tandemzelle mit Biasbeleuchtung gemessen, so dass in beiden Subzellen Ladungsträgerpaare erzeugt werden. Durch geeignete Biasbeleuchtung und Biasspannung an der 2T-Tandemzelle kann die EQE der individuellen Subzellen unter Kurzschlussbedingung bestimmt werden (siehe hierzu Kap. 6.2, S. 122).

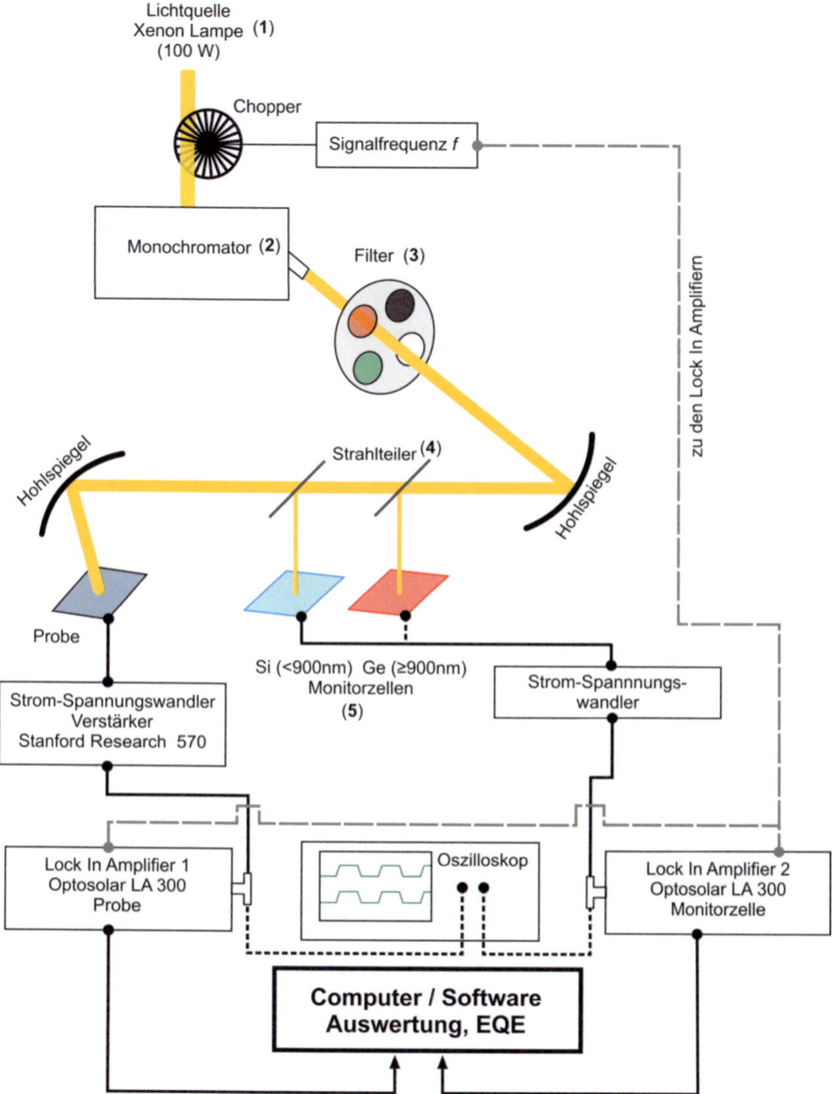

Abbildung 3.6: Schematischer Aufbau des Messplatzes zur Bestimmung der externen Quantenausbeute.

In 3T-Tandemezellen kann die EQE jeder Subzelle einzeln und wie für gewöhnliche Solarzelle bestimmt werden. Gegenüber der EQE-Messung an Einzelzellen ist hier die elektrisch-optische Wechselwirkung zwischen den Subzellen zu berücksichtigen und hat weitreichende Konsequenzen. Die Thematik zur Probenmessung bzw. Subzellenmessung wird ausführlich in Kap. 6.2 (S. 122) vorgestellt und diskutiert.

3.3.3 Rasterelektronenmikroskopie (REM)

Zur hochauflösenden Betrachtung von Oberflächen bzw. Bestimmung von Schichtdicken stellt das Rasterelektronenmikroskop (REM, XL30 SFEG Sirion von FEI) ein geeignetes Mittel dar. Dabei wird ein Elektronenstrahl (Primärelektronen) mit einem Magnetlinsensystem auf die Probe fokussiert und die Oberfläche abgerastert. Der auf der Oberfläche auftreffende Primärelektronenstrahl führt zur Emission von Sekundärelektronen aus der Probenoberfläche, deren Fluss von einem Detektor in einem definierten Winkel zur Probenoberfläche registriert wird. Aus den unterschiedlichen Intensitäten wird eine Grauskala erstellt und repräsentiert die Oberflächentopographie und Materialzusammensetzung.

3.3.4 Transmission und Reflexion

Zur Transmissionsmessung (Perkin-Elmer Spektrometer Lambda 900) werden zwei parallel angeordnete Strahlengänge verwendet. Nach Abgleichung der relativen Intensität (Kalibrierung) beider Strahlengänge wird in einem (beliebigen) der beiden Strahlengänge die Probe platziert (Probestrahl), der andere Strahlengang dient als Referenz (Referenzstrahl). Aus dem Quotienten der Intensitäten von Probestrahl zu Referenzstrahl ergibt sich die Transmission in Prozent.
Die Messung der Reflexion (Perkin-Elmer Spektrometer Lambda 900) erfolgt nach dem selben Schema: Proben- und Referenzstrahlengang, Kalibrierung beider Strahlengänge ohne Probe und Bestimmung des reflektierten Lichtanteils aus dem Quotienten von Proben- und Referenzstrahl.

Kapitel 4

Optimierung semitransparenter Sputterkathoden

Die Herstellung semitransparenter Solarzellen mit transparenter ZnO:Al-Kathode (ZAO) erfordert das Sputtern auf organische Absorberschichten. Wie gezeigt werden wird, können die beim Sputtern auftretenden Schäden an organischen Schichten durch die Verwendung einer 8 nm dünnen TiO_2-Schicht teilweise bis vollständig unterbunden werden. Die Abscheidung der TiO_2-Schicht erfordert keine besonderen Vorkehrungen und erfolgt aus der Lösung unter Umgebungsatmosphäre.

Neben der TiO_2-Pufferschicht wird eine dünne Al-Zwischenschicht verwendet, deren Reflexionseigenschaften den Betrag des in die Zelle zurückgestreuten Lichts bestimmt. Anhand dieser Rückstreuung kann der in der semitransparenten Zelle erzeugte Kurzschluss maximiert werden, wenngleich deren Transmission dadurch erheblich verringert wird. Es kann aber gezeigt werden, dass die Verwendung dickerer Absorberschichten und dünner Al-Zwischenschichten eine gleichzeitige Maximierung der Kurzschlussstromdichte und der Transmission erlaubt.

Die transparente ZAO-Elektrode selbst hat keinen signifikanten Einfluss auf den Betrag der Kurzschlussstromdichte. Jedoch ergeben sich für unterschiedliche ZAO-Schichtdicken jeweils andere Dünnschichtinterferenzmuster, die sich im Reflexionsspektrum der Kathode äußern. So kann die Form der externen Quanteneffizienz der semitransparenten Zelle direkt mit dem Reflexionsspektrum der ZAO-Schicht korreliert werden.

Das Kapitel geht zunächst auf die experimentelle Herstellung der semitransparenten Zellen ein und beschäftigt sich anschließend mit der Implemetierung der Metalloxidschichten (thermisch verdampftes MoO_3 und aus der Lösung aufgeschleudertes TiO_2) als Pufferschicht zur Vermeidung von Sputterschäden. Abschließend folgen die Diskussionen der weiteren übrigen Schichten des semitransparenten Kontakts (Al und ZAO) und deren Auswirkung auf die Kurzschlussstromdichte und der externen Quanteneffizienz semitransparenter Zellen. Der Aufbau der verwendeten semitransparenten Solarzellen ist in Abbildung 4.1 zusammengefasst. Hierbei bilden P3HT:PCBM-Absorber und $LiCoO_2$/Al/ZAO-Kathoden das Referenzsystem. Zur Optimierung des Wirkungsgrades werden $PCDTBT:PC_{70}BM$-Absorber und MoO_3-Pufferschichten bzw. TiO_2-Pufferschichten statt der gesputterten $LiCoO_2$-Schicht verwendet. Die Werte der entsprechenden Zellen sind in Tablelle 4.1 zusammengefasst.

Absorber-polymer	invertiert	Zwischenschicht	mit Al	η [%]	j_{SC} [mA/cm^2]
	ja	MoO_3 (50 nm)	nein	1,4	6,1
P3HT	nein	$LiCoO_2$ (ca. 1 nm)	ja (4 nm)	2,3	7,1
	nein	TiO_2 (8 nm)	ja (4-12,5 nm)	2,8	7,9
	ja	MoO_3 (5/15/50 nm)	nein	2,9	6,9
PCDTBT	nein	$LiCoO_2$ (ca. 1 nm)	ja (4 nm)	1,6	5,3
	nein	TiO_2 (8 nm)	ja (4-12,5 nm)	3,3	6,9

Tabelle 4.1: Zusammenstellung der untersuchten Zwischenschichten semitransparenter Polymersolarzellen mit ZnO:Al-Rückkontakt mit repräsentativen Werten für Wirkungsgrad und Kurzschlussstromdichte. Schichtfolge (vgl. Abbildungen 4.1a bis 4.1f) auf Absorber: Zwischenschicht - Aluminium - ZnO:Al.

4.1 Herstellung der semitransparenten Zellen

Die Parameter, die zur Herstellung der einzelnen Schichten aus Abbildung 4.1 verwendet wurden, werden nachfolgend aufgeführt und sind nach Schichttyp sortiert. Alle Einzelzellen werden auf mit ITO beschichteten Glassubstraten hergestellt. In den weiteren Prozessschritten wird die ITO-Schicht zunächst plasmageätzt (120 s bei 0,38 mbar Argonatmosphäre und 30 W), um die Benetzungs- und Haftungseigenschaften zu verbessern und Verschmutzungen der Oberfläche zu entfernen.

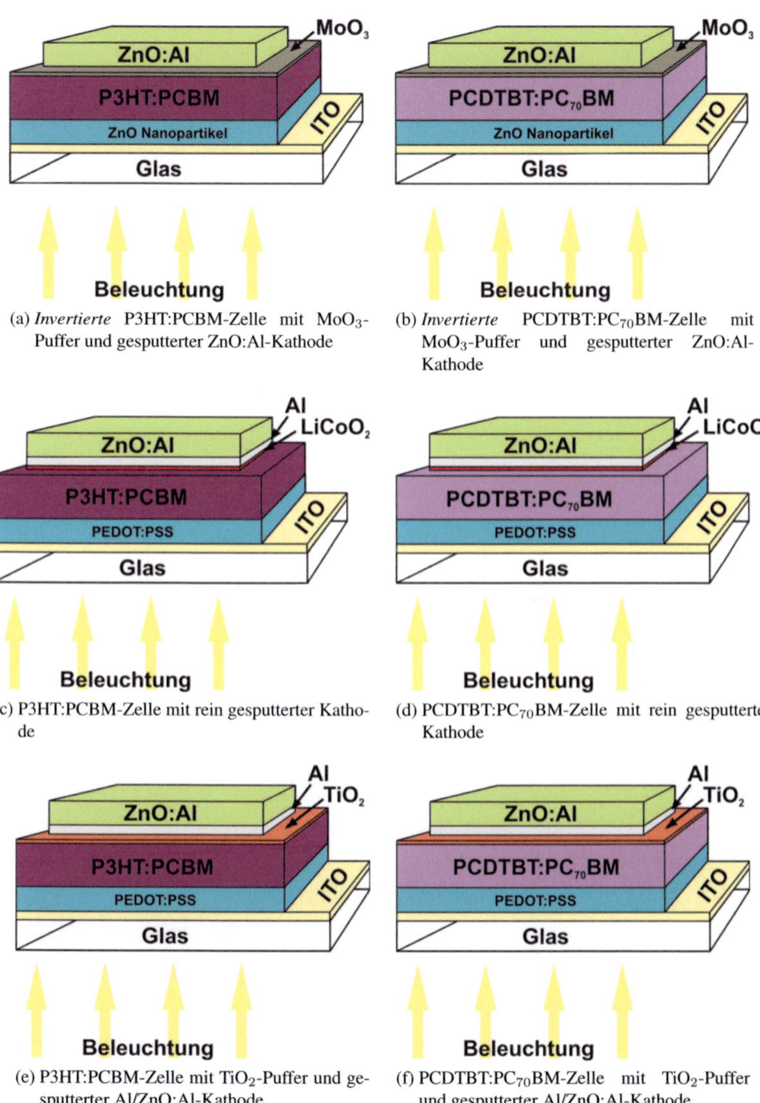

(a) *Invertierte* P3HT:PCBM-Zelle mit MoO_3-Puffer und gesputterter ZnO:Al-Kathode

(b) *Invertierte* PCDTBT:PC$_{70}$BM-Zelle mit MoO_3-Puffer und gesputterter ZnO:Al-Kathode

(c) P3HT:PCBM-Zelle mit rein gesputterter Kathode

(d) PCDTBT:PC$_{70}$BM-Zelle mit rein gesputterter Kathode

(e) P3HT:PCBM-Zelle mit TiO_2-Puffer und gesputterter Al/ZnO:Al-Kathode

(f) PCDTBT:PC$_{70}$BM-Zelle mit TiO_2-Puffer und gesputterter Al/ZnO:Al-Kathode

Abbildung 4.1: *Schematischer Aufbau der verschiedenen semitransparenten Solarzellen.*

Abscheidung der p-Halbleiter

- *MoO₃: Thermisch verdampft.*

- **PEDOT:PSS bei P3HT:PCBM-Zellen:** PEDOT:PSS wird unverdünnt aufgeschleudert (200 μl, 3 s/500 rpm - 55 s/4000 rpm - 3 s/1000 rpm)

- **PEDOT:PSS bei PCDTBT:PC₇₀BM-Zellen:** PEDOT:PSS wird 1:1 (vol.)
mit destilliertem Wasser verdünnt und aufgeschleudert (200 μl, 3 s/500 rpm
- 55 s/4000 rpm - 3 s/1000 rpm). Da sich die Kombination von Wasser und
PCDTBT als problematisch erweist, müssen die PEDOT:PSS-Schichten
noch 10 Minuten bei 200 °C ausgeheizt werden, um Wasserreste aus der
PEDOT:PSS-Schicht zu entfernen.

Abscheidung der n-Halbleiter

- **TiO₂:** Der TiO₂-Sol-Gel-Precursor wird wie in Kap. 3.1.1 beschrieben hergestellt, mit Isopropanol auf 0,1 wt% Titangehalt verdünnt und aufgeschleudert (120 μl, 65 s/5000 rpm, Beschleunigung 300 rpm/s). Abschließend wird die TiO₂-Schicht noch 10 Minuten bei 70 °C unter Stickstoffatmosphäre ausgeheizt.

- **ZnO:** Die ZnO-Nanopartikel werden in Aceton dispergiert (15 mg/ml Aceton) und aufgeschleudert (70 μl, 55 s/1000 rpm).

Abscheidung der Absorber

- **P3HT:PCBM:** Für die Ausgangslösung werden P3HT und PCBM im
Gewichtsverhältnis 1:0,9 miteinander vermischt und in DCB gelöst
(48 mg/ml). Die Lösung wird aufgeschleudert (42 μl, 55 s/1000 rpm,
48 mg/ml DCB) und im Anschluss langsam unter Lösungsmittelatmosphäre
15 Minuten lang getrocknet. Nach Ende der Trocknung wird der Absorber
noch 5 Minuten bei 120 °C unter Stickstoffatmosphäre ausgeheizt.

- **PCDTBT:PC₇₀BM:** Für dünne Absorberschichten (70 nm) wird PCDTBT
(Abb. 4.2a) im Gewichtsverhältnis von 1:3 mit PC₇₀BM (vgl. Abb. 4.2) vermischt und in DCB gelöst (28 mg/ml). Zum Aufschleudern (3 s/500 rpm -
55 s/2500 rpm) werden 30 μl verwendet und die Schicht anschließend noch
15 Minuten unter Lösungsmittelatmosphäre getrocknet. Zur Abscheidung
dicker Absorberschichten (130 nm) werden Gewichtsverhältnis sowie die

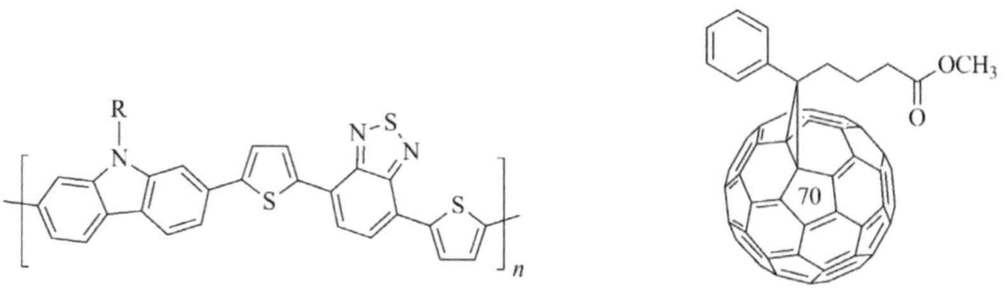

(a) PCDTBT

(b) $PC_{70}BM$

Abbildung 4.2: *Strukturformeln von PCDTBT und $PC_{70}BM$.*

gelöste Materialenge abgeändert (1:4, 35 mg/ml) und die Aufschleudergeschwindigkeit auf 1000 rpm reduziert.

Abscheidung von $LiCoO_2$, Al und ZAO

Für die Herstellung transparenter Elektroden wurde ZAO (2 wt.% Aluminium) verwendet. Die Standardprozessparameter zur Abscheidung von $ZAO/Al/LiCoO_2$ sind: Sputtergasfluss 11/11/20 sccm Argon, Sputterleistungsdichte 2,23/0,57/0,96 W/cm^2 (DC/DC/RF, Targetfläche jeweils 314 cm^2), Prozessgaspartialdruck 1,2/1,2/10 μbar, Sputterdauer 217/1/5 Sekunden exklusive jeweils 7 Sekunden Zeitoffset, der zum Öffnen und Schließen der Blende benötigt wird. Aus diesen Parametern folgen die genäherten Al-Schichtdicken aus der Sputterrate (ca. 0,5 nm/s) und den Sputterzeiten, wobei die Zeit zum Öffnen und Schließen der Blende bereits berücksichtigt wurde: 4 nm/1 s, 5 nm/3 s, 8 nm/8 s und 13 nm/18 s.

4.2 Minimierung von Sputterschäden an organischen Absorberschichten

Zunächst soll anhand eines bekannten Prozesses das Konzept der Vermeidung von Sputterschäden getestet werden. Hierfür soll, wie in [114] beschrieben, thermisch verdampftes MoO_3 als Pufferschicht in Kombination mit ZAO und $PCDTBT:PC_{70}BM$ verwendet werden. Darüber hinaus soll auch überprüft werden, ob äußerst dünne MoO_3-Pufferschichten ausreichend vor Sputterschäden Schutz bieten können.

4.2.1 Invertierte Zellen mit thermisch abgeschiedener MoO_3-Pufferschicht

MoO_3 wird in organischen Solarzellen als p-Halbleiter verwendet, so dass invertierte, semitransparente Zellen (Abb. 4.1b) mit PCDTBT:PC_{70}BM-Absorber hergestellt werden müssen. Für diese wird zu Beginn eine 50 nm starke, thermisch abgeschiedene MoO_3-Schicht verwenden, um den Schutz vor Sputterschäden sicherzustellen. Obwohl diese Zellen vollkommen funktionstüchtig waren und sich kein S-Kurven-Verhalten zeigte (Abb. 4.3a), war der Serienwiderstand gegenüber Referenzzellen mit thermisch verdampfter Aluminiumkathode sichtbar größer (nicht gezeigt).

Nachfolgend wurden die MoO_3-Schichtdicken auf 15 nm und 5 nm reduziert. Die entsprechenden Kennlinien sind in Abbildung 4.3a gezeigt, wobei zur besseren Übersichtlichkeit auf die Darstellung der Kennlinie mit 15 nm MoO_3-Pufferschicht verzichtet wurde. Letztere zeigte nur unwesentliche Unterschiede. Im Bezug auf Sputterschäden an der organischen Schicht ergaben sich keine Änderungen und lassen den Schluss zu, dass bereits 5 nm dünne MoO_3-Schichten als Schutz vor Sputterschäden geeignet sind. Ausheizen nach dem Sputtern der ZAO-Elektrode hat nunmehr kaum einen Einfluss auf die Kennlinie. Darüber hinaus folgt aus der Steigung der Kennlinie (bei Spannungen größer als die Leerlaufspannung), dass der Serienwiderstand bei dünneren MoO_3-Schichtdicken geringer ist. Dies lässt sich auch am höheren Füllfaktor ablesen (Abb. 4.3b). Das Verhalten der Leerlaufspannung ist dem der Entwicklung des Füllfaktors bzw. Serienwiderstands entgegengesetzt: sie steigt mit wachsender MoO_3-Schichtdicke. Nach [193] geht dieses Verhalten auf die Erhöhung des Ionisationspotentials der Elektrode durch die MoO_3-Schicht zurück. Damit verbunden steigt die Stärke des inneren Feldes der Zelle und deutet außerdem darauf hin, dass zwischen PCDTBT und MoO_3 kein Fermi-Level-Pinning auftritt [193]. Die Abbildungen 4.4 und Tabelle 4.2 zeigen den direkten Vergleich des MoO_3/ZAO-Kontakts mit dem üblichen, ausschließlich gesputterten semitransparenten Kontakt aus $LiCoO_2$, Aluminium und ZAO (Referenzkontakt). Es zeigt sich, dass bei PCDTBT:PC_{70}BM-Absorbern Wirkungsgrad und sämtliche der Kennlinie entnommene Kenngrößen erhöht sind. Die üblicherweise für P3HT:PCBM-Systeme beobachtete S-Kurve in der Kennlinie fehlt zwar vollständig beim $LiCoO_2$/Al/ZAO-Referenzkontakt, ein zusätzlicher Heizschritt (135 °C) führt hier dennoch zu einer deutlichen Ver-

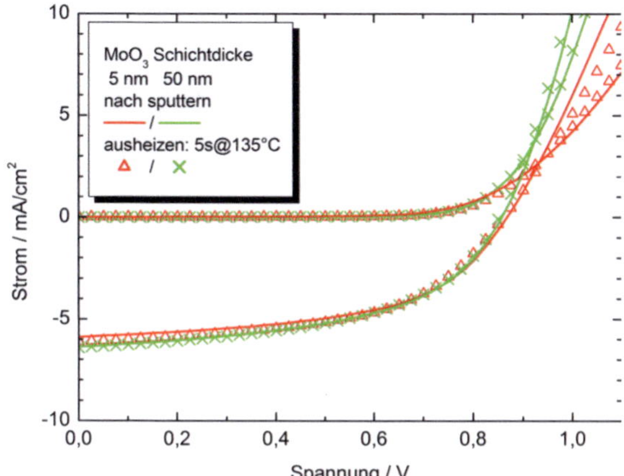

(a) Kennlinien semitransparenter PCDTBT:PC$_{70}$BM Zellen mit unterschiedlich dicker MoO$_3$-Pufferschichten (5 nm und 50 nm). Mit MoO$_3$-Pufferschicht zeigen sich keine Sputterschäden und nachfolgendes Ausheizen der Proben führt zu keiner wesentlichen Verbesserung der Kennlinien.

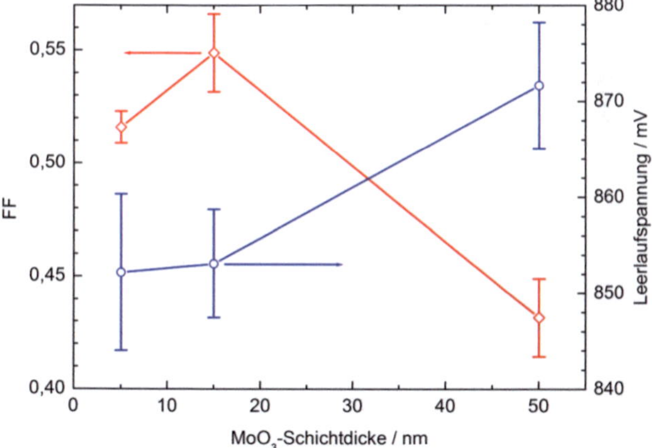

(b) Durchschnittliche Füllfaktoren und Leerlaufspannungen in Abhängigkeit der MoO$_3$-Schichtdicke. Dickere MoO$_3$-Schichten erhöhen den Serienwiderstand und mindern damit den Füllfaktor der Zelle. Dagegen steigt die Leerlaufspannung mit zunehmender MoO$_3$-Schichtdicke.

Abbildung 4.3: Semitransparente PCDTBT:PC$_{70}$BM Zellen mit MoO$_3$-Pufferschicht: Kennlinien, Füllfaktoren und Leerlaufspannungen

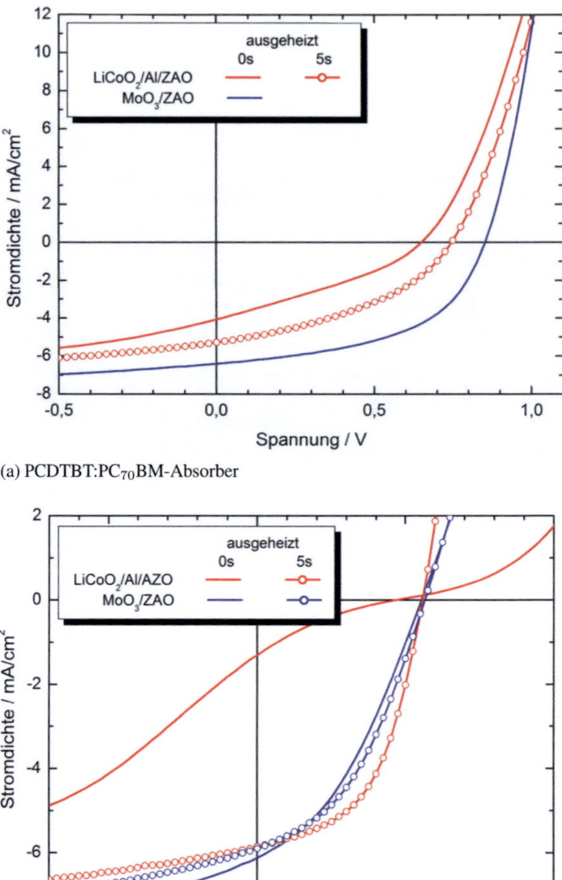

(a) PCDTBT:PC$_{70}$BM-Absorber

(b) P3HT:PCBM-Absorber

Abbildung 4.4: Einfluss von Sputterprozess und Heizen (135 °C) auf verschiedene Polymersysteme mit MoO$_3$- oder LiCoO$_2$/Al-Zwischenschicht und gesputterter ZnO:Al-Elektrode. (a) PCDTBT:PC$_{70}$BM - eine MoO$_3$-Pufferschicht bewirkt eine deutliche Verbesserung (Vergrößerung) der Kenngrößen. (b) P3HT:PCBM - die S-Kurve ist bei Zellen mit MoO$_3$-Pufferschicht nicht vorhanden; der Füllfaktor ist durch den größeren Serienwiderstand gegenüber der Referenz verringert, ansonsten zeigen die Zellen nahezu identische Werte.

	Heizdauer [s]	η [%]	U_{OC} [mV]	FF [%]	j_{SC} [mA/cm^2]
Zwischenschicht: **LiCoO$_2$/Al** (normal)					
P3HT:PCBM	0	0,2	465	19	2,2
	5	1,1	558	31	6,2
PCDTBT:PC$_{70}$BM	0	0,8	651	32	4,1
	5	1,6	746	40	5,3
Zwischenschicht: **MoO$_3$** (invertiert)					
P3HT:PCBM	0	1,3	554	37	6,1
	5	1,4	595	41	5,9
PCDTBT:PC$_{70}$BM	0	2,8	852	51	6,4

Tabelle 4.2: Vergleich von Zellparametern semitransparenter Zellen mit ZAO-Elektrode und LiCoO$_2$/Al- oder MoO$_3$-Zwischenschicht (Abb. 4.1a bis 4.1d). Die Werte könne durch Ausheizen sowie der Verwendung einer MoO$_3$-Zwischenschicht verbessert werden.

besserung aller Kenngrößen. Dieses Ergebnis unterstreicht die bereits gezogene Schlussfolgerung, dass eine thermisch verdampfte, 5 nm dünne MoO$_3$-Schicht in der Lage ist, Sputterschäden ausreichend vorzubeugen.

Deutlicher sichtbar sind die Unterschiede zwischen den gesputterten Kathoden für P3HT:PCBM-Absorber (Abb. 4.4b, Tab. 4.2). MoO$_3$ (50 nm Schichtdicke) erweist sich auch hier als stabile Pufferschicht, die eine Schädigung der darunter liegenden organischen Schicht verhindert. Es tritt keine S-Kurve in der Kennlinie der ungeheizten Zelle auf und nachfolgende Heizschritte führen nur zu einer geringen Verbesserung der Kenngrößen. Gegenüber dem normalen semitransparenten Kontakt (Probe länger ausgeheizt, FF$\approx$0,55) fällt der vergrößerte Serienwiderstand auf. Dieser wird durch die 50 nm starke MoO$_3$-Pufferschicht verursacht und verringert den Füllfaktor der Zelle. Dieser ist hauptsächlich für den im Vergleich zum Referenzkontakt geringen Wirkungsgrad verantwortlich.

4.2.2 Sol-Gel TiO$_2$-Pufferschicht

Dünne (5 nm), thermisch verdampfte MoO$_3$-Schichten sind geeignet, organische Absorberschichten vor Sputterschäden zu schützen. Daher kann angenommen werden, dass auch dünne TiO$_2$-Schichten ausreichend sein sollten, um or-

	Heizdauer [s]	η [%]	U_{OC} [mV]	FF [%]	j_{SC} [mA/cm^2]
Zwischenschicht: LiCoO$_2$/Al					
	0	0,2	465	19	2,2
P3HT:PCBM	5	1,1	558	31	6,2
	15	2,3	581	56	7,1
PCDTBT:PC$_{70}$BM	0	0,8	651	32	4,1
	5	1,6	746	40	5,3
Zwischenschicht: TiO$_2$/Al					
	0	2,1	551	50	7,7
P3HT:PCBM	5	2,7	562	61	7,8
	15	2,8	569	62	7,9
PCDTBT:PC$_{70}$BM	0	3,3	854	55	6,9
	5	3,2	862	55	6,8

Tabelle 4.3: Vergleich der Zellparameter einzelner, repräsentativer semitransparenter Zellen mit ZAO-Elektrode und LiCoO$_2$/Al- oder TiO$_2$/Al-Zwischenschicht (Abb. 4.1c bis 4.1f). Die Al-Schichtdicke beträgt jeweils 4 nm. Zellen mit TiO$_2$/Al-Zwischenschicht zeigen durchweg höhere Werte. Nachträgliches Ausheizen (bei 135 °C) zum Erreichen der Bestwerte ist im Fall von P3HT auf 5 s verkürzt und im Fall von PCDTBT nicht mehr nötig.

ganische Schichten ebenfalls vor Sputterschäden zu schützen. Die thermische Verdampfung von TiO$_2$ ist gegenüber MoO$_3$ aufwendiger, weshalb die lösungsbasierte Route zur Abscheidung von TiO$_2$-Schichten genutzt wird. Dabei kann die TiO$_2$-Schichtdicke nicht *in-situ* bestimmt werden und muss nach Abscheidung anhand von Bruchkanten am REM gemessen werden. Durch die begrenzte Auflösung können nicht beliebig dünne Schichten mit angemessener Genauigkeit bestimmt werden, so dass eine TiO$_2$-Schichtdicke nicht beliebig dünn gewählt werden darf. Aus ersten Versuchen mit TiO$_2$ ergaben sich bereits geeignete Schichtdicken von etwa 8 nm, die einen vernünftigen Kompromiss aus Messgenauigkeit und Schichtdicke darstellen. Damit TiO$_2$ als Pufferschicht beim Sputtern verwendet werden kann, werden die semitransparenten Zellen im normalen Aufbau hergestellt (siehe Abb. 4.1c bis 4.1f). Die Abscheidung und Synthese erfolgt wie in Kapitel (3.1.1) (S. 44) beschrieben.

Bei den ersten Versuchen mit semitransparenten PCDTBT:PC$_{70}$BM-Zellen zeigte sich, dass eine TiO$_2$-Schicht mit reinem, gesputtertem ZAO zu einer rissigen ZAO-Schicht führt und die Zellen schädigt. Zellen, die mit einer reinen, gesputterten Aluminiumkathode gefertigt wurden, zeigten dagegen durchweg hervor-

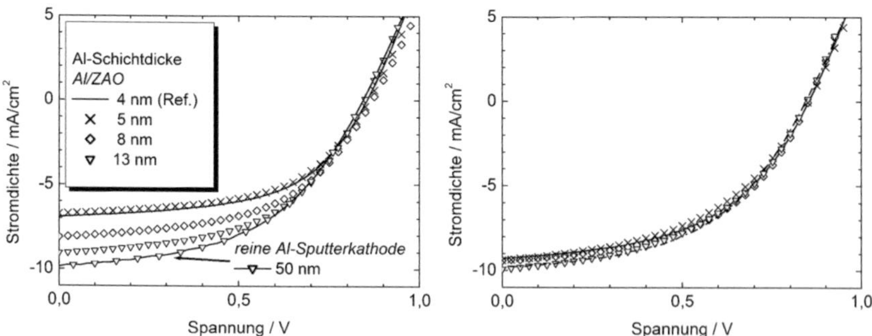

(a) PCDTBT:PC$_{70}$BM-Absorber mit 70 nm Schichtdicke. (b) PCDTBT:PC$_{70}$BM-Absorber mit 130 nm Schichtdicke.

Abbildung 4.5: Die Kurzschlussstromdichte in semitransparenten Zellen mit dünnem (70 nm, (a)) PCDTBT:PC$_{70}$BM-Absorber steigt mit zunehmender Al-Schichtdicke durch erhöhte Reflexion am Rückkontakt. Dicke (130 nm, (b)) Absorberschichten sind von Reflexionen am Rückkontakt weniger stark abhängig.

ragende Wirkungsgrade. Daher wurde der semitransparente LiCoO$_2$/Al/ZAO-Referenzkontakt mit Ausnahme der LiCoO$_2$-Schicht übernommen. Die Experimente mit einer 4 nm dicken Aluminiumzwischenschicht (Al-Schicht) zwischen TiO$_2$ und ZAO führten zu einem sehr guten Ergebnis. Der Versuch, den vollständigen LiCoO$_2$/Al/ZAO-Referenzkontakt auf TiO$_2$ zu sputtern, führte dagegen erneut auf eine durch Risse beschädigte ZAO-Schicht. Zum direkten Vergleich wurden semitransparente Zellen mit P3HT:PCBM-Absorber und TiO$_2$/Al/ZAO Kontakt hergestellt. Die P3HT:PCBM-Absorberschichtdicke beträgt 160 nm und ist damit deutlich größer als die des PCDTBT:PC$_{70}$BM-Absorbers mit 70 nm Schichtdicke. In Tabelle 4.3 (S. 66) sind die Ergebnisse einzelner Zellen mit unterschiedlichem Absorber in Kombination mit LiCoO$_2$/Al-Zwischenschicht und TiO$_2$/Al-Zwischenschicht zusammengefasst. Aus den Parametern werden drei wesentliche Aspekte sichtbar: die Unterschiede zwischen P3HT:PCBM- und PCDTBT:PC$_{70}$BM-Absorbern, der Unterschied in den erreichten Höchstwerten und die Wirkung des Ausheizens nach Abscheidung der Kathode.

Mit Ausnahme der Leerlaufspannung der P3HT:PCBM-Zellen, liegen die erreichten Höchstwerte mit TiO$_2$/Al-Zwischenschicht für beide Materialien deutlich über denen mit LiCoO$_2$/Al-Zwischenschicht, die um ca. 10 mV darunter liegt. Darüber hinaus sind die Füllfaktoren durch die verringerte Sputter-

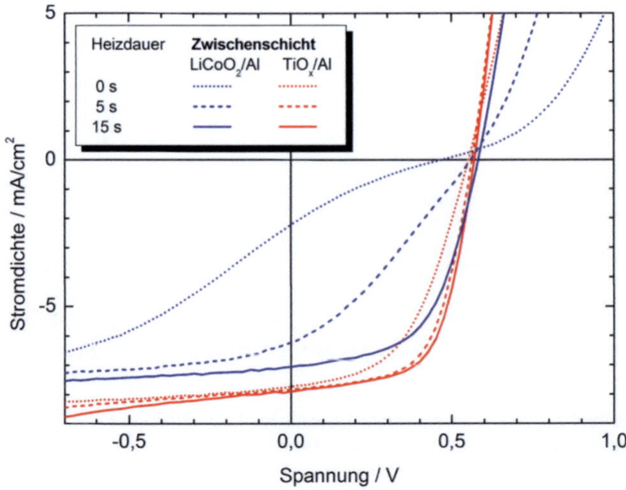

Abbildung 4.6: Vergleich der Zwischenschicht aus $LiCoO_2$/Al des semitransparenten Referenzkontakts mit der alternativen Zwischenschicht aus TiO_2/Al, die die darunterliegende P3HT:PCBM-Absorberschicht ausreichend vor der ZAO-Abscheidung schützt. Nachfolgendes Ausheizen dieser Proben verbessert im Wesentlichen den Füllfaktor.

schädigung vergrößert (um ca. 10% bei P3HT und ca. 35% bei PCDTBT) und auch die Kurzschlussstromdichten steigen bei Verwendung einer TiO_2/Al-Zwischenschicht. Die erreichten Kurzschlussstromdichten in den semitransparenten Zellen reichen jedoch nicht an die typischen Werte vergleichbarer Zellen mit Al-Kathode heran.

Im Fall von P3HT:PCBM-Zellen liegen die durchschnittlichen Kurzschlussstromdichten bei ca. 8-9 mA/cm^2 und damit nur marginal über denen für semitransparente Zellen erreichten Werten (7,9 mA/cm^2). Dagegen wurden für PCDTBT:PC$_{70}$BM-Zellen mit nicht-transparenter gesputterter TiO_2/Al-Kathode Kurzschlussstromdichten im Bereich von 10 mA/cm^2 beobachtet (Abb. 4.5a), die deutlich über den 6-7 mA/cm^2 entsprechender semitransparenter Zellen liegen. Hieraus lassen sich zwei Vermutungen aufstellen: der PCDTBT:PC$_{70}$BM-Absorber ist zu dünn *und* die Reflexionen an der Kathode beeinflussen die Kurzschlussstromdichte. Entsprechend der Vermutungen wurde zunächst die Absorberschichtdicke auf 130 nm erhöht. Das Ergebnis ist in

Abbildung 4.5b dargestellt und zeigt Kurzschlussstromdichten, die nahe denen einer reinen Al-Kathode liegen. Zur Prüfung der zweiten Vermutung wurde die Al-Zwischenschichtdicke zwischen 4 nm und 13 nm variiert. Wie aus Abbildungen 4.5a hervorgeht, wächst die Kurzschlussstromdichte bei 70 nm dünnen Absorbern mit der Al-Schichtdicke. Dieses Verhalten kann bei 130 nm dicken Absorbern nicht beobachtet werden. Einen genaue Diskussion der optischen Eigenschaften der Al/ZAO-Kathode und ihre Auswirkung auf die optoelektronischen Eigenschaften semitransparenter PCDTBT:PC_{70}BM-Zellen folgt in Kapitel 4.4 auf S. 75.

Bei $LiCoO_2$/Al-Zwischenschichten lassen sich unabhängig vom verwendeten Material für den Absorber alle Parameter durch Ausheizen verbessern. Das Ausheizen reduziert hierbei Sputterschäden. Wie im Fall von P3HT:PCBM in Abbildung 4.6 dargestellt, ist das deutlich sichtbar am vergrößerten Füllfaktor und Kurzschlussstromdichte durch Beseitigung der Sputterschadentypischen S-Kurve. Durch TiO_2/Al-Zwischenschichten wird die Sputterschädigung in P3HT:PCBM-Zellen vermindert und bei den in Abbildung 4.5 gezeigten PCDTBT:PC_{70}BM-Zellen sogar gänzlich unterdrückt. Das ändert auch die Sensibilität der Materialien hinsichtlich des Ausheizens: für P3HT:PCBM wird die nötige Zeit zum Ausheizen drastisch auf 5 Sekunden verkürzt und ist danach relativ stabil, auf PCDTBT:PC_{70}BM-Zellen hat Ausheizen nunmehr keinen positiven Einfluss.

Das unterschiedliche Verhalten der PCDTBT:PC_{70}BM- und P3HT:PCBM-Absorber ist wahrscheinlich eine Folge der jeweiligen Absorberschichteigenschaften. Beide Absorber sind nach dem BHJ-Prinzip aufgebaut, unterscheiden sich aber wesentlich im Anteil kristalliner Polymerphasen, Fulleren- bzw. Polymermassenanteilgradient zwischen Anode und Kathode (auch vertikale Phasensegregation genannt), Verhältnis von Polymer zu Fulleren[1] sowie der Oberflächenrauigkeit der Kathodenseite. Insbesondere bei P3HT:PCBM-Absorbern hängt die vertikale Phasensegregation vom PCBM-Gewichtsanteil ab und nimmt bei ausgeheizten Absorber mit wachsendem PCBM-Gewichtsanteil zu [62]. Darüber hinaus ist bekannt, dass das Ausheizen der P3HT:PCBM-Absorber zur Bildung kristalliner P3HT-Phasen führt [58, 60], die auch an der Absorberoberfläche zu finden sind [53] und dort den PCBM-Anteil übersteigen [51, 54]. Absorber aus PCDTBT:PC_{70}BM dagegen sind in ihrer Struktur, insbesondere

---

[1] Typische Literaturwerte: P3HT:PCBM etwa 1:1, PCDTBT:PC_{70}BM im Bereich 1:3 bis 1:4.

PCDTBT, amorph [194] und der Anteil von $PC_{70}BM$ an der Oberfläche übersteigt deutlich den PCDTBT-Anteil [195][2]. Hierin könnte die Ursache für die unterschiedlichen Hellkennlinien der Proben mit $LiCoO_2$/Al/ZAO-Kathoden liegen: in amorphen, $PC_{70}BM$-reichen Oberflächen treten zwar Sputterschäden auf und beeinträchtigen die Qualität des Kontakts, dennoch kann die oberflächlich beschädigte organische Schicht überbrückt werden. In diesem Fall können Ladungsträger immer noch mit ausreichender Effizienz injiziert und extrahiert werden. Daher wären P3HT-Kristall-reiche Oberflächen kritisch, da hieraus isolierende Bereiche zwischen Kathode und Absorber entstehen. Diese könnten zur Akkumulation von Ladungsträgern nahe der Kathode führen und sich in der beobachteten S-Form der Kennlinien äußern. Das nachträgliche Ausheizen der Proben bei 135 °C führt vermutlich auf eine erneute Durchmischung der geschädigten P3HT- und PCBM-Phasen mit unbeschädigtem PCBM (möglicherweise auch P3HT) aus den tieferen Schichten, wodurch sich der Kontakt zwischen Absorber und Kathode wieder verbessern würde und die S-Form der Kennlinie verschwindet. Hierfür könnte besonders die Diffusion von PCBM relevant sein, da dieses bevorzugt zum Aluminiumkontakt wandert und dies durch eine nicht durchgängige Diffusionsbarriere erleichtert wird [55]. Umgekehrt wäre es auch denkbar, dass die Diffusion von Aluminiumatomen aus der Aluminiumzwischenschicht in die Absorberoberfläche [53] (zusätzlich) zur Verbesserung des Kontakts führt [108].

Die Oberflächeneigenschaften könnten auch das unterschiedliche Ausheizverhalten der beiden Polymersysteme erklären. REM-Oberflächenaufnahmen zeigen eine nur teilweise Bedeckung der P3HT:PCBM-Absorberschicht mit TiO_2 (Abb. 4.7, Bild links oben). Beim Sputtern würde demnach nur der unbedeckte Teil der P3HT:PCBM-Schicht beschädigt, welcher dann auch für die Ausbildung der S-förmigen Hellkennlinie verantwortlich ist. Demnach scheint diese Teilbeschichtung ursächlich für die reduzierte Ausheizdauer zu sein, da über vorhandene unbeschädigte Areale der Oberfläche der Kontakt zwischen Absorber und Kathode schneller verbessert werden kann, als dies beim $LiCoO_2$/Al/ZAO-Kontakt möglich wäre.

Im Gegensatz zu P3HT-basierten Absorbern findet sich bei PCDTBT-basierten Absorbern hauptsächlich $PC_{70}BM$ an der Oberfläche und weist nur eine geringe Oberflächenrauigkeit [196, 197] auf. Somit ist eine geschlossene, homogene

---

[2]Diese Beobachtung bezieht sich in der angegeben Referenz eigentlich auf PCBM. Aufgrund der verwendeten Formulierung auf S. 501 kann jedoch geschlossen werden, dass dies auch für $PC_{70}BM$ der Fall ist.

Bedeckung der Absorberschicht mit TiO_2 zu erwarten, die auch durch REM-Oberflächenmessungen (nicht gezeigt) nachgewiesen wurde.

4.2.2.1 Optimierung der TiO_2-Schichtdicke

Je nach verwendetem Absorber ist die optimale TiO_2-Schichtdicke also unterschiedlich und muss anhand ihrer optoelektronischen Eigenschaften und unter den Aspekten der Herstellung (einer gesamten Solarzelle) ermittelt werden. Nach Literaturangaben [198] ist eine TiO_2-Schichtdicke von etwa 8 nm bei 80 nm dünnen PCDTBT:PC_{70}BM-Schichten optimal. Darüber hinaus zeigen REM-Oberflächenaufnahmen (nicht gezeigt) eine vollständige und homogene Bedeckung des Absorbers mit TiO_2. Wie sich im Folgenden noch zeigen wird, sind dickere TiO_2-Schichten ungeeignet. Aus diesem Grund erscheint eine Veränderung der TiO_2-Schichtdicke in semitransparenten PCDTBT:PC_{70}BM-Zellen wenig sinnvoll.

Bei P3HT:PCBM-Absorbern verhält sich dies anders: hier treten trotz TiO_2-Pufferschicht immer noch Sputterschäden auf und lassen vermuten, dass keine geschlossene TiO_2-Schicht auf dem Absorber vorhanden ist. Für die Untersuchung der Bedeckung der Absorberoberfläche mit TiO_2 wurden Lösungen mit verschieden hohen Titankonzentrationen (0,1 bis 0,2 Gewichtsprozent) verwendet und auf den Absorber aufgetragen. Die REM-Oberflächenaufnahmen der TiO_2-Schicht sind in Abbildung 4.7 zusammengefasst. Es zeigt sich, dass bei Proben die mit der dünnsten (0,1-wt.% Titananteil) Lösung beschichtet wurden, die Oberfläche mehrheitlich nicht bedeckt wurde. Dies ändert sich mit zunehmendem Titananteil in der Lösung und eine nahezu vollständige, aber inhomogene Beschichtung wird mit einem Titangewichtsanteil von 0,145% erreicht. Eine großflächige Bedeckung der Absorberoberfläche ist mit einer 0,2-wt.% Titanlösung möglich, wenngleich hierbei Risse in der Oberfläche entstehen. Diese deuten auf Probleme bei der Trocknung bzw. Hydrolyse der Schicht hin.

Mit den identischen Gewichtskonzentrationen wurden semitransparente Zellen hergestellt und auf ihre optoelektronischen Eigenschaften hin untersucht (Abb. 4.8). Mit zunehmender TiO_2-Schichtdicke verringern sich alle Parameter, insbesondere Kurzschlussstromdichte und Wirkungsgrad. Anhand von Simulationen mit dem Eindiodenmodell kann das Verhalten der Kurzschlussstromdichte nachvollzogen werden. In diesen Simulationen führt der mit der TiO_2-Schichtdicke wachsende Serienwiderstand zum Einbruch der Kurzschlussstrom-

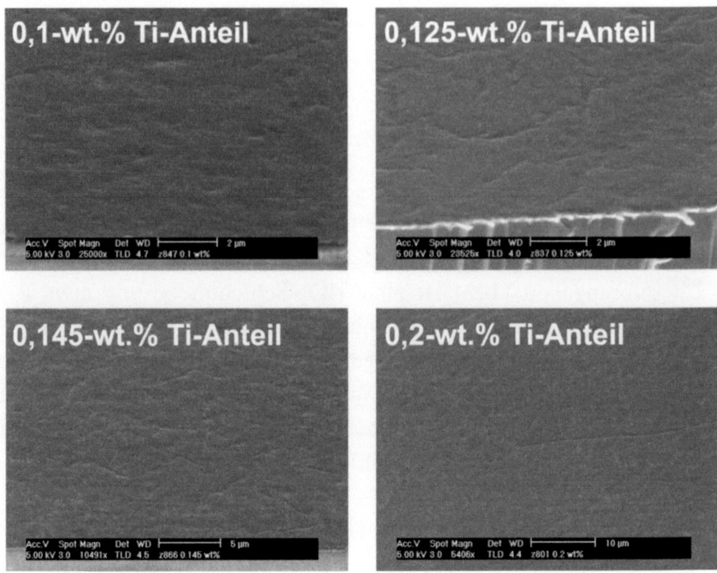

Abbildung 4.7: REM-Oberflächenaufnahmen von TiO_2-Schichten auf P3HT:PCBM-Absorber. Der Bedeckungsgrad wächst mit höherer Titankonzentration und kann ab 0,145-wt.% von Titan als deckend wahrgenommen werden.

dichte. Auch die Abnahme des Füllfaktors lässt sich auf die Zunahme des Serienwiderstands zurückführen.

Trotz Sputterschäden an der organischen Schicht und der nur teilweisen Bedeckung der Absorberoberfläche sind Zellen mit dünner TiO_2-Schicht in allen Bereichen effizienter. Die erreichten Werte mit dünnen Al-Schichten ($\eta \approx 2,8\%$) sind dabei nur etwas geringer als die vergleichbarer Zellen mit LiF/Al-Kathode ($\eta \approx 3\%$). Daneben kann unabhängig von der abgeschiedenen TiO_2-Schichtdicke nicht auf das Ausheizen nach dem Sputtern verzichtet werden. Demnach sind trotz Sputterschäden dünnere TiO_2-Pufferschichten für semitransparente P3HT:PCBM-Zellen besser geeignet.

Sollte für andere Anwendungen dennoch eine vollständige Bedeckung der P3HT:PCBM-Absorberschicht notwendig sein, muss für TiO_2 ein geeignetes Ersatzmaterial gefunden werden. Dieses sollte ähnliche elektrische Eigenschaf-

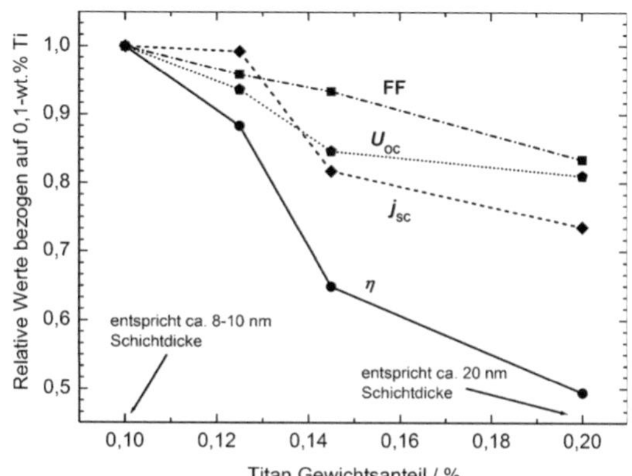

Abbildung 4.8: Optoelektronische Eigenschaften semitransparenter P3HT:PCBM-Zellen mit unterschiedlich dicken TiO$_2$-Schichten nach Ausheizen. Sämtliche Werte verringern sich signifikant mit zunehmender TiO$_2$-Schichtdicke, vor allem die Kurzschlussstromdichte und damit einhergehend der Wirkungsgrad η.

ten aufweisen (zur Kathode und PCBM passende Bandenergie) und sich auch in dickeren Schichten abscheiden lassen. Als Alternative könnte hierbei ZnO genannt werden, das neben TiO$_2$ wohl zu den am Häufigsten verwendeten n-leitenden Metalloxide zählt.

4.3 Transmission semitransparenter PCDTBT:PC$_{70}$BM-Zellen

Neben den optoelektronischen Eigenschaften der semitransparenten Zellen wurde auch deren Transmission sowie die Transmission der verschiedenen verwendeten Al/ZAO-Kathoden untersucht. Die Ergebnisse der Transmissionsmessungen sind in Abbildung 4.9 zusammengefasst.

Die Transmissionskurven der semitransparenten Zellen lassen sich im wesentliche in zwei Bereiche aufteilen. Im Bereich von 300 nm bis 600 nm ist die Transmission aufgrund der PCDTBT- und PC$_{70}$BM-Absorption reduziert und ist bei 130 nm dicken Absorberschichten ausgeprägter. Oberhalb von 600 nm ist keine Absorption mehr vorhanden und die Transmission der semitransparenten Zellen

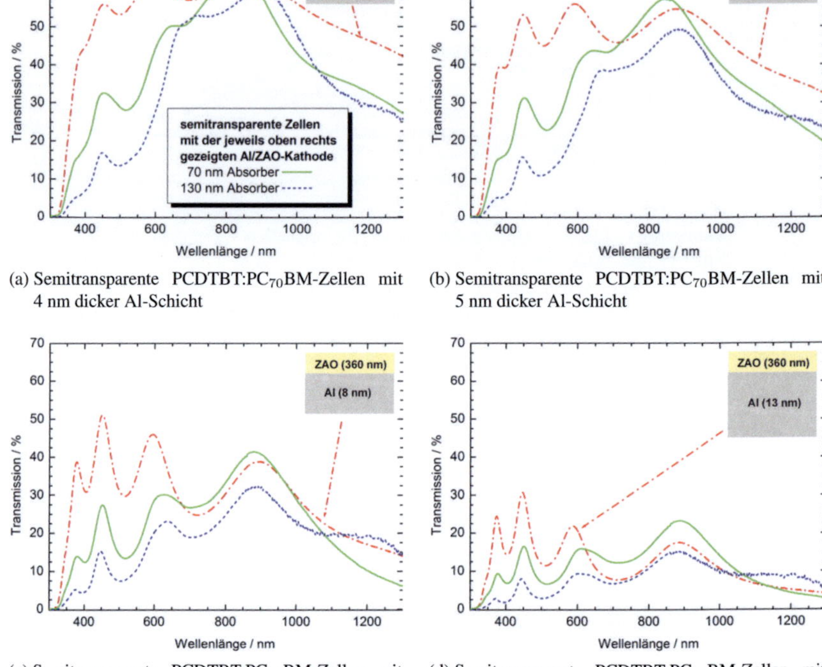

(a) Semitransparente PCDTBT:PC$_{70}$BM-Zellen mit 4 nm dicker Al-Schicht

(b) Semitransparente PCDTBT:PC$_{70}$BM-Zellen mit 5 nm dicker Al-Schicht

(c) Semitransparente PCDTBT:PC$_{70}$BM-Zellen mit 8 nm dicker Al-Schicht

(d) Semitransparente PCDTBT:PC$_{70}$BM-Zellen mit 13 nm dicker Al-Schicht

Abbildung 4.9: Transmissionskurven semitransparenter PCDTBT:PC$_{70}$BM-Zellen mit unterschiedlichen Absorberschichtdicken und der jeweilig verwendeten Al/ZAO-Kathode. Die Transmission semitransparenter Zellen und der Al/ZAO-Kathode nimmt mit zunehmender Al-Schichtdicke ab. Die ZAO-Schichtdicke beträgt konstant 360 nm.

entspricht hier weitestgehend in etwa der Transmission der Al/ZAO-Kathode. Daneben zeigt sich, dass mit Zunahme der Al-Schichtdicke die Transmission der Al/ZAO-Kathode abnimmt, wobei der Unterschied zwischen 4 nm und 5 nm Al-Schichtdicke (Abbildungen 4.9a und 4.9b) kaum merklich ist. Dasselbe Verhalten kann auch für die Transmissionskurven der semitransparenten Zellen beobachtet werden. Zusammen mit den Kurzschlussstromdichten aus Abbildung 4.5a folgt, dass mit wachsender Transmission durch dünnere Al-Schichten die Kurzschlussstromdichte abnimmt. Neben dem Betrag der Transmission fällt auch die Ähnlichkeit ihrer Formen auf. Aus den abgebildeten Transmissionskurven folgt, dass die Dünnschichtinterferenzen der Al/ZAO-Kathode auch in den Transmissionskurven der semitransparenten Zellen erscheinen. Darüber hinaus wird dieser Effekt mit zunehmender Al-Schichtdicke weiter verstärkt und ist am deutlichsten in den Abbildungen 4.9c und 4.9d zu sehen.

Insgesamt lässt sich auf Grundlage dieser Beobachtungen schlussfolgern, dass die Transmission der Al/ZAO-Kathode die Kurzschlussstromdichte der semitransparenten Zellen maßgeblich steuert. Dabei wird sich zeigen lassen, dass vor allem die von der Al-Schicht stammenden Reflexionen zur Steigerung der Kurzschlussstromdichte führen.

4.4 Optimierung der Kurzschlussstromdichte semitransparenter PCDTBT:PC$_{70}$BM-Zellen

Anhand semitransparenter PCDTBT:PC$_{70}$BM-Zellen soll der Einfluss von Reflexionen der Al-Schicht am Rückkontakt näher untersucht werden [105]. Hierbei ist von Vorteil, dass die optimale Absorberschichtdicke dieser Zellen mit Standardkontakt (intransparent) etwa 70 nm [199] bis 80 nm [198] beträgt, damit sehr dünn ausfällt und die Zellen empfindlich auf optische Änderungen reagieren. Als Hilfsgröße wird die gemittelte, integrierte Reflexion $\overline{R}$ der Al/ZAO-Schicht eingeführt (vgl. Abb. 4.10, oben), die zwischen 300 nm und 900 nm Wellenlänge bestimmt wird. Analog wird die durchschnittliche integrierte Transmission $\overline{T}$ der gesamten semitransparenten Zelle zwischen 300 nm und 1300 nm bestimmt. Zusätzlich wird anhand der durchschnittlichen integrierten Transmission $\overline{T}_{>700}$ die Transmission zwischen 700 nm und 1300 nm außerhalb des PCDTBT:PC$_{70}$BM-Absorptionsspektrums betrachtet. Zur Prüfung des Einflusses der Al-Schichtdicke auf die erzeugte Kurzschlussstromdichte wurde diese zwischen 4 nm und 13 nm variiert. Die Zwischenschritte sind 5 nm und 8 nm.

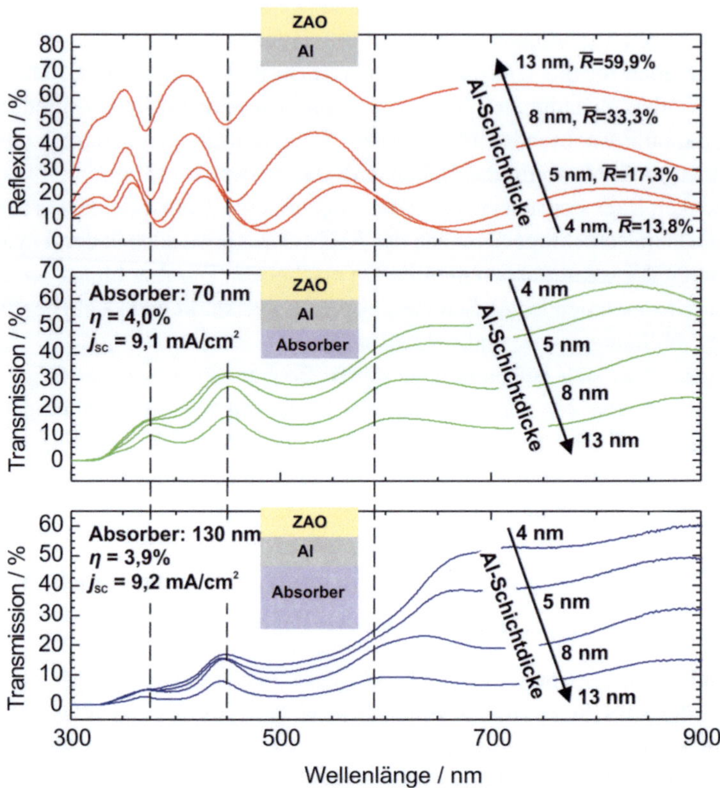

Abbildung 4.10: *oben:* Steigende Reflexion der Al/ZAO-Kathoden mit zunehmender Al-Schichtdicke. *darunter:* Transmission kompletter semitransparenter Zellen mit PCDTBT:PC$_{70}$BM-Absorber mit 70 nm bzw. 130 nm Schichtdicke. Übereinstimmend mit Zunahme der Reflexion der reinen Al/ZAO-Kathoden sinkt die Transmission dünner (70 nm) semitransparenter Zellen, wodurch die erzeugte Kurzschlussstromdichte zunimmt [105]. Dieses Verhalten ist auch bei Zellen mit dicker (130 nm) Absorberschicht erkennbar, jedoch weniger deutlich ausgeprägt [105].

Al [nm]	η [%]	U_{OC} [mV]	FF [%]	j_{SC} [mA/cm^2]	$\overline{T}$ ($\overline{T}_{>700}$) [%]	$\overline{R}$ [%]
4	3,15 ± 0,17	853 ± 2	55,1 ± 0,1	6,69 ± 0,32	39 (46)	14
5	3,14 ± 0,03	856 ± 6	53,5 ± 1,6	6,86 ± 0,19	34 (40)	17
8	3,59 ± 0,14	864 ± 4	52,8 ± 0,6	7,88 ± 0,32	23 (25)	33
13	4,02 ± 0,17	852 ± 3	51,8 ± 1,4	9,10 ± 0,16	11 (12)	60

(a) Dünner (70 nm) PCDTBT:PC$_{70}$BM-Absorber

Al [nm]	η [%]	U_{OC} [mV]	FF [%]	j_{SC} [mA/cm^2]	$\overline{T}$ ($\overline{T}_{>700}$) [%]	$\overline{R}$ [%]
4	3,91 ± 0,04	856 ± 5	49,6 ± 0,3	9,22 ± 0,09	34 (44)	14
5	3,71 ± 0,05	851 ± 4	48,4 ± 1,0	9,01 ± 0,29	28 (36)	17
8	3,95 ± 0,06	845 ± 8	49,3 ± 0,8	9,49 ± 0,07	18 (23)	33
13	3,86 ± 0,09	847 ± 4	46,8 ± 0,5	9,74 ± 0,13	8 (10)	60

(b) Dicker (130 nm) PCDTBT:PC$_{70}$BM-Absorber

Tabelle 4.4: Zusammenfassung der Durchschnittswerte (mit Standardabweichung) semitransparenter PCDTBT:PC$_{70}$BM-Zellen mit unterschiedlicher Al- und Absorberschichtdicken. Füllfaktor und Leerlaufspannung sind nahezu unabhängig von der Al-Schichtdicke während Kurzschlussstromdichte und Wirkungsgrad mit zunehmender Al-Schichtdicke im Fall einer dünnen (70 nm) Absorberschicht steigen.

Die Ergebnisse für die verschiedenen Al-Schichtdicken in semitransparenten PCDTBT:PC$_{70}$BM-Zellen mit 70 nm dünnen Absorbern sind in Abbildung 4.5 (Kennlinien, S. 67) und Tabelle 4.4 (Werte) zusammengefasst. Mit steigender Al-Schichtdicke verschieben sich die Kennlinien (Abb. 4.5a) hin zu größeren Kurzschlussstromdichten. Zum Vergleich ist eine Zelle mit reinem Aluminium-kontakt gezeigt und stellt den Grenzwert der Kurzschlussstromdichte bei vollständiger Reflexion der Al-Schicht dar. Dieser Zusammenhang wird durch die Konvergenz der Kennlinien für unterschiedlich dicke Aluminiumschichten an die reine Aluminiumkathode unterstrichen. Damit übereinstimmend nimmt die Reflexion der Al/ZAO-Kathode mit steigender Al-Schichtdicke zu (Abb. 4.10, oben), wobei die Transmission der gesamten Zellen insbesondere im Bereich oberhalb 700 nm abnimmt (Abb. 4.10, unten; vgl. Werte $\overline{R}$, $\overline{T}$ und $\overline{T}_{>700}$ aus Tabelle 4.4). Diese Feststellung kann durch zwei Punkte untermauert werden: 1) die Anbringung eines Spiegels wie in Abbildung 4.11a hinter der semitransparenten Probe führt auf eine ähnliche Zunahme der Kurzschlussstromdichte wie für dickere Al-Schichten und 2) eine signifikante Zunahme der Kurzschlussstromdichte wird ausschließlich bei Proben mit dünner Absorberschicht beobachtet.

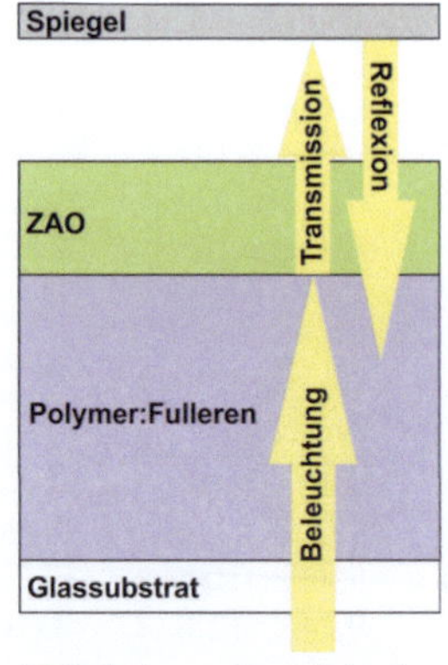

(a) Reflexion an einem Spiegel

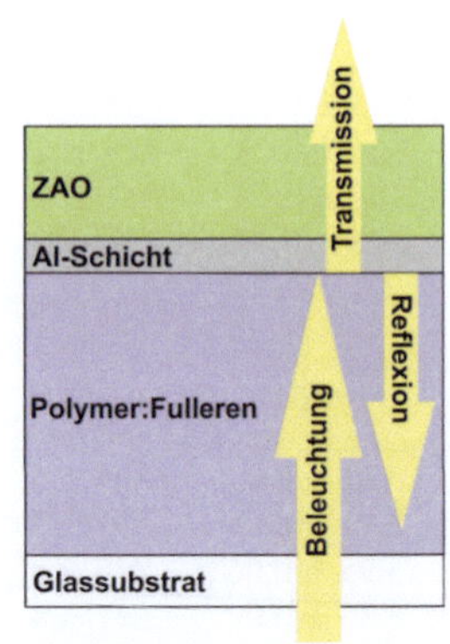

(b) Reflexion an der Al-Schicht

Abbildung 4.11: Verschiedene Möglichkeiten zur Rückstreuung von Licht in die Zelle. Unabhängig von der Methodik steigt die Kurzschlussstromdichte durch das zurück gestreute Licht.

Daneben steigt zwar mit wachsender Al-Schichtdicke auch die Leitfähigkeit der Al/ZAO-Elektrode von 1800 S/cm auf 5300 S/cm, aber es konnte kein bedeutsamer Einfluss auf die gemessene Kurzschlussstromdichte nachgewiesen werden. Aus diesen Ergebnissen heraus kann die gesteigerte Kurzschlussstromdichte alleinig auf die verstärkter Reflexion an der Al-Schicht zurückgeführt werden (vgl. Abb. 4.11b). Im Zusammenhang mit dünnen Absorbern sind in Abbildung 4.10 (unten) die Transmissionskurven von Zellen mit dickerem Absorber (130 nm) gezeigt. Hier sind Änderungen mit der Al-Schichtdicke sichtbar, aber im Vergleich zu Zellen mit dünnem Absorber sehr viel geringer ausgeprägt. Dieses Verhalten äußert sich auch in der Kennlinie von Zellen mit dickem Absorber (Abb. 4.5b), deren Verlauf, insbesondere die Kurzschlussstromdichte, sich in Abhängigkeit der Al-Schichtdicke nicht wesentlich ändert. Als Bezug auf 70 nm Absorber ist hier ebenfalls die Kennlinie einer Zelle mit 70 nm Absorber und reinem Aluminiumkontakt gezeigt, um die die Kennlinien der semitransparenten Zellen mit 130 nm Absorber streuen. Das Verhalten der Kurzschlussstromdichten und Wirkungsgrade ist in Abbildung 4.12a für alle Kombinationen von Absorber- und Al-Schichtdicken gezeigt, wobei als weitere Referenzgröße, neben der Al-Schichtdicke, die gemittelte integrierte Reflexion $\overline{R}$ angegeben wird.

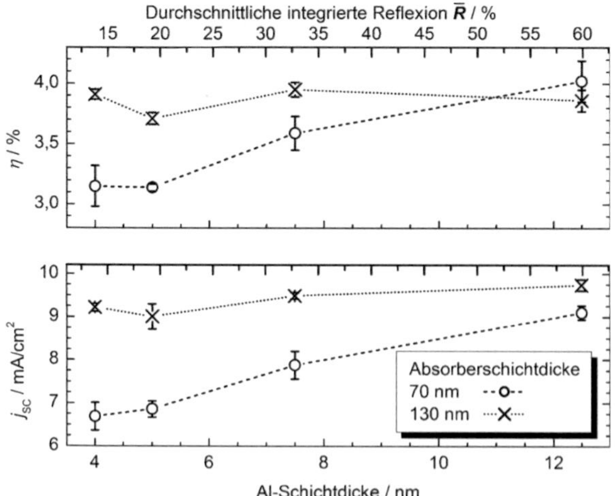

(a) PCDTBT:PC$_{70}$BM-Absorber (70 nm bzw. 130 nm Schichtdicke)

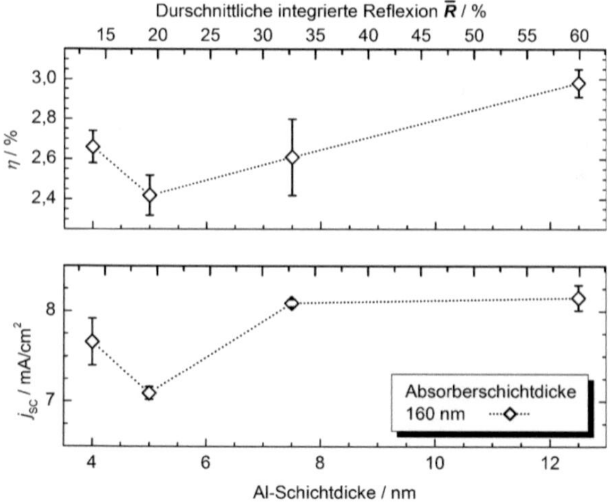

(b) P3HT:PCBM-Absorber (160 nm Schichtdicke)

Abbildung 4.12: Einfluss der Reflexion der Al-Schicht auf den erzeugten Kurzschlussstromdichte und den Wirkungsgrad semitransparenter Solarzellen. Mit wachsender Al-Schichtdicke nehmen Kurzschlussstromdichte und Wirkungsgrad der dünneren PCDTBT:PC$_{70}$BM-Zellen zu (a). Dickere Absorber
(P3HT:PCBM (b) und PCDTBT:PC$_{70}$BM (a)) sind dagegen kaum von der Al-
Schichtdicke abhängig.

Hier zeigt sich die Steigerung des Wirkungsgrades als Folge der höheren Kurzschlussstromdichten, die ihrerseits mit steigender Reflexion $\overline{R}$ zunehmen. Daneben wurde derselbe Versuch mit P3HT:PCBM-Zellen (160 nm Absorberschichtdicke) durchgeführt (Abb. 4.12b). Diese zeigen, wie Zellen mit 130 nm dickem PCDTBT:PC$_{70}$BM-Absorber, nur eine schwach ausgeprägte Abhängigkeit von der Reflexion $\overline{R}$ und der Al-Schichtdicke.

Anders als Kurzschlussstromdichte und Wirkungsgrad, zeigen Leerlaufspannungen und Füllfaktoren in Tabelle 4.4 keine besondere Abhängigkeit von der Al-Schichtdicke. Jedoch ist der Füllfaktor mit der Absorberschichtdicke verknüpft und bei dünnen PCDTBT:PC$_{70}$BM-Absorbern höher. Die Leerlaufspannungen sind etwa gleich und liegen im Bereich von 850 mV bis 860 mV. Wie zuvor in den Abbildungen 4.5 und 4.12a beobachtet, steigt die Kurzschlussstromdichte mit der Al-Schichtdicke, wenngleich dieses Verhalten für Zellen mit dünnem Absorber besonders und für Zellen mit dickem Absorber weniger ausgeprägt ist. Hierbei fällt auf, dass Kurzschlussstromdichten und Wirkungsgrade von Zellen mit 70 nm Absorber und 13 nm Al-Schicht (4,0%, 9,1 mA/cm^2, $\overline{T} = 11\%$) und Zellen mit 130 nm Absorber und 4 nm Al-Schicht (3,9%, 9,2 mA/cm^2, $\overline{T} = 34\%$) etwa gleich groß sind, sich aber in ihrem Transmissionsvermögen um einen Faktor drei voneinander unterscheiden. Anhand des Unterschieds der jeweiligen Transmissionsvermögen oberhalb von 700 nm ($\overline{T}_{>700}$) wird dieser Sachverhalt weiter verdeutlicht. Aus diesem Grund empfehlen sich für semitransparente Anwendungen dicke Absorberschichten, die bereits für dünne Al-Schichten ihr Potential nahezu vollständig ausnutzen können und dennoch ein hohes Transmissionsvermögen aufweisen, insbesondere im Spektralbereich >700 nm außerhalb des PCDTBT-Absorptionsbereichs.

4.5 Spektrale Abhängigkeit der Kurzschlussstromdichte vom Al/ZnO:Al-Kathoden-Reflexionsspektrum

Aus dem vorangegangen Unterkapitel wurde ersichtlich, dass die durchschnittliche integrierte Reflexion der Kathode wesentlich die Höhe der Kurzschlussstromdichte semitransparenter Zellen mitbestimmt. Daneben konnte auch eine Korrelation zwischen dem transmittierten Spektrum der semitransparenten Zelle und dem Reflexionsspektrum der Kathode nachgewiesen werden. Beide Effekte (Abhängigkeit der Transmission und der Kurzschlussstromdichte von der Kathoden-Reflexion) sind insbesondere in dünnen Absorberschichten

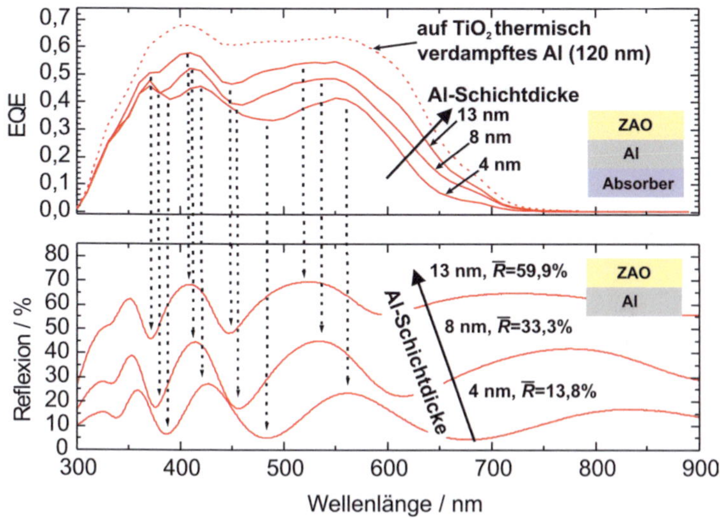

Abbildung 4.13: *oben:* EQE semitransparenter Solarzellen mit unterschiedlicher Al-Schichtdicke und 70 nm Absorber. Die Maxima der EQE folgen den Maxima des Al/ZAO-Elektroden-Reflexionsspektrums (*unten*).

stark ausgeprägt und legen die Vermutung nahe, dass die Dünnschichtinterferenzen der Al/ZAO-Schicht sich ebenfalls auf die Kurzschlussstromdichte auswirken. Eine solche Abhängigkeit lässt sich anhand von externen Quantenefizienzmessungen (EQE) erkennen.

Die EQE-Messungen semitransparenter Zellen mit Al-Schichtdicken von 4 nm, 8 nm und 13 nm sowie deren entsprechenden Al/ZAO-Kathoden-Reflexionsspektren sind in Abbildung 4.13 zusammengefasst. Aufgrund des geringen Unterschieds zwischen den Al-Schichtdicken 4 nm und 5 nm wurde auf die Darstellung letzterer verzichtet. Es zeigt sich eine hervorragende Übereinstimmung der Maxima und Minima von EQE und Reflexionsspektrum aller betrachteten Al-Schichten. Daneben wächst die EQE geringfügig mit steigender Al-Schichtdicke auf Grund wachsender Reflexion (vgl. $\overline{R}$). Zum ausführlicheren Vergleich der Spektren wurde die Referenz-EQE einer regulären Solarzelle mit einer reinen Aluminiumkathode (intransparent, 120 nm) mit TiO$_2$-Zwischenschicht der Grafik hinzugefügt, die in Höhe und Form der von

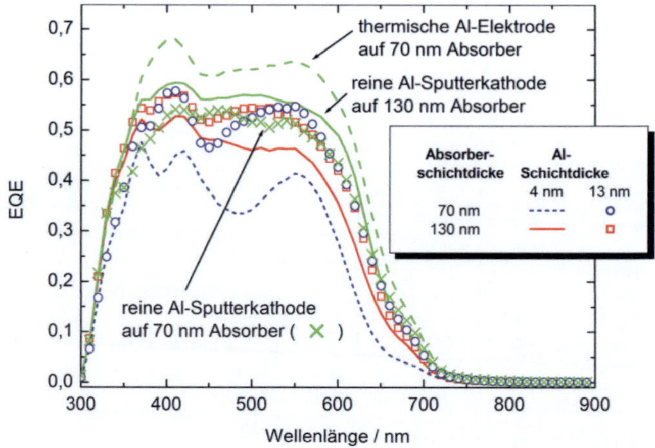

Abbildung 4.14: EQE semitransparenter Solarzellen mit unterschiedlicher Al-
und Absorberschichtdicke. Die Abhängigkeit der EQE vom Reflexionsspektrum
der Al/ZAO-Elektrode ist für 130 nm dicke Absorber reduziert.

Park *et al.* [198] gleicht. Bei vollständig reflektierendem Kontakt verschwinden
die Maxima und Minima der EQE mit Ausnahme bei ca. 400 nm Wellenlänge,
was für die weitere Diskussion aber unerheblich ist. Diese EQE kann als
Grenzfall angesehen werden, da die Beträge der EQE semitransparenter Zellen
mit wachsender Al-Schichtdicke steigen und gleichzeitig die Ausprägung der
EQE-Maxima und EQE-Minima reduziert wird.

Ein analoger Versuch wurde für dicke (130 nm) Absorberschichten durchgeführt, bei denen aufgrund der erhöhten Absorption die Ausprägung von Maxima
und Minima in der EQE geringer sein sollte. Das Ergebnis der EQE-Messung
(Abb. 4.14) stimmt mit dieser Annahme überein. Die Form der EQE dicker
Absorber zeigt kaum Abhängigkeit vom Reflexionsspektrum der Kathode und
gleicht unabhängig von der Al-Schichtdicke der (Referenz-)EQE einer Solarzelle mit reiner gesputterter oder thermisch verdampfter Aluminiumkathode
(gesputterte Al-Kathode auf 130 nm Absorber, thermische Al-Kathode auf
70 nm Absorber). Als direkter Vergleich sind die EQE-Messungen dünner
Absorber mit 4 nm bzw. 13 nm Al-Schicht einschließlich einer reinen gesputterten Aluminiumkathode gezeigt. Übereinstimmend ist bei einer reinen
Aluminiumkathode auch bei dünnen Absorbern die Form der EQE gleich der

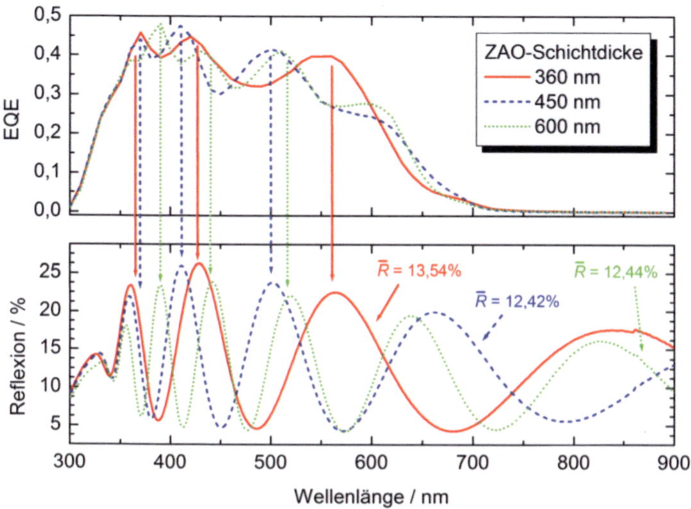

Abbildung 4.15: *oben:* EQE semitransparenter Solarzellen mit unterschiedlicher ZAO-Schichtdicke (Al-Schichtdicke: 4 nm). Die Maxima der EQE folgen den Maxima des Al/ZAO-Elektroden-Reflexionsspektrums (*unten*).

der Referenz-EQE.

Nach Ng *et al.* [44] hat die TCO-Schichtdicke (hier: ITO) einen nicht vernachlässigbaren Einfluss auf die Kurzschlussstromdichte und den Wirkungsgrad von semitransparenten Solarzellen. Für einen ähnlichen Versuch wurde die Al-Schichtdicke stets bei 4 nm belassen und ausschließlich die ZAO-Schicht (360 nm, 450 nm und 600 nm) variiert. Zwar variierte die durchschnittliche integrierte Transmission $\overline{T}$ zwischen 35% und 40%, jedoch konnte kein signifikanter Einfluss auf die Werte der Kurzschlussstromdichte aus Strom-Spannungsmessung (kurz: IU-Messung) und EQE-Messung festgestellt werden (Tab. 4.5). Eine Korrelation dieser Werte mit der durchschnittlichen integrierten Reflexion der Al/ZAO-Kathoden (Abb. 4.15, unten) konnte hierbei nicht nachgewiesen werden. Allerdings zeigt die Form des Reflexionsspektrums eine deutliche Abhängigkeit von der ZAO-Schichtdicke und spiegelt sich (wie bei Variation der Al-Schicht) in der Form der EQE (Abb. 4.15, oben) anhand übereinstimmender Reflexions- und EQE-Maxima/-minima wider.

ZAO-Schichtdicke		360 nm	450 nm	600 nm
j_{SC} [mA/cm^2]	aus IU	6,36±0,13	6,13 ±0,14	6,17±0,15
	aus EQE	5,53	5,54	5,42

Tabelle 4.5: Kurzschlussstromdichten aus EQE- und IU-Messung bei verschiedenen ZAO-Schichtdicken. Die EQE wurde ohne Biasbeleuchtung durchgeführt und führt vermutlich auf die beobachteten unterschiedlichen Werte zwischen den Messmethoden.

Zusammengefasst ist die Form der Referenz-EQE einer PCDTBT:PC$_{70}$BM-Solarzelle mit reiner Aluminiumkathode (mit Ausnahme eines kleinen Maximums bei ca. 400 nm aufgrund der PC$_{70}$BM-Absorption) flach und zeigt keine weiteren Besonderheiten. Im Vergleich dazu ist die Form der EQE einer semitransparenten PCDTBT:PC$_{70}$BM-Solarzelle mit dünnem Absorber abhängig vom Al/ZAO-Kathoden-Reflexionsspektrum. Jedoch weisen die Kurzschlussstromdichten semitransparenter Zellen keine signifikante Abhängigkeit vom Reflexionsspektrum der Al/ZAO-Kathode auf, sondern hauptsächlich von dessen Betrag. Da die Referenz-EQE weitestgehend flach ist, ist dieser Zusammenhang auch nicht weiter überraschend. Die Änderung der Form des Reflexionsspektrums führt *hauptsächlich nur* auf die Verschiebung der Maxima und Minima (Reflexionsextrema) sowie deren Anzahl in einem Wellenlängenintervall (z.B. 300 nm bis 900 nm) wie es der Fall bei der Variation der ZAO-Schichtdicken ist: die Form des Reflexionsspektrums variiert, die Kurzschlussstromdichte ändert sich dadurch aber trotz unterschiedlicher Werte für $\overline{R}$ nicht signifikant. Angenommen der Photonenfluss wäre bei allen Wellenlängen identisch, dann würde bei flacher EQE die Verschiebung der Reflexionsextrema im Mittel zu keinem Stromgewinn führen, da zwar in einem Wellenlängenbereich mehr absorbiert würde, dafür in einem anderen aber weniger[3]. Unter realen Beleuchtungsbedingungen (AM1.5G) steigt der Photonenfluss mit größeren Wellenlängen, allerdings scheint den Versuchsergebnissen nach der unterschiedliche Photonenfluss im Bereich von 300 nm bis 700 nm dennoch nicht auszureichen, um bei Verschiebung der Reflexionsextrema zu einem signifikanten Stromgewinn zu führen. Insgesamt lassen sich sechs grundlegende Schlussfolgerungen ziehen:

---

[3]Hier wird ein idealisierter Fall betrachtet: im Realfall sind die Höhen der Maxima und Minima und deren Höhenunterschiede über das Spektrum nicht konstant und variieren darüber hinaus für unterschiedliche ZAO-Schichtdicken (vgl. Abb. 4.15, unten).

1. Die Al-Schicht ist der bestimmende Faktor der durchschnittlichen integrierten Kathodenreflexion, wirkt sich aber nur sehr geringfügig auf die Form des reflektierten Spektrums aus

2. Die ZAO-Schicht spielt für die Kathodenreflexion nur eine untergeordnete Rolle, bestimmt aber wesentlich die Form des reflektierten Spektrums

3. Der Photonenfluss steigt mit größeren Wellenlängen, daher wäre es zur Erhöhung der Kurzschlussstromdichte günstig, eines der Maxima des Kathodenreflexionsspektrums durch Variation der Al- und/oder ZAO-Schichtdicke in die Nähe der Bandlücke des Polymers zu legen. Am Beispiel von PCDTBT läge dieser Bereich bei etwa 600 nm, so dass sich hierfür eine 360 nm dicke ZAO-Schicht am Besten eignen würde, wenngleich in diesem Beispiel keine Unterschiede auftreten.

4. Bei Polymer:Fulleren-Solarzellen mit vollständig reflektierender (d.h. nicht-transparenter) Kathode und nicht-flacher EQE (mindestens ein Extrema vorhanden) kann es zur Erhöhung der Kurzschlussstromdichte entsprechender semitransparenter Zellen günstig sein, durch Variation der Al- und/oder ZAO-Schichtdicke eines oder mehrere Maxima der EQE gezielt "anzusteuern"

5. Das Verschieben von Reflexionsmaxima führt gleichzeitig auch zur Verschiebung von Reflexionsminima - ein Kurzschlussstromdichtenzugewinn bei einer Wellenlänge führt automatisch zu Verlusten bei einen anderen.

6. Neben den elektrischen Aspekten sollten die anwendungsbezogenen Gesichtspunkte (Farbgebung, (semi-)transparente Solarzellen in Fenstern, Fahrzeugen, etc.) mitberücksichtigt werden - maximale Effizienz heißt nicht automatisch bestmögliche Anwendbarkeit.

4.5.1 Simulation der spektral-abhängigen Kurzschlussstromdichte mit SCAPS

Eine ergänzende Betrachtung der Kurzschlussstromdichte in Abhängigkeit der ZAO-Schichtdicke ist anhand von Simulationen mit SCAPS [200] möglich. Darüber hinaus soll mit den theoretischen Ergebnissen die experimentelle Phänomenologie untermauert werden. Hierbei werden als optische Grundlagen das Absorptionsspektrum von PCDTBT:$PC_{70}BM$ verwendet und mit Diplot [201] auf

ZAO [nm]	j_{SC} [mA/cm^2]	η [%]	U_{OC} [mV]	FF [%]
300	6,400	2,99	854	54,8
360	6,468	3,03	855	54,9
450	6,430	3,01	854	54,8
560	6,436	3,01	854	54,8
580	6,471	3,04	855	54,9
600	6,543	3,02	854	54,9
620	6,432	3,01	854	54,8

Tabelle 4.6: Solarzellenparameter aus der Simulation mit SCAPS für unterschiedlich dicke ZAO-Schichten mit dünner Al-Schicht als Kathode. Sowohl Kurzschlussstromdichte als auch Wirkungsgrad zeigen keine optische Abhängigkeit von der ZAO-Schichtdicke.

Grundlage der bereits gemessenen ZAO-Reflexionsspektren (dünne Al-Schicht mit 360 nm ZAO) simulierte Al/ZAO-Reflexionsspektren mit unterschiedlichen ZAO-Schichtdicken generiert. Die Al-Schichtdicke von 4 nm wird hierbei beibehalten. Die Werte für die elektrischen Größen wie die Bandenergien (ITO, TiO$_2$, PCDTBT, PC$_{70}$BM und Aluminium) wurden vollständig aus [85] entnommen und die Ladungsträgermobilitäten (Elektronen etwa $2\cdot 10^{-3}$ cm^2/(Vs); Löcher etwa $2\cdot 10^{-4}$ cm^2/(Vs)) anhand der Literaturwerte aus [196, 197] abgeschätzt. Weitere, nicht der wissenschaftlichen Literatur entnehmbare Werte wurden derart gewählt, dass die Werte für Kurzschlussstromdichte, Leerlaufspannung, Füllfaktor und Wirkungsgrad mit den vorhandenen experimentellen Werten vergleichbar sind. Hierbei wurde die Änderung des Serienwiderstands durch die Variation der ZAO-Schichtdicke wegen der rein optischen Untersuchung nicht berücksichtigt. Die Ergebnisse sind graphisch in Abbildung 4.16 und tabellarisch in Tabelle 4.6 zusammengefasst. Wie bereits aus dem Experiment in Abbildung 4.15 gezeigt, ist auch in der Simulation die Form der EQE deutlich von der ZAO-Schichtdicke und den damit verbundenen Dünnschichtinterferenzen geprägt. Obwohl die externen Quanteneffizienzen in ihrer Form sehr unterschiedlich sind, hat dies dennoch keine bedeutenden Auswirkungen auf die erzeugten Kurzschlussstromdichten, die unabhängig von der ZAO-Schichtdicke in etwa 6,4 mA/cm^2 betragen. Auch dieses Ergebnis der Simulation deckt sich mit dem des Experiments (vgl. Tab. 4.5, aus IU). Hieraus kann geschlossen werden, dass die ZAO-Schichtdicke und das Spektrum der von ihr erzeugten Dünnschichtinterferenzen keinen bedeutenden optoelektronischen Einfluss auf die semitransparente PCDTBT:PC$_{70}$BM-Solarzelle haben.

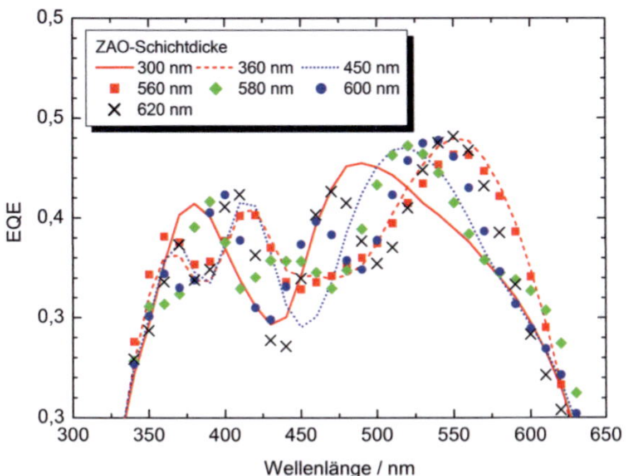

(a) Mit SCAPS simulierte externe Quanteneffizienzen

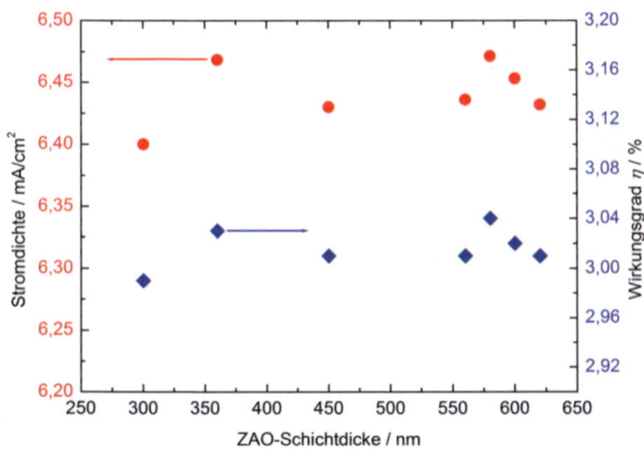

(b) Mit SCPAS simulierte Kurzschlussstromdichten und Wirkungsgrade

Abbildung 4.16: SCAPS-Simulation semitransparenter Zellen mit dünner PCDTBT:PC$_{70}$BM-Absorberschicht und verschiedenen ZAO-Schichtdicken auf dünner Al-Schicht. Sowohl Kurzschlussstromdichte und Wirkungsgrad zeigen nur eine unwesentliche Abhängigkeit.

Kapitel 5

Tandemsolarzellen

Tandemzellen mit drei Terminals (3T) unterscheiden sich in der Struktur des Aufbaus, abgesehen von der Rekombinationsschicht, nicht weiter von den üblichen 2-Terminal-Tandemsolarzellen (2T-Tandemzelle). Die Rekombinationsschicht in 3T-Tandemzellen dient neben dieser Funktion auch als Mittelelektrode, wodurch die Subzellen für optoelektronische Charakterisierungsverfahren leichter zugänglich gemacht werden können. Hieraus lassen sich Rückschlüsse auf die Prozesse und Eigenschaften der Subzellen und deren Auswirkung auf die Tandemzelle, 2T wie 3T, ziehen. Darüber hinaus bieten Mehrterminalstrukturen (3- oder 4-Terminals) auch neue Möglichkeiten zur Verschaltung von Tandemzellen, insbesondere ihrer Subzellen, innerhalb von Modulen. Ein für 3T-Tandemzellen und als Mittelelektrode hervorragend geeignetes Material ist aufgrund seiner Leitfähigkeit bei gleichzeitiger hoher Transparenz ZnO:Al (ZAO). Dieses Kapitel beschreibt die Entwicklung einer Tandemzelle, die eine Rekombinationsschicht aus ZAO und PEDOT:PSS verwendet. Dabei kann gezeigt werden, dass sowohl die Kombination aus saurer wie pH-neutraler PEDOT:PSS-Lösungen mit ZAO als Rekombinationsschicht geeignet sind, wenngleich saure PEDOT:PSS-Lösungen Teile der ZAO-Schicht wegätzen. Der Materialverlsut beeinträchtigt dabei nicht die Funktionalität der Tandemzelle, sofern die ZAO-Mindestschichtdicke von ca. 45 nm nicht unterschritten wird. ZAO-Schichten unterhalb dieser Grenze zeigen aufgrund Ladungsträgerakkumulation an der Rekombinationsschicht S-förmige Hellkennlinien und weisen eine nur noch eingeschränkte Funktionalität auf.

Die Ergebnisse zur Entwicklung der ZAO/PEDOT:PSS-Rekombinationsschicht und der Optimierung semitransparenter Sputterkathoden (TiO$_2$/Al/ZAO) aus dem vorangegangenen Kapitel werden zur weiteren Optimierung von 3T-

Tandemzellen kombiniert. Im Verlauf dieser Entwicklung treten neue Problemstellungen auf. Zu diesen zählen die Angleichung der Subzellen- und Tandemzellenfläche(n) und die Ersetzung der PEDOT:PSS-Schicht auf ITO durch eine wasserunlösliche MoO_3-Schicht.

5.1 Herstellung der Solarzellen

Der verwendete Aufbau einer 2T- bzw. 3T-Tandemzelle ist schematisch in Abbildung 5.1a dargestellt. Hierbei muss auf die PEDOT:PSS-Schicht auf ITO verzichtet werden, da diese hygroskopische Eigenschaften besitzt und diese bei der Abscheidung einer zweiten PEDOT:PSS-Schicht auf die Rekombinationsschicht aufquillt und zu strukturellen Schädigungen führt. Abbildung 5.1b zeigt die räumliche Anordnung der Elektroden, wie sie für die Realisierung von 3T-Tandemzellen notwendig ist. Hieraus können auch die aktiven Subzellenflächen und die aktive Tandemzellefläche bestimmt werden, die für die Berechnung der Wirkungsgrade benötigt werden. Auf Grundlage der in der Tandemzelle verwendeten Schichtfolgen für die Subzellen lassen sich Einzelzellen als Referenz herstellen, deren schematischer Aufbau in den Abbildungen 5.1c und 5.1d gezeigt ist. Die Parameter, die zur Herstellung der einzelnen Schichten verwendet wurden, werden nachfolgend aufgeführt und sind nach Schichttyp sortiert.

Je nach Zelltyp werden ITO- oder ZAO-beschichtete Glassubstrate verwendet. Vor Verwendung werden alle Substrate zur Verbeserung der Benetzungs- und Haftungseigenschaften plasmagätzt.

Plasmaätzen

- *ITO:* 30 W für 120 s bei 0,38 mbar in Argon

- *ZAO:* 30 W für 60 s bei 0,38 mbar in Argon

PEDOT:PSS Die Abscheidung von PEDOT:PSS aus der Lösung erfolgt durch aufgeschleudert (200 μl, 3 s/500 rpm - 55 s/4000 rpm - 3 s/1000 rpm).

Abscheidung der P3HT:PCBM-Absorber Für die Ausgangslösung werden P3HT und PCBM im Gewichtsverhältnis 1:0,9 miteinander vermischt und in DCB gelöst (48 mg/ml). Die Lösung wird aufgeschleudert (42 μl, 55 s/1000 rpm,

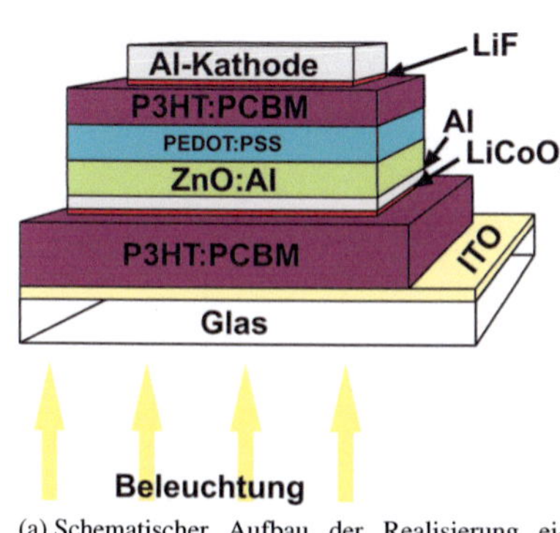

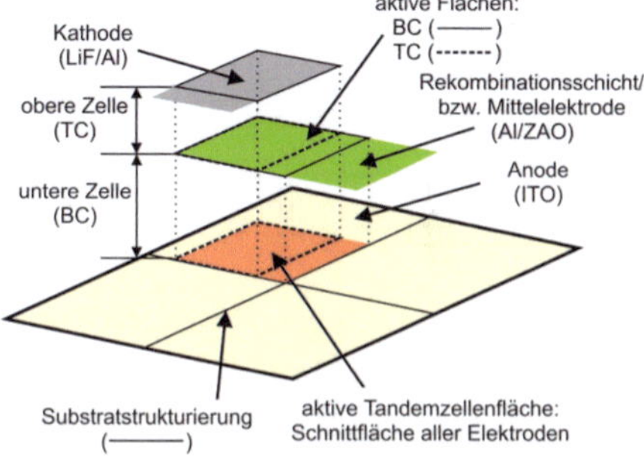

(a) Schematischer Aufbau der Realisierung einer Tandemzelle mit ZnO:Al/PEDOT:PSS-Rekombinationsschicht. Die ZAO-Schicht kann bei ausreichender Schichtdicke (300 nm) als Mittelelektrode verwendet werden.

(b) Schema zur räumlichen Anordnung der Elektroden und der aktiven Subzellen- und Tandemzellenfläche.

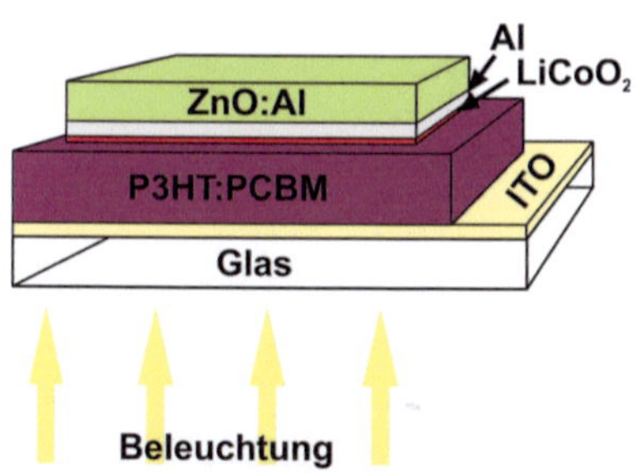

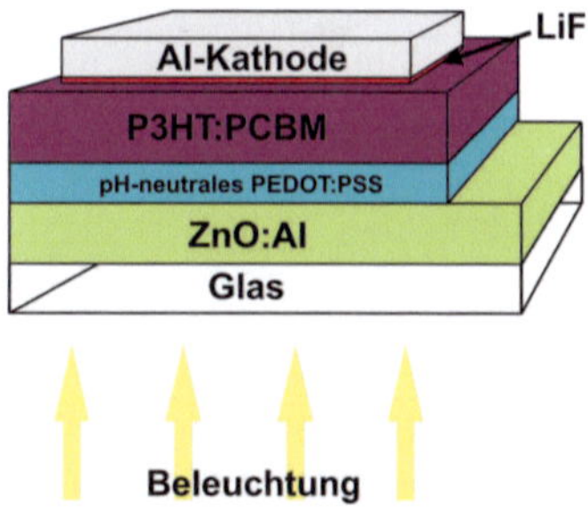

(c) Semitransparente Referenzzelle zur unteren Subzelle

(d) Referenzzelle zur oberen Subzelle

Abbildung 5.1: *Schematischer Aufbau der in diesem Kapitel verwendeten Solarzellen.*

48 mg/ml DCB) und im Anschluss langsam unter Lösungsmittelatmosphäre 15 Minuten lang getrocknet.

- *auf ITO:* Nach Ende der Trocknung wird der Absorber noch 5 Minuten bei 120 °C unter Stickstoffatmosphäre ausgeheizt.

- *auf PEDOT:PSS (auf ITO):* Nach Ende der Trocknung wird der Absorber noch 5 Minuten bei 120 °C unter Stickstoffatmosphäre ausgeheizt.

- *auf PEDOT:PSS (Rekombinationsschicht):* Keine weiteren Prozessschritte.

Abscheidung von LiCoO$_2$, Al und ZAO

Für die Herstellung transparenter Elektroden wurde ZAO (2 wt.% Aluminium) verwendet. Die Standardprozessparameter zur Abscheidung von ZAO/Al/LiCoO$_2$ sind: Sputtergasfluss 11/11/20 sccm Argon, Sputterleistungsdichte 2,23/0,57/0,96 W/cm^2 (DC/DC/RF, Targetfläche jeweils 314 cm^2), Prozessgaspartialdruck 1,2/1,2/10 μbar, Sputterdauer variabel/1/5 Sekunden exklusive jeweils 7 Sekunden Zeitoffset, der zum Öffnen und Schließen der Blende benötigt wird. Die Sputterdauer von ZAO kann aus der Rate von 1,65 nm/s und der Schichtdicke bestimmt werden. Sofern die LiCoO$_2$/Al/ZAO-Schicht in Tandemzellen verwendet wird, folgt nach dem Sputterprozess ein Ausheizschritt bei 135 °C für insgesamt 10 s.

Abscheidung LiF/Al-Kathode

LiF (1,2 nm) wird mit einer Rate von 0,1 nm pro Sekunde thermisch auf den Absorber verdampft. Hierauf wird abschließend Aluminium (120 nm) mit einer durchschnittliche Rate von 0,1 bis 0,5 nm pro Sekunde aufgedampft.

5.2 Rekombinationsschichten

Semitransparente Zellen mit ZAO-Kathode bilden die Grundlage zur Herstellung von 3T-Tandemsolarzellen, in denen die ZAO-Schicht nun ein Teil der Rekombinationsschicht ist, aber auch als Mittelelektrode dient. Den zweiten Teil der Rekombinationsschicht bildet die darauf abgeschiedene PEDOT:PSS-Schicht. Der Kontakt zwischen PEDOT:PSS und ZAO ist im Allgemeinen wegen hoher

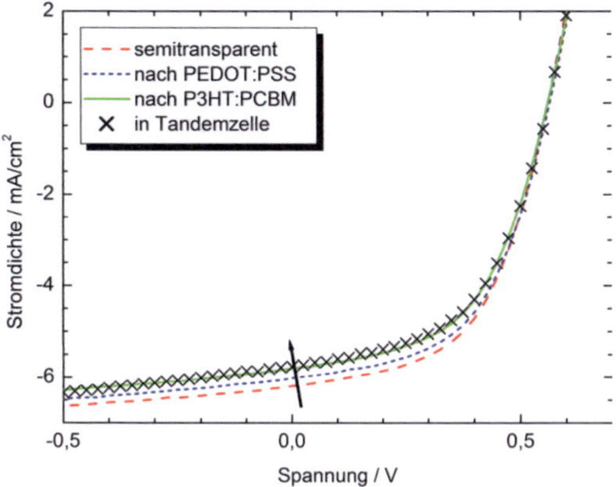

Abbildung 5.2: Kennlinie der unteren Zelle (LiCoO$_2$/Al/ZAO-Kathode) nach jedem Prozessschritt zur Abscheidung der oberen Zelle. Es ist keine wesentliche Veränderung des Verlaufs der Kennlinie zu beobachten und zeigt, dass die untere Zelle ausreichend von der Rekombinationsschicht geschützt wird. Die kleine Verringerung der Kurzschlussstromdichte kann auf mehrfache, zeitweilige Exposition an Luft zurückgeführt werden.

Dotierungen [155] und Ladungsträgerdichte[1] beider Materialien ohmscher Natur [203] und barrierefrei. Wegen des Aufbaus der Tandemzellen (vgl. Abb. 5.1a und 5.1b) kann nicht die gesamte Substratoberfläche aufgrund der Leitfähigkeit von ZAO (bereits bei dünnen Schichten nicht vernachlässigbar) mit ZAO bedeckt werden, da es ansonsten zu Kurzschlüssen beim Herausführen der Kontakte kommt. Aus diesem Grund erfüllt die PEDOT:PSS-Schicht nicht nur die p-Leiter-Funktion auf ZAO, sondern dient gleichzeitig als Schutzschicht auf den Absorberflächen um die ZAO-beschichtete Fläche herum und verhindert damit deren Lösung bei Abscheidung des Absorbers der oberen Zelle (vgl. Abb. 5.8a). Allerdings stellt der geringe pH-Wert von PEDOT:PSS (pH $\approx$ 1,2–2,2) ein weiteres Problem dar, da dieses die ZAO-Schicht bei Abscheidung angreift[2]. Der erste Problempunkt kann nach Abbildung 5.2 als gelöst betrachtet werden. Darin

---

[1]PEDOT:PSS - Ladungsträgerdichte bei Leitwerten von ca. 30 S/cm etwa $3 \cdot 10^{20}$ 1/cm^3 [202], damit folgt bei abgeschätzten Leitwerten von ca. 0,03 S/cm eine abgeschätzte Ladungsträgerdichte in der Größenordnung 10^{17}-10^{18} 1/cm^3 (aus $\sigma = q \cdot \mu \cdot n$); ZAO - Größenordnung 10^{20} 1/cm^3.

[2]Ab pH-Werten größer 3 sind saure PEDOT:PSS-Lösungen kompatibel mit ZnO, jedoch ist die Austrittsarbeit verringert und führt zu Verlusten bei der Leerlaufspannung [159].

gezeigt sind die Kennlinien der unteren Zelle (LiCoO$_2$/Al/ZAO-Kathode) nach jedem Beschichtungsschritt (nach ZAO-Sputtern und Ausheizen, nach Beschichtung mit pH-neutralem PEDOT:PSS, nach Absorberbeschichtung mit DCB als Lösungsmittel und nach Abscheidung der Aluminiumkathode) der oberen Zelle. Hierbei fallen keine grundlegenden Veränderungen der Kennlinien auf. Zwar verringert sich die generierte Kurzschlussstromdichte geringfügig mit der Zahl der Prozessschritte, dieses Verhalten kann aber auf die mehrfache Exposition an die Umgebungsatmosphäre oder Veränderung des optischen Feldes durch zusätzliche Schichten zurückgeführt werden.

Der zweite Punkt, die Kompatibilität von saurem PEDOT:PSS und ZAO, kann nicht sofort beantwortet werden. Hierzu werden saure und pH-neutrale PEDOT:PSS-Formulierungen [155] direkt miteinander verglichen. Aus praktischen Gründen wurden für diese Versuche LiCoO$_2$/Al/ZAO- und nicht TiO$_2$/Al/ZAO-Kathoden verwendet. Es ergibt sich aus dem Aufbau mit LiCoO$_2$/Al/ZAO-Kathode ein wesentlicher Vorteil: die genaue Einschränkung der aktiven Tandemzellenfläche durch die Verwendung von Schattenmasken sowohl beim Sputtern der Rekombinationsschicht als auch beim Aufdampfen der Kathode. Die Tandemzellfläche wird dann durch die Schnittfläche aller drei Elektroden bestimmt (Abb. 5.1b). Im Fall einer Beschichtung der gesamten Substratfläche mit TiO$_2$ wäre dies nicht gegeben.

5.2.1 ZnO:Al/PEDOT:PSS

Wie aus der Literatur und der Laborpraxis bereits bekannt, ist ZnO bzw. ZAO sehr empfindlich gegenüber sauren Medien. Bei der Abscheidung von saurem PEDOT:PSS ohne weitere Maßnahmen wie z.B. der Neutralisierung bzw. der Erhöhung des pH-Werts der Lösung kommt es daher zum Materialabtrag der ZAO-Schicht, bis hin zur vollständigen Auflösung.

Im Vorfeld der Untersuchung der Wechselwirkung zwischen saurem und pH-neutralem PEDOT:PSS mit ZAO wurden durch REM-Messungen die nominellen, auf Glas abgeschiedenen ZAO-Referenzschichtdicken bestimmt. Darauf folgend wurden mit den selben Parametern für ZAO 2T-Tandemsolarzellen hergestellt und von deren Bruchkanten wurden ebenfalls mittels REM-Messungen die ZAO-Schichtdicken bestimmt. Abbildung 5.3 auf S. 95 (obere Zeile) zeigt die ZAO-Schichtdicken (ca. <5 nm und ca. 55 nm) innerhalb der Tandemzellen mit saurer, unverdünnter PEDOT:PSS-Lösung, die nicht den nominellen Refe-

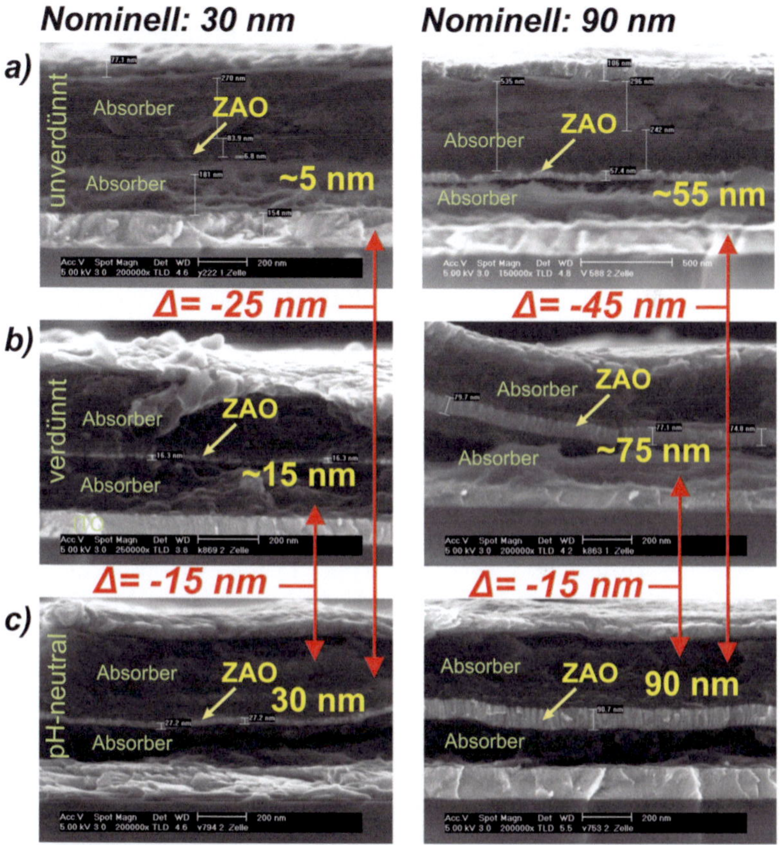

Abbildung 5.3: REM-Querschnitte von Tandemzellen mit einer nominellen ZAO-Rekombinationsschichtdicke von 30 nm (linke Spalte) bzw. 90 nm (rechte Spalte) und den verbleibenden ZAO-Schichtdicken nach dem Aufbringen der sauren bzw. pH-neutralen PEDOT:PSS-Schicht. Die Verwendung einer pH-neutralen PEDOT-Lösung *c)* führt zu keiner sichtbaren Reduktion der ZAO-Schicht. Saure PEDOT:PSS-Lösungen *a),b)* verringern die ZAO-Schichtdicke abhängig vom Grad der Verdünnung, wobei eine hohe PEDOT:PSS-Konzentration *a)* zu einem größeren Materialverlust führt.

renzwerten (30 nm und 90 nm) entsprechen. Zur Verringerung des Materialverlusts an ZAO wurde der pH-Wert der PEDOT:PSS-Lösung durch Verdünnung mit destilliertem Wasser (1:1 Volumen) erhöht. Im Ergebnis waren die ZAO-Schichtdicken nun ca. 15 nm bzw. ca. 75 nm (Abb. 5.3, mittlere Zeile) und der Materialverlust betrug nur noch ca. 15 nm anstatt 35 nm. Mit einer unverdünnten, pH-neutralen PEDOT:PSS-Lösung ist kein Materialverlust an ZAO mehr erkennbar (Abb. 5.3, untere Zeile) und die gemessenen ZAO-Schichtdicken entsprechen den nominellen Werten.

Eine der besonderen Eigenschaften aus seriell verschalteten Subzellen aufgebauten Tandemsolarzellen ist die Addition der Subzellenleerlaufspannungen zur Tandemzellenleerlaufspannung, anhand derer sich die generelle Funktionalität der Tandemzelle erkennen lässt. Die Ergebnisse der Tandemzellenleerlaufspannungen in Abhängigkeit der *nominellen* ZAO-Schichtdicke sind in den Abbildungen 5.4a und 5.4b gezeigt. Insbesondere in Abbildung 5.4a können zwei Bereiche identifiziert werden: ein Bereich mit linear steigender Leerlaufspannung und ein Bereich mit konstanter Leerlaufspannung zwischen 1020 mV und 1050 mV. Im Bereich steigender Leerlaufspannung sind die Werte, je nach verwendeter PEDOT:PSS-Lösung (saure 4083 oder pH-neutral) gegeneinander verschoben. Die Verschiebung beträgt im Mittel 15 nm und entspricht damit genau dem aus REM-Messungen bestimmten Materialverlust. Für unverdünnte PEDOT:PSS-Lösungen (Abb. 5.4b) ist der Materialverlust und damit die Verschiebung größer und es wird eine nominell dickere ZAO-Schicht benötigt, um ein vergleichbares Ergebnis der Leerlaufspannungen zu erzielen. In beiden Abbildungen aus 5.4 sind neben der Standardabweichung der Leerlaufspannung auch Schätzwerte zur nominellen ZAO-Schichtdicke gezeigt. Diese sind nötig, da die Abscheidungsrate der ZAO-Schicht anlagenbedingt mit zunehmendem Abstand zum Mittelpunkt des Substrathalters nicht zu 100 % homogen ist bzw. abnimmt und gerade bei dünnen ZAO-Schichten bereits geringe Abweichungen zu signifikanten Abweichungen der Leerlaufspannung führen.

Im nächsten Schritt wird die Bildung der maximalen Tandemzellenleerlaufspannung in Bezug auf die Leerlaufspannungen ihrer Subzellen untersucht. Hierfür werden entsprechend dem Aufbau der Subzellen reguläre Solarzellen als Referenzzellen hergestellt (vgl. Abb. 5.1c und 5.1d). Hier bietet sich ein direkter Vergleich mit 3T-Tandemzellen an, da in diesen eine 300 nm dicke ZAO-Schicht als Mittelelektrode verwendet wird und in der gleichen Ausführung auch für die Referenzzellen geeignet ist.

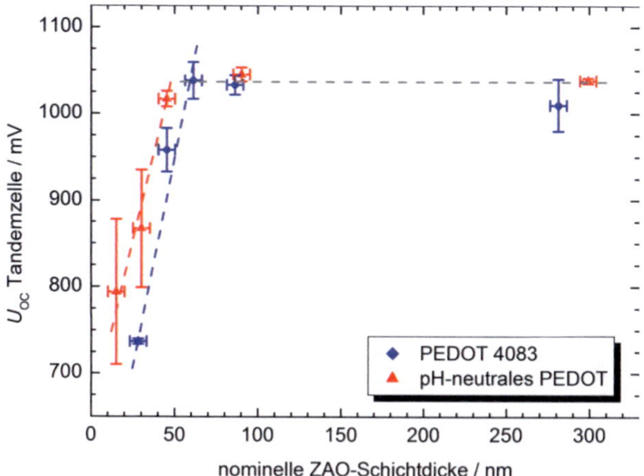

(a) Vergleich pH-neutrale PEDOT:PSS- und *verdünnte*, saure PEDOT:PSS-Lösung auf ZAO [166]

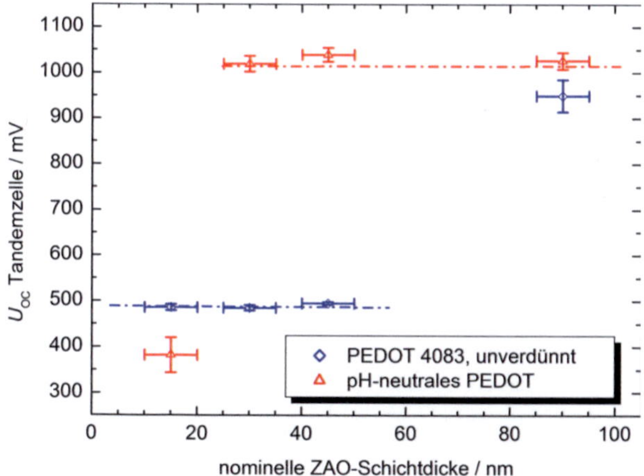

(b) Vergleich pH-neutrale PEDOT:PSS- und *unverdünnte*, saure PEDOT:PSS-Lösung auf ZAO

Abbildung 5.4: Die Funktionalität der Tandemzelle zeigt eine Abhängigkeit von der Rekombinationsschichtdicke auch bei pH-neutraler PEDOT:PSS-Lösung. Bei Auftragung der Leerlaufspannung gegen die nominelle ZAO-Schichtdicke zeigt sich für unterschiedliche PEDOT:PSS-Lösungen (sauer und pH-neutral) eine horizontale Verschiebung, die dem Betrag der herunter geätzten ZAO-Schicht entspricht (vgl. Abb. 5.3).

Die Subzellenwerte aus 3T-Messungen und die Werte der Referenzzellen (in Klammern) lassen sich wie folgt zusammenfassen:

Anode		Kathode	Filter	U_{OC} [mV]	η [%]
ITO/	PEDOT:PSS (Abb. 4.1c)	LiCoO$_2$/Al/ZAO(360 nm)	-/-	(580 $\pm$ 5)	(2,3 $\pm$ 0,1)
	ohne (Abb. 5.1c)	LiCoO$_2$/Al/ZAO(300 nm)		530 $\pm$ 20 (540 $\pm$ 25)	1,4 $\pm$ 0,2 (1,7 $\pm$ 0,2)
ZAO (300 nm) (Abb. 5.1d)		LiF/Al	-/- mit ohne	500 $\pm$ 20 (470 $\pm$ 20) (550 $\pm$ 20)	0,5 $\pm$ 0,1 (0,5 $\pm$ 0,0) (2,3 $\pm$ 0,2)

Die Werte der unteren Subzelle mit ITO-Anode unterscheiden sich nur wenig von denen der Referenzzellen. Daneben wurden auch die Werte einer wie in Kapitel 4 verwendeten semitransparenten Zellen für einen direkten Vergleich in die Tabelle mitaufgenommen. Hier zeigen sich sowohl in der Leerlaufspannung als auch im Wirkungsgrad deutliche Unterschiede. Diese lassen sich auf die Verwendung von PEDOT:PSS zurückführen, unter der Annahme, dass die ZAO-Schichtdicke im wesentlichen nur den Serienwiderstand bzw. den Füllfaktor beeinflusst.

Bei der oberen Subzelle mit ZAO-Anode verhält es sich anders. Hier weichen Leerlaufspannung und Wirkungsgrad voneinander ab, wobei die Abweichung des Wirkungsgrads besonders hoch ist. In diesem Fall muss berücksichtigt werden, dass nur noch ein geringer Teil des auf die Tandemzelle eingestrahlten Lichts in der oberen Subzelle ankommt. Als Konsequenz ist die dort erzeugte Kurzschlussstromdichte (nicht gezeigt) deutlich geringer und führt zu geringen Verlusten bei der Leerlaufspannung ($U_{OC} \sim \ln(j_{SC})$) und hohen Verlusten im Wirkungsgrad ($\eta \sim j_{SC}$). Zum genaueren Vergleich der oberen Subzelle mit der Referenzzelle wurde ein P3HT:PCBM-Filter analog zur unteren Subzelle hergestellt. Dabei wurde für die semitransparente LiCoO$_2$/Al/ZAO-Kathode nur eine 15 nm dünne ZAO-Schicht verwendet, um die Oxidation der Al-Schicht zu verhindern. Mit Hilfe dieses Filters werden dann die Werte der Referenzellen unter Beleuchtungsbedingungen, die denen innerhalb der Tandemzelle herrschenden nahe kommen, erneut bestimmt. Die Werte dieser Messmethode stimmen nun in etwa mit denen der Subzelle überein.

Aus den tabellarisch aufgelisteten Werten der Subzellen folgt eine mögliche Spanne der Tandemzellenleerlaufspannungen von etwa 990 mV bis 1070 mV, wobei im Experiment im Allgemeinen Werte zwischen 1020 mV und 1050 mV erreicht werden. Diese Werte unterscheiden wesentlich sich von dem Maximalwert (1140 mV) baugleicher regulärer Einzelzellen (ohne Filter). Dass die Höchstwerte der Tandemzellenleerlaufspannung nicht erreicht werden können, ist die Folge der reduzierten Beleuchtung der oberen Zelle durch vorangehende Absorption der unteren Zelle. Anhand von Gleichung 3.4 lässt sich die relative Reduktion der Leerlaufspannung durch die Gleichung

$$\frac{\Delta U_{\mathrm{OC}}}{U_{\mathrm{OC}}} = \left(1 - \frac{U_{\mathrm{OC,Ref}}}{U_{\mathrm{OC,Sub}}} \right) \approx \left(1 - \frac{\ln\left(\frac{I_{\mathrm{SC,Ref}}}{I_{\mathrm{SC,Sub}}}\right)}{\ln\left(\frac{I_{\mathrm{SC,Ref}}}{I_{0,\mathrm{Ref}}}\right)} \right)$$

mit dem Kurzschlussstrom der baugleichen regulären Einzelzelle $I_{\mathrm{SC,Ref}}$, dem der Subzelle $I_{\mathrm{SC,Sub}}$ sowie dem Sperrsättigungsstrom der regulären Einzelzelle $I_{0,\mathrm{Ref}}$ abschätzen. Zur Abschätzung wird angenommen, dass aufgrund der Baugleichheit von Subzelle und Referenzzelle diese sich bei verschiedener Beleuchtungsintensität nur im Kurzschlussstrom unterscheiden und die Werte für Diodenfaktor (A) und Sperrsättigungstrom (I_0) vergleichbar sind. Mit typischen Kurzschlussströmen von etwa 1 mA in den regulären Einzelzellen, ihren Sperrsättigungsströmen in der Größenordnung von 1 nA und dem Kurzschlussstrom der Subzelle von etwa 0,2 mA ergibt sich für den Spannungsverlust ein Wert von etwa 60 mV ($\Delta U_{\mathrm{OC}}/U_{\mathrm{OC}} \approx 88\ \%$), der geringer als der experimentell bestimmte ist. Damit liegen die experimentell bestimmten Tandemzellenleerlaufspannungen im Rahmen der Schwankung beim zu erwartenden Wert von 1080 mV. Spannungsverluste auf Grund eines unzureichenden elektrischen Kontakts durch Rekombinationsschicht wie bei Janssen *et al.* [162] treten nicht auf. Es ist daher zu vermuten, dass unabhängig vom pH-Wert der PEDOT:PSS-Lösung der Kontakt der Subzellen über eine LiCoO$_2$/Al/ZAO/PEDOT:PSS-Schicht nahezu elektrisch verlustfrei ist.

Zusammengefasst wurde gezeigt, dass sich die Art der PEDOT:PSS-Lösung nicht auf deren Funktionalität der Tandemzelle auswirkt [166]. Der maßgebende Faktor für funktionstüchtige Tandemzellen ist alleinig die tatsächliche ZAO-Schichtdicke.

5.2.2 Minimale ZnO:Al-Schichtdicke

Aus der beobachteten, notwendigen minimalen ZAO-Schichtdicke (vgl. Kap. 5.2.1, S. 94) folgt eine Mindest-Rekombinationsschichtdicke. Sie steht in

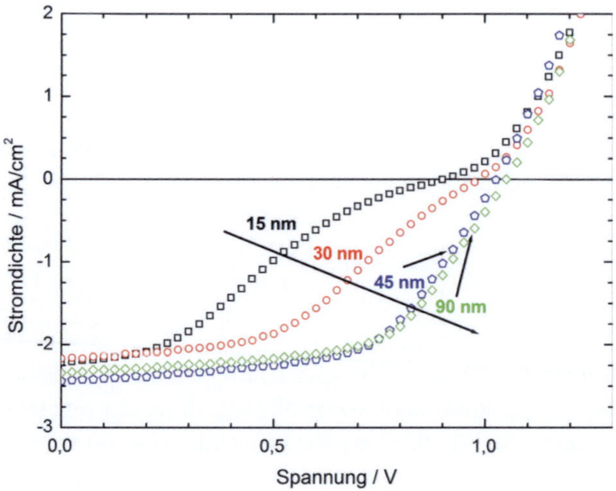

Abbildung 5.5: Tandemzellen mit verschiedenen Rekombinationsschichtdicken und pH-neutralem PEDOT:PSS. Die Kennlinien zeigen S-Kurven für ZAO-Schichtdicken von weniger als 45 nm als Folge von Elektronenakkumulation an der Grenzfläche zwischen gesputtertem ZAO und dem unteren Absorber.

Konkurrenz zur optischen Anforderung, die Rekombinationsschicht zur Maximierung der Transmission so dünn wie möglich zu bauen. Die ZAO-Schichten lassen sich, aufgrund der notwendigen Zeit zum Öffnen und Schließen der Blende während des Sputterns, nicht dünner als 10 nm abscheiden. Für die Versuche wurden ZAO-Schichtdicken zwischen 15 nm und 90 nm zusammen mit pH-neutraler PEDOT:PSS-Lösung (pH-Wert 7,0) verwendet. Abbildung 5.5 zeigt die Kennlinien der Tandemzellen unter AM1.5G Beleuchtung. Tandemzellen mit ZAO-Schichtdicken von weniger als 45 nm zeigen S-Kurven, deren Auftreten sich mit der Entwicklung der Leerlaufspannung in Abbildung 5.4a deckt und auf eine reduzierte Elektronenbeweglichkeit und -akkumulation nahe der Kathodengrenzfläche der unteren Zelle deutet [166].

Die Akkumulation von Elektronen auf der Kathodenseite der unteren Zelle kann mehrere Ursachen haben. Am naheliegensten wäre eine nicht geschlossene ZAO-Schicht, die eine Schädigung der unteren Zelle bei Auftragung der oberen Zelle zulässt. REM-Aufnahmen des Querschnitts (Abb. 5.6a) und der ZAO-

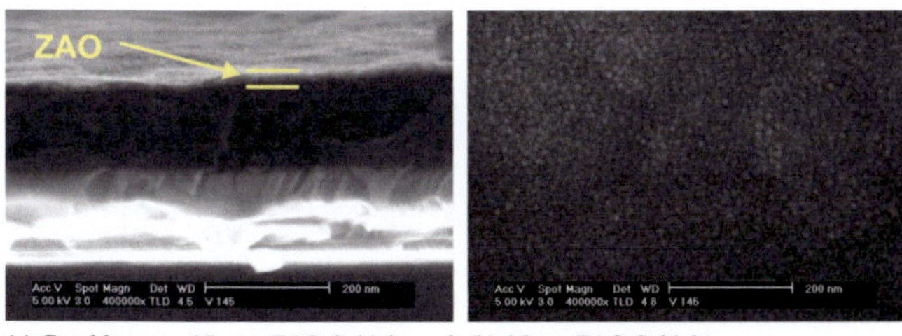

(a) Geschlossene 15 nm ZAO-Schicht auf P3HT:PCBM-Absorber

(b) 15 nm ZAO-Schicht

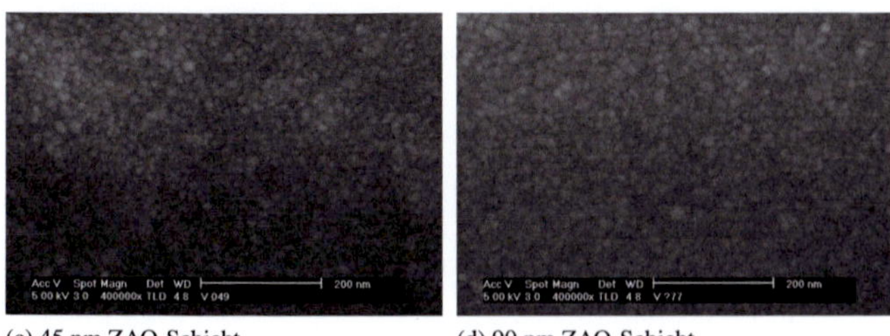

(c) 45 nm ZAO-Schicht

(d) 90 nm ZAO-Schicht

Abbildung 5.6: Verschieden dicke ZAO-Schichten auf P3HT:PCBM-Absorber. Die Korngröße nimmt mit wachsender Schichtdicke zu (b)-(d).

Oberflächen (Abb. 5.6b bis 5.6d) auf P3HT:PCBM zeigen eine geschlossene, 15 nm dünne ZAO-Schicht und schließen diesen Ansatz aus. Für längere ZAO-Sputterzeiten bzw. dickere ZAO-Schichten wurden ebenfalls REM-Aufnahmen der ZAO-Oberfläche erstellt (Abb. 5.6c (45 nm) und 5.6d (90 nm)). Dabei zeigt sich eine Zunahme der Korngröße bei längeren Sputterzeiten und würde, nach [204], mit gleichzeitiger Zunahme der Ladungsträgermobilität durch reduzierte Streuung der Ladungsträger an den Korngrenzen einhergehen. Im Umkehrschluss wäre demnach die Ladungsträgermobilität bei kleinen Korngrößen geringer und scheint die plausibelste Ursache für die beobachteten S-Kurven in Tandemzellen mit dünnen ZAO-Schichten zu sein.

Aus dieser Argumentation heraus folgt auch, dass die Ladungsträgermobilität in der ZAO-Schicht geringer als die der organischen Schichten ist. Jedoch werden hierbei die Grenzflächen zwischen der ZAO-Schicht und der Al- bzw. PEDOT:PSS-Schicht nicht betrachtet. So wäre es auch durchaus denkbar, dass die Prozesse, die an den ZAO-Grenzflächen stattfinden, von der Korngröße be-

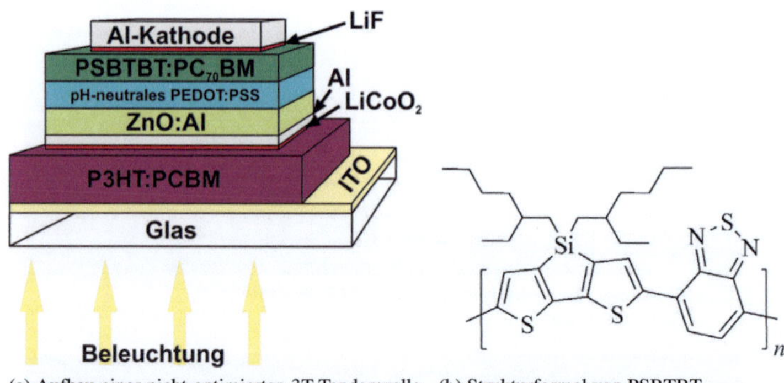

(a) Aufbau einer nicht optimierten 3T-Tandemzelle
   mit PSBTBT-Absorber in der oberen Zelle

(b) Strukturformel von PSBTBT

Abbildung 5.7: *Aufbau einer nicht optimierten 3T-Tandemzelle mit P3HT- und PSBTBT-Absorber.*

einflusst werden können. In diesem Szenario wird die Ladungsträgermobilität, die die Elektronenakkumulation verursacht, von Effekten an den Grenzflächen reduziert.

5.3 Optimierung des 3T-Tandemzellenaufbaus

Auf Basis der vorangegangenen Ergebnisse soll der Aufbau von 3T-Tandemzellen mit einer 300 nm dicken ZAO-Schicht (als Mittelelektrode) weiter optimiert werden. Hierbei müssen die im Zuge der Optimierung drei Problemstellungen gelöst werden.

Zunächst wird in der oberen Zelle der P3HT:PCBM-Absorber durch PSBTBT:PC$_{70}$BM-Absorber (vgl. Abb. 5.7) ersetzt, dessen Absorption bis zu einer Wellenlänge von 900 nm reicht. Zur Abscheidung des PSBTBT-Absorbers wurden folgende Parameter verwendet: PSBTBT wird 1:1,75 mit PCBM vermischt, in DCB gelöst (29 mg/ml), auf PEDOT:PSS aufgeschleudert (15 μl, 55 s/1000 rpm) und abschließend schnell unter Stickstoffatmosphäre getrocknet. Mit PSBTBT:PC$_{70}$BM soll der Wirkungsgrad durch die Maximierung der Kurzschlussstromdichten gesteigert werden, führt aber gleichzeitig dazu, dass die aktiven Subzellenflächen mit der aktiven Tandemzellenfläche übereinstimmen müssen. Diese Problemstellung und ihre Ursache wird eingehend in Kapitel 5.3.1 erörtert und gelöst. Anschließend wird dieser Aufbau weiter opti-

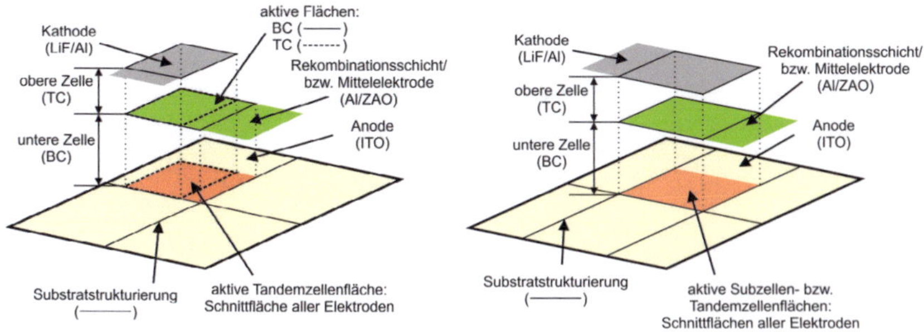

(a) Schematischer Aufbau der Realisierung von 3T-Tandemzellen mit unterschiedlichen Subzellen- und Tandemzellenflächen.

(b) Schematischer Aufbau der Realisierung von 3T-Tandemzellen mit identischen Subzellen- und Tandemzellenflächen.

Abbildung 5.8: *Aktive Zellfläche von Tandemzellen und ihren Subzellen in verschiedenen Aufbauten.*

miert, indem die Ergebnisse der sputterschadenfreien TiO_2/Al/ZAO-Elektroden aus Kapitel 4 verwendet werden. Dabei ist zu berücksichtigen, dass der bisherige Aufbau der Tandemzellen keine PEDOT:PSS-Schicht auf ITO beinhaltet, wie sie in Kapitel 4 für semitransparente Zellen verwendet wird. Im letzten Optimierungsschritt werden dann die Subzellenkurzschlussstromdichten aneinander angeglichen, sodass das volle Potential der Tandemzelle genutzt werden kann.

5.3.1 Angleichung der aktiven Subzellenflächen

Im Referenzaufbau der 3T-Tandemzelle (vgl. Abb. 5.8a) sind sowohl die aktiven Subzellenflächen als auch die aktive Tandemzellenfläche nicht identisch. Sofern in beiden Subzellen der selbe Absorber verwendet wird bzw. solange die obere Zelle (allgemein: die kleinere Zelle) den Strom begrenzt, ist Unterschied der aktiven Subzellenflächen unbedeutend. In diesem Fall wird die aktive Tandemzellenfläche durch die Schnittfläche aller drei Elektroden bestimmt. Bei Verwendung von Absorbern mit komplementären Absorptionsspektren für hocheffiziente Tandemsolarzellen ist diese Voraussetzung nicht mehr zwangsläufig gegeben. Ist z.B. die Stromdichte in der kleineren Subzelle größer als die der größeren Subzelle, kann letztere die Stromdifferenz durch ihre Größe ausgleichen/minimieren. Hierbei entspricht die aktive Tandemzellenfläche nicht mehr der Schnittfläche der drei Elektroden und ist nun unbekannt, wodurch der Wirkungsgrad nicht mehr bestimmt werden kann. Daher müssen die aktiven Subzellenflächen untereinander und mit der aktiven Tandemzellenfläche übereinstimmen. Hierfür wird die Strukturierung der ITO-Anode wie in Abbildung 5.8b abgeändert. Die Schnittflächen der Elektroden stimmen nun alle überein, so dass in diesem Aufbau alle Subzellenflächen und die Tandemzellenfläche identisch sind.

5.3.2 Schadensfreie Abscheidung gesputterter Al/ZnO:Al-Rekombinationsschichten

Die Sputterschäden am organischen Absorber können den Ergebnissen aus Kapitel 4 nach (S. 57) durch die Verwendung einer TiO_2-Pufferschicht verhindert bzw. reduziert werden. Die Ergebnisse können jedoch nicht direkt von semitransparenten Solarzellen auf deren Anwendung in Tandemzellen übertragen werden. Wie eingangs im der experimentellen Einführung zum Tandemzellenaufbau bemerkt, ist die Verwendung einer PEDOT:PSS-Schicht auf ITO nicht möglich, wenn auch in der Rekombinationsschicht eine solche (unabhängig vom pH-Wert der PEDOT:PSS-Lösung) verwendet wird. Im einfachsten Aufbau (vgl. Abb. 5.1a auf S. 91) wird auf die PEDOT:PSS-Schicht bei semitransparenten Subzellen mit P3HT:PCBM-Absorber einfach verzichtet. Demzufolge wäre die Schichtfolge des optimierten Aufbaus der semitransparenten Subzelle ITO - Absorber (P3HT:PCBM oder $PCDTBT:PC_{70}BM$) - TiO_2 - Al - ZAO. Die dazugehörigen Kennlinien zeigen die Abbildungen (5.9). Unabhängig vom verwendeten Absorber zeigen beide Kennlinien einen sogenannten "Roll-Over" bzw. eine nicht-ideale Solarzelle.

5.3.2.1 Interface-Wechselwirkung von Anode und Kathode

Im Fall von $PCDTBT:PC_{70}BM$-Absorbern segregiert vermutlich hauptsächlich die PCDTBT-Komponente an der Anodenseite [195][3]. Folglich muss der elektrische Kontakt nun direkt zwischen ITO und PCDTBT hergstellt werden. Diese Situation ist in Abbildung 5.10a skizziert. Hierbei liegt die Austrittsarbeit von ITO innerhalb der Bandlücke von PCDTBT, so dass vermutlich Vakuum-Level-Alignment (ohne Berücksichtigung der ICT-Zustände) auftritt (vgl. Abb. 2.5b). Dabei bildet sich zwischen PCDTBT und ITO ein Barriere mit einer Höhe von 0,8 eV, die für das beobachtete Verhalten der Kennlinien verantwortlich ist.

---

[3]Bei PEDOT:PSS auf Glas, ggf. ist das Segregationsverhalten auf ITO abweichend bzw. hängt vom verwendeten Substrat ab [50].

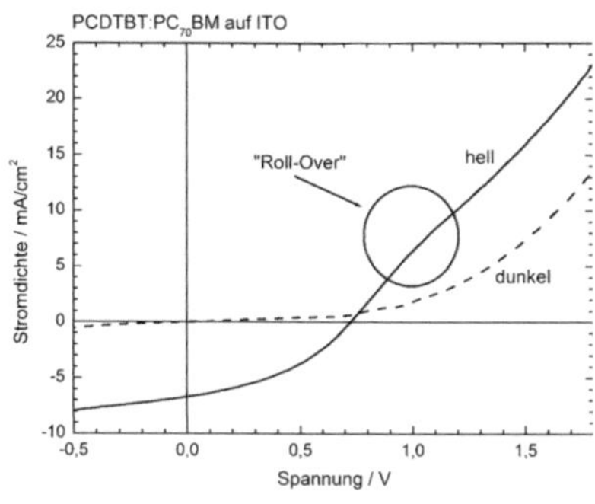

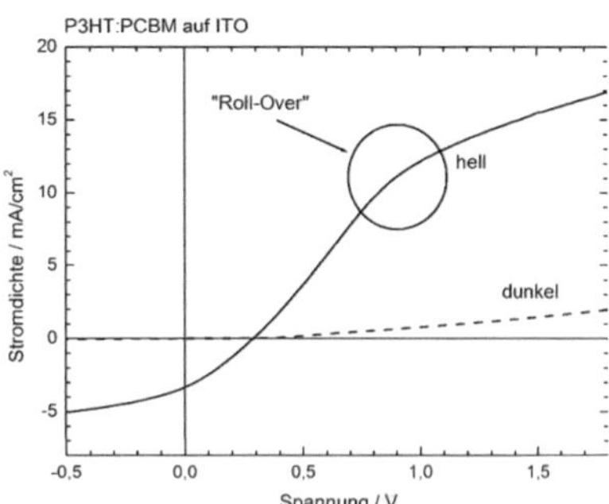

(a) Kennlinie einer semitransparenten PCDTBT:PC$_{70}$BM-Zelle ohne p-Leiter auf ITO. Die Form der Kennlinie entsteht vermutlich durch das Vorhandensein einer Barriere an der Anode aufgrund des großen Unterschieds zwischen der ITO-Austrittsarbeit und dem HOMO von PCDTBT.

(b) Kennlinie einer semitransparenten P3HT:PCBM-Zelle ohne p-Leiter auf ITO. Die Form der Kennlinie entsteht durch Segregation von P3HT zur Kathodenseite und der Bildung einer Barriere zwischen Absorber und Kathode.

Abbildung 5.9: *Roll-Over in Kennlinien ohne p-Leiter auf ITO und TiO$_2$-Pufferschicht.*

Bei P3HT:PCBM-Absorbern ist das Abknicken der Kennlinie ungewöhnlich, da dies an dieser Stelle zum ersten Mal auftritt. Das Abknicken selbst kann auf das Vorhandensein einer Gegendiode an der Kathodeseite zurückgeführt werden [205], sowie durch eine Kontaktbarriere verursacht werden [206, 207]. Sofern als p-Schicht auf ITO PEDOT:PSS oder MoO$_3$ verwendet wird, kann dieses Verhalten (unabhängig von einer TiO$_2$-Pufferschicht) nicht beobachtet werden. Ergänzend wurden zum Vergleich semitransparente P3HT:PCBM-Zellen ohne Lochleiterschicht hergestellt und die TiO$_2$- durch eine ZnO-Nanopartikel-Pufferschicht ersetzt, die (im Gegensatz zur TiO$_2$-Schicht) nicht ausgeheizt werden muss. Die Energieniveaus der Leitungsbänder beider Materialien sind in etwa gleich (4,4 eV, TiO$_2$ [85], ZnO [208]) und sollten die Qualität des elektrischen Kontakts demnach nicht wesentlich verändern. In Kombination mit ZnO-Nanopartikeln konnte das Abknicken der Kennlinie nicht mehr beobachtet werden und legt den Schluss nahe, dass das Ausheizen der TiO$_2$-Schicht bei 70 °C die Ursache ist. Denkbar wäre ein weiterer fortlaufender Phasensegregationsprozess, der bei dieser Temperatur eine weitere Kristallisation der P3HT-Phase erlaubt ([209], hier 75 °C) und den P3HT-Anteil an der Kathodenseite damit (durch größere Kristallite) weiter erhöht [210]. Diese führen dann auf den in

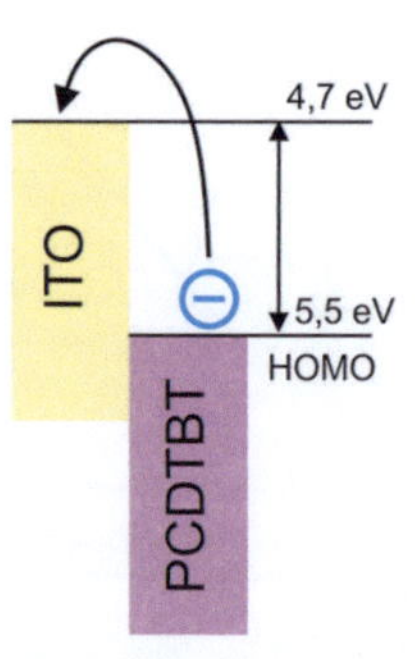

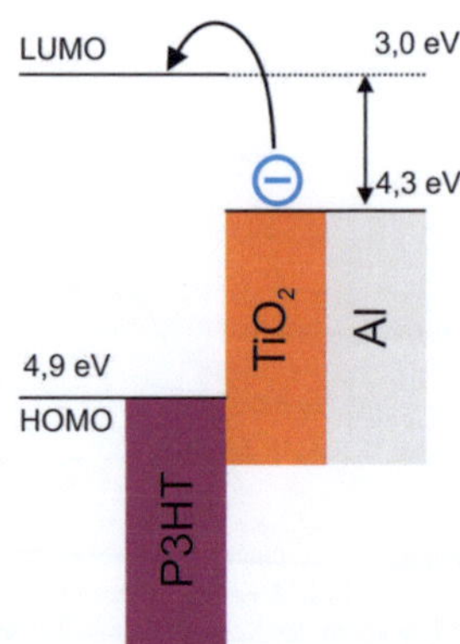

(a) Schema zur vermuteten Barrierenbildung an der ITO/PCDTBT-Anodengrenzfläche durch Vakuum-Level-Alignment (Werte nach [85])

(b) Schema zur vermuteten Barrierenbildung an der P3HT/TiO$_2$/Al-Kathodengrenzfläche durch Vakuum-Level-Alignment

Abbildung 5.10: Erklärung des Roll-Over bei positiven Spannungen anhand einer Barriere an der Elektroden/Absorber-Grenzfläche durch Vakuum-Level-Alignment.

Abbildung 5.10b skizzierten Fall. Diese Situation ähnelt der zuvor anhand von PCDTBT und ITO beschriebenen, da hier das Energieniveau des Leitungsbandes von TiO$_2$ in die Bandlücke von P3HT fällt. Damit wäre auch hier zu erwarten, dass der Prozess an der Grenzfläche durch Vakuum-Level-Alignment beschrieben werden kann und zur Bildung einer Barriere am P3HT/TiO$_2$-Grenzübergang führt. Wang *et al.* [210] verwenden für ihre Versuche zur Phasensegregation einen identischen invertierten Aufbau mit P3HT:PCBM-Absorber auf ITO. Sie beobachten ein identisches Abknicken der Kennlinien ihrer Zellen, wobei dieser Effekt aufgrund des invertierten Aufbaus mit zunehmender Segregation von P3HT an die Absorberoberfläche (zur Anodenseite) verschwindet. Diese (inverse) Phänomenologie lässt die vorangegangene Argumentation zur P3HT-Barrierenbildung im eigenen, normalen Aufbau plausibel erscheinen. Bei Verwendung eines p-Leiters auf ITO könnte dieser Effekt unterdrückt sein, da dieser evtl. zu einer anderen Segregationsdynamik führt [50] und eine signifikante Zunahme der P3HT-Konzentration an der Absorberoberfläche unterdrückt.

5.3.2.2 Alternativer MoO_3-Lochleiter zu PEDOT:PSS auf ITO

Unabhängig vom Absorber muss also für Tandemzellen ein nicht wasserlöslicher p-Leiter auf ITO verwendet werden, wenn wie in semitransparenten Zellen als Pufferschicht TiO_2 verwendet werden soll. Hierfür eignen sich MoO_3-Nanopartikel, die wie in Kapitel 3.1.3 (S. 46) beschrieben synthetisiert werden können.

Wie aus der Literatur bekannt ist, sollte die MoO_3-Schicht so dünn wie möglich gehalten werden. Dementsprechend haben sich die Versuche zur Optimierung der MoO_3-Schichtdicke auf die Verdünnung der Ausgangslösung mit Ethanol und dem Erproben hoher Schleudergeschwindigkeiten beschränkt. Da sich die Dicke von wenige Nanometer dünnen Schichten nicht mit akzeptabler Genauigkeit bestimmen lassen, werden stattdessen als Parameter Schleudergeschwindigkeit und Verdünnung betrachtet. Hierbei haben sich aus vorangegangenen Versuchen Verdünnungen von 1:2, 1:3 und 1:4 (MoO_3: Ethanol, vol.) als vielversprechend gezeigt. Diese wurden daneben mit unterschiedlichen Schleudergeschwindigkeiten (5000 bzw. 8000 rpm) abgeschieden. Die Versuchsergebnisse sind in Abbildung 5.11 dargestellt.

Hierbei zeigt sich, dass mit den beiden dünnsten MoO_3-Schichtdicken die höchsten Wirkungsgrade erzielt werden. Dabei unterschieden sich bei 8000 rpm die Werte der 1:4-verdünnten Lösung nur unwesentlich von denen der 1:3-verdünnten Lösung. Jedoch zeigen Dunkelkennlinien der mit der 1:4-verdünnten Lösung hergestellten Zellen ein nicht ideales Diodenverhalten (nicht gezeigt), das vermutlich auf die nicht vollständige MoO_3-Beschichtung des ITO-Substrats hindeutet. Zum direkten Vergleich sind auch die Werte semitransparenter Zellen ohne MoO_3-Schicht angegeben. Diese zeigen sowohl eine verminderte Leerlaufspannung als auch einen verminderten Wirkungsgrad. Daneben fällt auf, dass die Kurzschlussstromdichten und Füllfaktoren dieser Zellen weitestgehend auch den Werten der Zellen mit dünner MoO_3-Schichten entsprechen. Dickere MoO_3-Schichten (1:2- bzw. 1:3-Verdünnung mit 5000 rpm) führen dagegen zur deutlichen Reduktion des Füllfaktors und zu geringen Verlusten bei der Kurzschlussstromdichte. Dieser Zusammenhang wurde bereits in der Fachliteratur beobachtet [93].

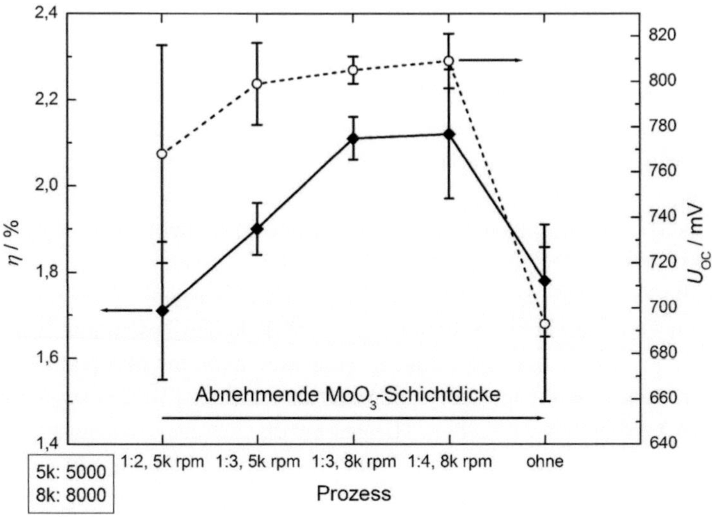

(a) Wirkungsgrad und Leerlaufspannung

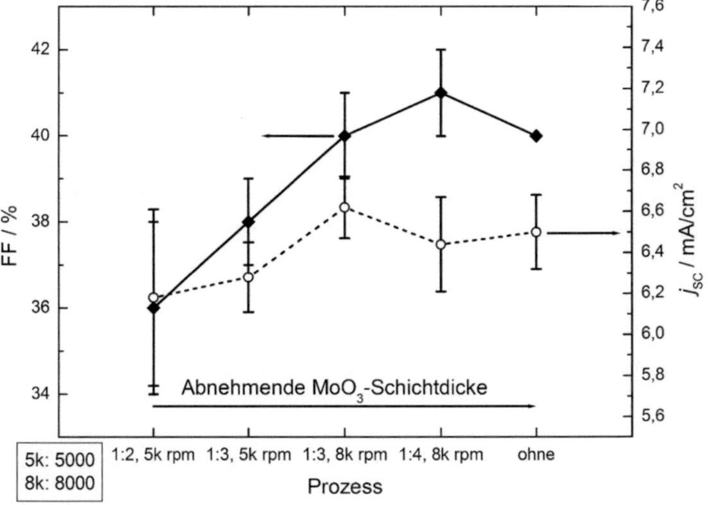

(b) Füllfaktor und Kurzschlussstromdichte

Abbildung 5.11: Parameter semitransparenter PCDTBT:PC$_{70}$BM-Zellen mit MoO$_3$-Puffer. Die Parameter erhöhen sich mit sinkender MoO$_3$-Schichtdicke.

5.3.3 Angleichung der Subzellenströme

Zur Optimierung der Ströme in den Subzellen wird auf die Ergebnisse aus Kapitel 4.4 auf S. 75 zurückgegriffen. Zur Maximierung des Kurzschlussstroms in der Tandemzelle ist es nötig, dass die Kurzschlussströme der Subzellen exakt übereinstimmen. Im Experiment ist dies aber aufgrund der statistischen Schwankungen im Allgemeinen nicht in einer solchen Präzision erreichbar, so dass als Vorgabe eine möglichst genau Übereinstimmung der Subzellen-Kurzschlussströme genügen muss. Die zu Beginn der Versuche mit dünnen $PCDTBT:PC_{70}BM$-Absorbern in der unteren Zelle erreichten Kurzschlussströme waren geringer als die der oberen Zelle mit $PSBTBT:PC_{70}BM$-Absorber. Die Anpassung des Kurzschlussstroms der unteren Zelle kann auf zwei Wegen erreicht werden:

1. Durch Verwendung einer dickeren Aluminiumzwischenschicht, die mehr Licht in die untere Zelle zurück streut, dafür aber die Lichttransmission in die obere Zelle, insbesondere im langwelligen Bereich des Spektrums verringert, *oder*

2. Durch Verwendung einer dickeren Absorberschicht in der unteren Zelle, die die Lichttransmission in die obere Zelle weniger stark beeinflusst. In diesem Ansatz wird berücksichtigt, dass zwar im Absorptionsbereich des Polymers die Transmission zurückgeht, dafür aber die Transmission außerhalb des Absorptionsbereichs erhalten bleibt.

Der erste Punkt eignet sich hervorragend zur Anpassung der Subzellenströme und erhöht außerdem die Leitfähigkeit der ZAO-Mittelelektrode. Dabei ist ein weiterer Vorteil die Möglichkeit, weiterhin dünne Absorberschichten in der unteren Zelle zu verwenden, wie sie für $PCDTBT:PC_{70}BM$-Absorber optimal sind. Dieser Weg bietet sich genau dann an, wenn der Gewinn an Füllfaktor den Verlust an Strom überwiegt und führt zum zweiten Punkt (hier wird angenommen, dass die Leerlaufspannung sich nur unwesentlich ändert, was anhand der Ergebnisse aus Kapitel 4 zulässig ist). Die Verwendung eines dickeren Absorbers vergrößert zwar den Kurzschlussstrom in der unteren Zelle und der Tandemzelle, führt aber gleichzeitig zu Verlusten im Füllfaktor. Nach den Daten aus Tabelle 4.4 zu Füllfaktoren und durchschnittlicher integrierter Transmission $\overline{T}_{>700}$ (zwischen 700 nm und 1300 nm) ist die Verwendung einer dickeren Absorberschicht zur Kurzschlussstromanpassung gemäß den obigen Kriterien geeigneter. Eine $PCDTBT:PC_{70}BM$-Absorberschichtdicke von etwa 110 nm in der unteren Zelle führt auf Kurzschlussstromdichten von etwa 6 mA/cm^2, die denen des PSBTBT:PCBM-Absorbers in der oberen Zelle entsprechen.

Zur Optimierung des Aufbaus mit P3HT:PCBM-basierter unterer Subzelle werden neben MoO$_3$ als p-Leiter auf ITO zur vollständigen Bedeckung der Absorberoberfläche (wenngleich, wie zuvor bemerkt, dies nicht zwingend erforderlich ist) ZnO-Nanopartikel statt TiO$_2$ verwendet. Die ZnO-Schichtdicke wird (durch Konzentration der Nanopartikel in der Suspension, 30 nm) dabei so gewählt, wie sie typischerweise in 2T-Tandemzellen als Rekombinationsschicht verwendet wird.

Die optimierten Aufbauten einer 3T-Tandemzelle mit ZnO-NP- bzw. TiO$_2$- und MoO$_3$-Zwischenschicht sind in den Abbildungen 5.12 dargestellt und entsprechende Hellkennlinien in Abbildung 5.13. Dort ist zum direkten Vergleich eine Tandemzelle im ursprünglichen Aufbau (als "Referenz" ohne p-Leiter auf ITO und LiCoO$_2$/Al/ZAO-Rekombinationsschicht/Mittelelektrode) mit P3HT:PCBM-Absorber gezeigt. Die jeweilig erreichten Höchstwerte (nach Effizienz) der unterschiedlichen Tandemzellenaufbauten sind:

Zwischenschicht	Polymer	U_{OC} [mV]	j_{SC} [mA/cm^2]	FF [%]	η [%]
LiCoO$_2$	P3HT PSBTBT	1116	5,97	44	2,94
ZnO-Nanopartikel	P3HT PSBTBT	1075	6,12	49	3,25
TiO$_2$	PCDTBT PSBTBT	1375	5,89	45	3,66

Tabelle 5.1: Direkter Wertevergleich verschiedener, optimierter 3T-Tandemzellen, jeweils mit den erreichten Höchstwerten (nach Effizienz).

Im optimierten Aufbau ist der maximal erreichte Wirkungsgrad der P3HT:PCBM-basierten Tandemzellen um ca. 10% höher als der der Referenz mit LiCoO$_2$/Al/AZO-Rekombinationsschicht, wobei der Unterschied sich auf den größeren Füllfaktor (durch einen geringeren Serienwiderstand) und die höhere Kurzschlussstromdichte zurückführen lässt. Hieraus lässt sich die prinzipielle Funktionalität des optimierten 3T-Tandemaufbaus ableiten und sollte in Kombination mit hocheffizienten, komplementär absorbierenden Polymeren als

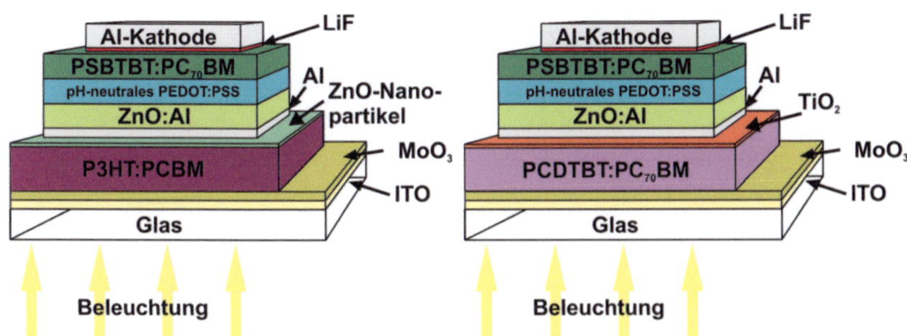

(a) Optimierter Aufbau einer auf P3HT:PCBM-basierten Tandemsolarzelle.

(b) Optimierter Aufbau einer auf PCDTBT:PC$_{70}$BM-basierten Tandemsolarzelle.

Abbildung 5.12: Schema des optimierten Tandemzellenaufbaus mit ZnO-Nanopartikel- bzw. TiO$_2$- und MoO$_3$-Zwischenschicht. Die MoO$_3$-Schicht ersetzt die bei regulären Zellen üblicherweise vorhandene bzw. notwendige PEDOT:PSS-Schicht als p-Leiter auf ITO, da diese in der Tandemzelle wegen ihrer Löslichkeit nicht verwendet werden kann. Anstatt gesputtertem LiCoO$_2$ werden ZnO-Nanopartikel bzw. wird TiO$_2$ als Zwischenschicht verwendet, die die Sputterschädigung (durch Al und ZAO) der Absorberschicht reduziert bzw. verhindert.

Absorber die vom Sputterprozess der Mittelelektrode unabhängige[4] Herstellung hocheffizienter 3T-Tandemzellen ermöglichen.

5.3.4 Implikation für die Optimierung von 2T-Tandemzellen

Grundsätzlich unterscheidet sich der Aufbau optimierter 2T-Tandemzellen abgesehen von der ZAO-Schichtdicke nicht von dem der 3T-Tandemzellen (vgl. Abb. 5.12, S. 111). Gemäß den Ergebnissen aus Kapitel 5.2.1 (S. 94) muss die ZAO-Schichtdicke mindestens 45 nm betragen und ist nach oben hin nicht begrenzt. Hinsichtlich der Leitfähigkeit (Abb. 5.14) und der Eignung als Rekombinationsschicht sind alle ZAO-Schichtdicken geeignet, die den Minimalwert überschreiten. Jedoch muss mit größeren ZAO-Schichtdicken bzw. höheren Leitwerten auch verstärkt auf die Übereinstimmung der Zellflächen geachtet werden, analog zu 3T-Tandemzellen.

Hinsichtlich des optischen Einflusses der ZAO-Schichtdicke finden sich gegenüber den bisherigen Betrachtungen dicker (300 nm bis 600 nm) ZAO-Schichten

---

[4]D. h. ohne Schädigung einer organischen Schicht durch den Sputterprozess und das nicht mehr im Anschluss an das Sputtern notwendige Ausheizen.

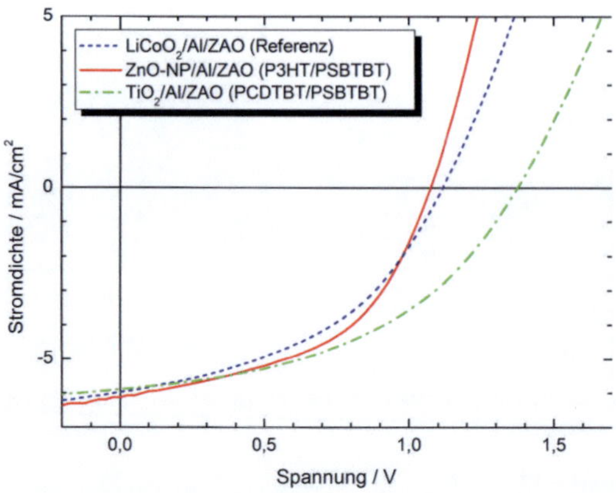

Abbildung 5.13: Kennlinien von Tandemzellen mit unterschiedlichen Rekombinationsschichten: LiCoO$_2$-, ZnO-Nanopartikel- oder TiO$_2$-Zwischenenschicht. Die Tandemzelle auf Basis der ZnO-Nanopartikel-Zwischenschicht weist geringfügig höhere Werte bei Kurzschlussstromdichte und Füllfaktor auf, die trotz der geringeren Leerlaufspannung zu einem höheren Wirkungsgrad als bei Verwendung einer LiCoO$_2$-Schicht führen (vgl. Tab. 5.1).

wesentliche Unterschiede. Durch die geringen ZAO-Schichtdicken ist die Anzahl von Maxima und Minima aus den Dünnschichtinterferenzen reduziert (Abb. 5.15) und haben aus diesem Grund einen erheblichen Einfluss auf die in einer semitransparente Zelle absorbierte Photonenzahl. Diese Beobachtung deckt sich nun, anders als bei 300 nm bis 600 nm dicken ZAO-Schichten, mit der von Ng *et al.* [44], wie anhand der Werte aus Tabelle 5.2 für die durchschnittliche integrierte Reflexion zwischen 300 nm und 700 nm ($\overline{R}_{<700}$) ersichtlich wird. Diese variiert stark und äußert sich in der Kurzschlussstromdichte und im Wirkungsgrad. Hierbei fällt besonders die geringe Anzahl der Dünnschichtinterferenz-Extrema (ein bis zwei) und deren Breite ins Gewicht (Abb. 5.15): für die beiden dünneren betrachteten ZAO-Schichten finden sich im Absorptionsbereich von PCDTBT die Maxima der Dünnschichtinterferenz, wohingegen die übrigen ZAO-Schichten dort ein Minimum aufweisen.

In Tandemzellen ist die Situation komplizierter, da die Dünnschichtinterferenzen der auf die ZAO abgeschiedenen Schichten nicht vernachlässigt werden dürfen. Demnach wäre für eine detaillierte quantitative Analyse der von der

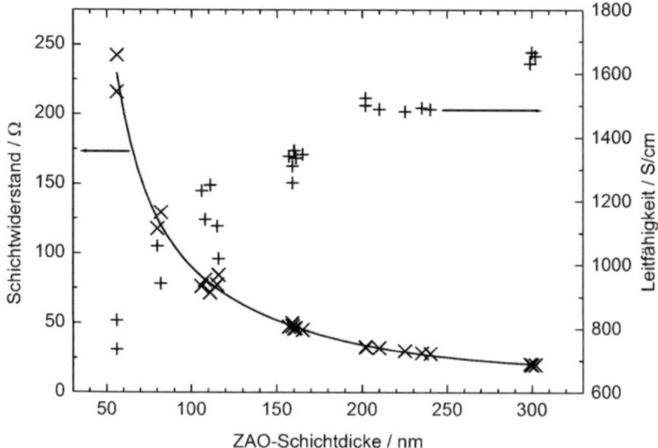

Abbildung 5.14: ZAO-Schichtwiderstand und Leitfähigkeit in Abhängigkeit der ZAO-Schichtdicke. Grundsätzlich sind alle ZAO-Schichtdicken ausreichend leitfähig um als Rekombinationsschicht in Frage zu kommen.

Al/ZAO-Schicht stammenden Reflexionen eine exakte Simulation notwendig, die alle Schichten innerhalb der Tandemzelle berücksichtigt. Stattdessen können auch die Ergebnisse semitransparenter Zellen herangezogen und zwei Extremfälle unterschieden werden. Beim ersten Extremfall träten durch besagte Dünnschichtinterferenzen mehrere Maxima und Minimal im Reflexionsspektrum der Al/ZAO-Schicht auf, so dass im Mittel, wie in Kapitel 4.5 beschrieben, die Kurzschlussstromdichte der unteren Zelle dennoch nicht beeinflusst wird. Im zweiten Extremfall änderte sich das Refkexionsspektrum der Al/ZAO-Schicht nicht und die Kurzschlussstromdichte wäre dann von der ZAO-Schichtdicke abhän-

ZAO-Schichtdicke [nm]	η [%]	U_{OC} [mV]	FF [%]	j_{SC} [mA/cm^2]	$\overline{R}_{<700}$ [%]
50	3,14	856	55,3	6,63	21,45
70	3,21	858	55,5	6,75	21,46
100	3,04	855	54,9	6,47	15,16
150	2,92	853	54,5	6,28	12,38

Tabelle 5.2: Zellparameter simulierter semitransparenter PCDTBT:PC$_{70}$BM-Zellen in Abhängigkeit der Reflexion dünner ZAO-Schichten. Die Reflexion hat hierbei einen signifikanten Einfluss auf Kurzschlussstromdichte und Wirkungsgrad, jedoch nicht auf die übrigen Parameter.

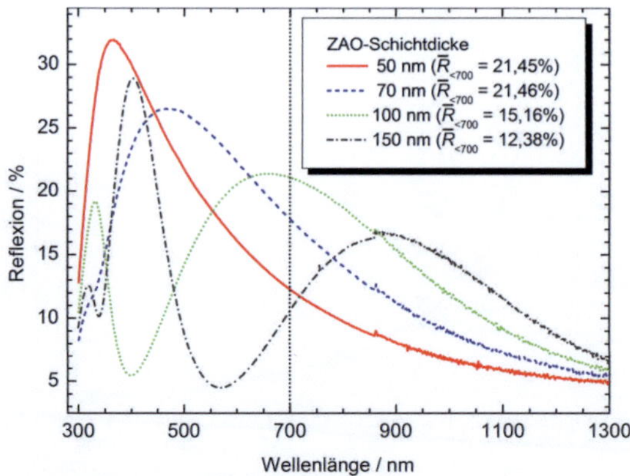

Abbildung 5.15: Reflexion dünner ZAO-Schichten. Gegenüber dickeren ZAO-Schichten (300-600 nm) ist der Einfluss bei den gezeigten dünneren ZAO-Schichten auf die durchschnittliche integrierte Reflexion signifikant. Diese kann nun nicht mehr vernachlässigt werden und hat einen erheblichen Einfluss auf die Kurzschlussstromdichte.

gig. Prinzipiell könnten auf experimentellem Wege diese Extremfällen und deren Auswirkung auf die Subzellen untersucht werden. Hierzu wäre es notwendig, die externen Quanteneffizienzen der Subzellen zu bestimmen, die in ihrer Form dem Reflexionsspektrum de Al/ZAO-Schicht entsprechen sollten. Zusammengefasst lassen sich, abgesehen von Extremfällen, jedoch keine allgemeingültigen Schlüsse bezüglich der optischen Auswirkungen der ZAO-Schicht auf die Subzellen in 2T-Tandemzellen ziehen.

Kapitel 6

Optoelektronische Charakterisierung von Subzellen in 3T-Tandemsolarzellen

Die Herstellung von 3-Terminal-Tandemsolarzellen mit ZAO als Mittelelektrode und Rekombinationsschicht erlaubt neben der Charakterisierung der Tandemzelle auch die Charakterisierung ihrer Subzellen. Zur Charakterisierung der Subzellen wird die ZAO-Mittelelektrode wahlweise als Kathode oder Anode verwendet. Durch die Verbindung der Subzellen über die ZAO-Schicht kann zwischen den Subzellen eine elektrische Wechselwirkung nicht von vorn herein ausgeschlossen werden und soll im Folgenden diskutiert werden. Die Standardmethoden zur optoelektronischen Charakterisierung von Solarzellen sind Strom-Spannungsmessungen (IU-Messung) zur Erstellung von Kennlinien sowie die Messung der externen Quanteneffizienz (EQE).

Je nach verwendetem Charakterisierungsverfahren für ein Subzelle, muss die andere, nicht zu messende Subzelle (NMS) entweder in Leerlauf- oder Kurzschlusszustand gebracht werden. Bei Strom-Spannungsmessung muss die NMS im Leerlaufbetrieben werden, da sie ansonsten als zusätzlicher Widerstand mit in das Messergebnis einfließt. Dagegen ist es bei EQE-Messungen für ein korrektes Messergebnis notwendig, die NMS kurzzuschließen. Sofern zur Bestimmung der EQE Biaslicht verwendet wird, ist der elektrische Zustande der NMS belanglos.

6.1 Strom-Spannungscharakterisierung

Die Strom-Spannungsmessung von Tandemzellen erfolgt nach dem selben Schema wie bei regulären Einzelzellen. Darüber hinaus ermöglicht der 3T-Aufbau von Tandemzellen die Charakterisierung ihrer Subzellen mit Hilfe der mittleren ZAO-Elektrode. Ein interessanter Aspekt der Subzellenkennlinien beinhaltet

115

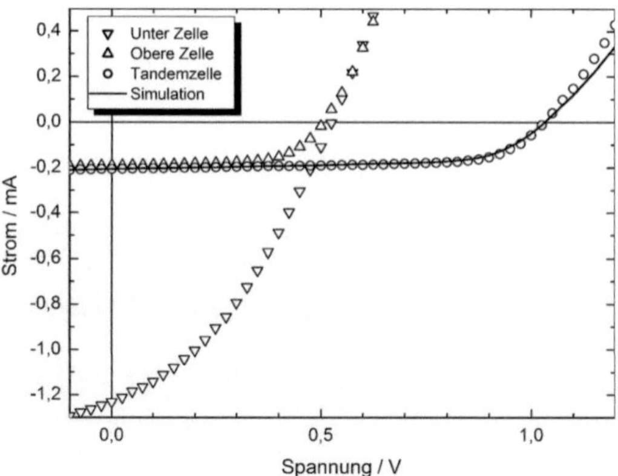

Abbildung 6.1: Kennlinien der Subzellen und der Tandemzelle. Aus den Kennlinien der Subzellen wurde durch Kennlinienaddition die der Tandemzelle simuliert. Da bei der Tandemzellenkennlinie der laterale ZAO-Serienwiderstand keine Rolle spielt, unterscheiden sich die experimentelle und die simulierte Tandemzellenkennlinie.

die Simulation der Kennlinie der Tandemzelle. Hierzu werden für übereinstimmende Subzellenströme die jeweils zugehörigen Teilspannungen addiert, woraus sich die simulierte Kennlinie einer entsprechenden Tandemzelle ergibt, welche mit der experimentellen Kennlinie übereinstimmen sollte. Eine solche Messung der Tandemzellen- und Subzellenkennlinie sowie die Simulation der Tandemzellenkennlinie zeigt Abbildung 6.1. Bedingt durch den Aufbau der Tandemzelle (vgl. Abbildungen 5.1a und 5.1b) begrenzt die obere Subzelle den Gesamtstrom. Leerlaufspannung und Kurzschlussstrom der simulierten und der experimentellen Kennlinie stimmen hervorragend überein, wogegen Füllfaktor und Serienwiderstand der simulierten Kennlinie geringfügig von den Werten der experimentellen Kennlinie abweichen. Die Abweichung zwischen dem experimentellen und simulierten Serienwiderstand ergibt sich aus der Messung der Subzellen mit Hilfe der ZAO-Mittelelektrode. Für die Subzellenmessung muss der laterale Widerstand (aus der Zelle heraus) der ZAO-Elektrode berücksichtigt werden, der insbesondere bei der Messung der Tandemzelle keine Rolle spielt. Aus diesem Grund ist der Serienwiderstand der gemessenen Subzellen zu hoch und verringert den Füllfaktor der simulierten Kennlinie.
Trotz der hervorragenden Übereinstimmung der simulierten und experimentel-

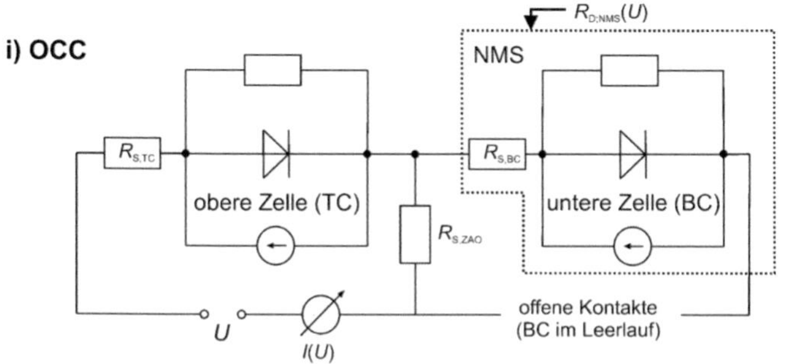

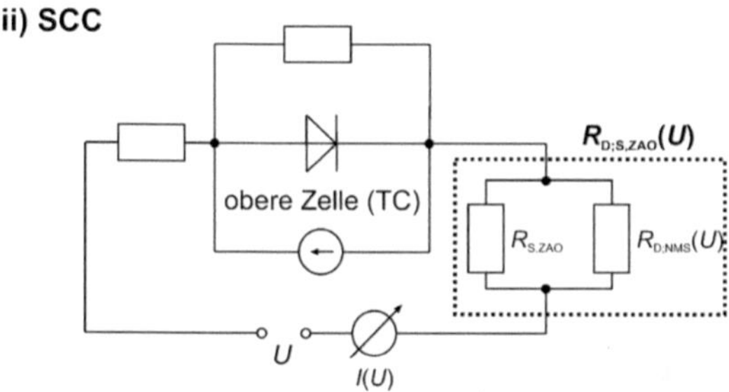

Abbildung 6.2: Ersatzschaltbild zur OCC- und SCC-Schaltung während der Messung einschließlich des Serienwiderstands der ZAO-Mittelelektrode ($R_{\mathrm{D;S,ZAO}}$). In diesem Beispiel dient die untere Zelle (BC) als nicht zu messende Subzelle (NMS).

len Tandemzellenkennlinie lässt sich zunächst kein Rückschluss auf eine elektrische Wechselwirkung der Subzellen durch die Verbindung über die gemeinsame ZAO-Elektrode ziehen. Zur Prüfung des Vorhandenseins einer solchen Wechselwirkung wird, wie in Abbildung 6.2 dargestellt, die nicht zu messende Subzelle (NMS) wahlweise unter Leerlaufbedingung (OCC, offene Kontakte) oder Kurzschlussbedingung (SCC, Kontakte geschlossen) betrieben.

Das Ergebnis einer OCC- und SCC-Kennlinienmessung (hier: obere Subzelle) zeigt Abbildung 6.3. Wesentlich für diese Messungen unter OCC und SCC ist die genaue Übereinstimmung der OCC- und SCC-Dunkelkennlinien (Abb. 6.3a) und die Verschiebung um 40 mV der SCC-Hellkennlinie zu höheren Spannungen gegenüber der OCC-Hellkennlinie (Abb. 6.3a und 6.3b). Typisch für diese Hell-

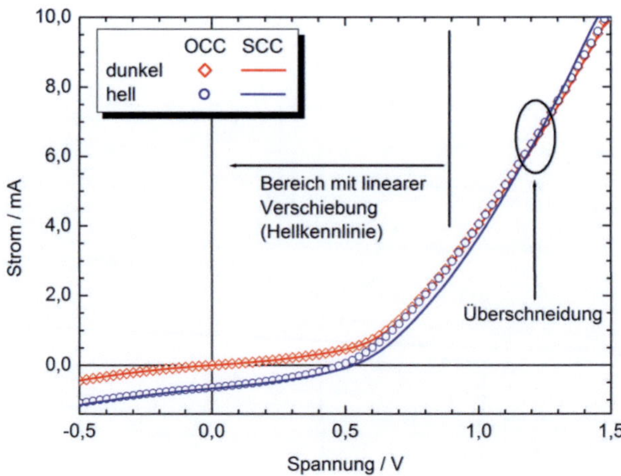

(a) Die Dunkelkennlinien unterscheiden sich im Gegensatz zu den Hellkennlinien nicht voneinander.

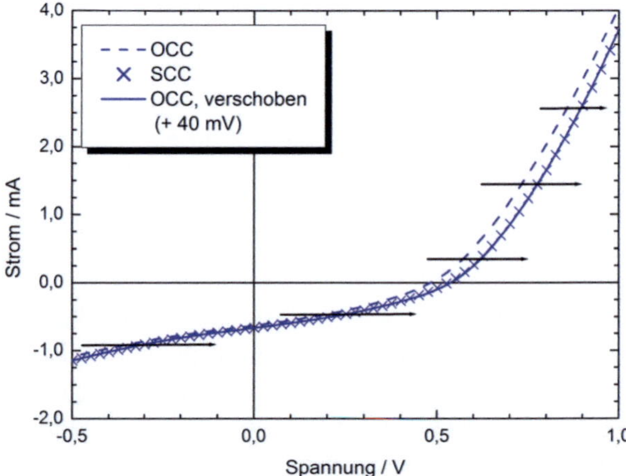

(b) Überführung der OCC- in die SCC-Kennlinie mit Hilfe der Verschiebespannung ΔU. Beide Kennlinien sind nach der Überführung im dargestellten Bereich kongruent.

Abbildung 6.3: Messung der Kennlinien der oberen Zelle (TC) einer Tandemzelle unter OCC und SCC.

kennlinien ist deren Überschneidung relativ weit oberhalb ihrer Leerlaufspannungen. *Mit Ausnahme dieses speziellen Bereichs der Kennlinien, dessen Ursprung und Auswirkung noch im Detail erörtert werden,* sollten die Eigenschaften der oberen Zelle (Widerstände, Diode) grundsätzlich unverändert bleiben. In diesem Szenario würden sich dann zwar die OCC- und SCC-Hellkennlinien gegeneinander verschieben, deren Steigungen (bzw. deren Form) aber unverändert belassen. Der differentielle Widerstand R_D einer Solarzelle beruht auf der Steigung der Kennlinie

$$R_\mathrm{D}(U) = \frac{1}{\frac{\partial I(U,I_0,A,...)}{\partial U}} = \frac{\partial U(I,I_0,A,...)}{\partial I}.$$

und sollte in seiner Form unverändert bleiben. Abbildung 6.4 zeigt in der Form übereinstimmende differentielle Widerstände beider Messergebnisse, die sich nur in der Lage unterscheiden und durch Verschiebung um 40 mV ineinander überführt werden können.Die Eigenschaften der gemessenen Solarzelle haben sich also durch OCC- und SCC-Schaltung nicht verändert und die Kennlinien können auf die selbe Art ineinander überführt werden (Abb. 6.3b).

Die Verschiebung der Kennlinien um 40 mV soll genauer betrachtet werden. Dazu wird die Verschiebespannung ΔU anhand der Subtraktion der Kennlinienspannungen U_OCC und U_SCC bei gleichem Strom I bestimmt (Abb. 6.5a, "Experiment"). Zusätzlich werden die Subzelleneigenschaften im Eindiodenmodell mit Hilfe von Diplot [201] (verfügt über ein solches Modul) bestimmt und als Eingabewerte für eine Simulation der Gesamtschaltung in "LT Spice IV" [211] verwendet (Abb. 6.2), die dann als Vergleich herangezogen wird (Abb. 6.5a, "Simulation"). Experiment und Simulation stimmen im Verlauf überein, die numerischen Abweichungen sind Folge der nicht eindeutig bzw. exakt bestimmbaren Solarzellenparameter im Eindiodenmodell. Ziel ist eine rein qualitative Analyse und auf numerische Exaktheit wurde deshalb verzichtet. Das Ergebnis lässt sich in zwei Bereiche einteilen: einen Bereich mit näherungsweise konstanter Verschiebespannung (bis ca. 0,9 V) und einen Bereich der dem Bereich der Überschneidung von OCC- und SCC-Hellkennlinien entspricht. Dieser Bereich lässt sich dadurch erklären, dass für wachsende, positive Spannungen ab einem bestimmten Punkt die Diode der NMS nicht mehr sperrt und den differentiellen Widerstand der NMS ($R_\mathrm{D;NMS}(U)$) soweit reduziert (der Serienwiderstand der NMS (in diesem Beispiel: $R_\mathrm{S,BC}$) bildet den Grenzwert, d. h. $R_\mathrm{D;NMS}(U) \geq R_\mathrm{S,BC}$),

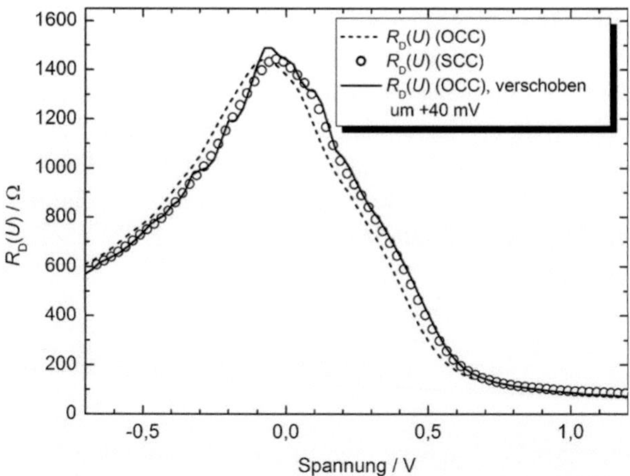

Abbildung 6.4: Differentieller Widerstand R_D der OCC- und SCC-Kennlinie. Der Verlauf des differentiellen Widerstands beider Kennlinie ist im dargestellten Bereich identisch. Durch Verschiebung um 40 mV können die differentiellen Widerstände ineinander überführt werden. Hieraus folgt, dass die Eigenschaften der Subzelle unabhängig vom Zustand der NMS sind und die Abweichung der OCC- und SCC-Messergebnisse allein auf der Wirkung einer Verschiebespannung ΔU beruht.

dass dieser gegenüber dem Serienwiderstand der ZAO-Elektrode ($R_{S,ZAO}$) nicht mehr vernachlässigt werden darf. Der differentielle (bzw. spannungsabhängige) Ersatzserienwiderstand der ZAO-Elektrode $R_{D;S,ZAO}(U)$ ist

$$\frac{1}{R_{D;S,ZAO}(U)} = \frac{1}{R_{D;NMS}(U)} + \frac{1}{R_{S,ZAO}}$$

$$\Longrightarrow R_{D;S,ZAO}(U) = R_{S,ZAO} \cdot \frac{1}{1 + \frac{R_{S,ZAO}}{R_{D;NMS}(U)}}.$$

Daher wirkt die NMS wie ein zweiter, zu $R_{S,ZAO}$ parallel geschalteter Serienwiderstand und verringert den Gesamtserienwiderstand (Abb. 6.5a). Dagegen ist im ersten Bereich bis 0,9 V die Verschiebung konstant und wird hauptsächlich durch zwei Faktoren bestimmt: den Photostrom der NMS und dem Serienwiderstand der ZAO-Mittelelektrode ($R_{S,ZAO}$, Abb. 6.5b). Der erste Punkt bezüglich des Photostroms ist offensichtlich: die Dunkelkennlinien stimmen hier unabhängig

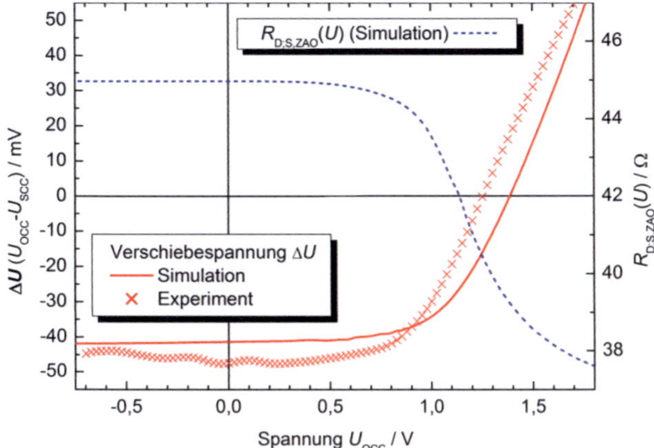

(a) Verschiebespannung zwischen OCC- und SCC-Messung aus dem Experiment und aus der Simulation einschließlich des quasi differentiellen Serienwiderstands $R_{\mathrm{D;S,ZAO}}(U)$ der ZAO-Elektrode.

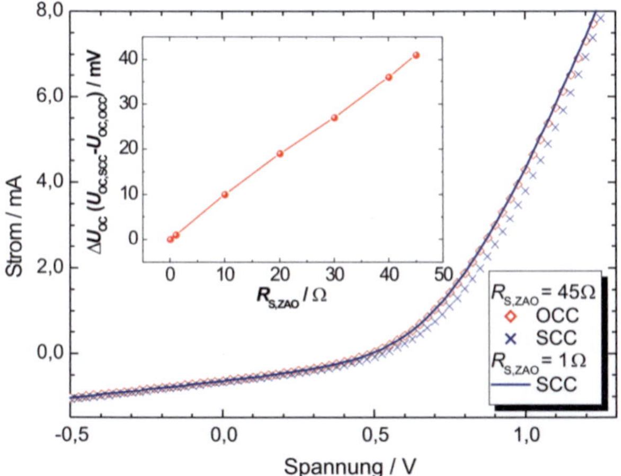

(b) Simuliert: Einfluss des Serienwiderstands der ZAO-Mittelelektrode auf die Verschiebung der Kennlinien aus OCC- und SCC-Messung. Die Verschiebung verringert sich mit kleiner werdendem $R_{\mathrm{S,ZAO}}$. *Inset:* Simulierte Verschiebung der Leerlaufspannungen unter SCC ($U_{\mathrm{OC,SCC}}$) gegenüber OCC ($U_{\mathrm{OC,OCC}}$), aufgetragen gegen den Serienwiderstand der ZAO-Elektrode ($R_{\mathrm{S,ZAO}}$).

Abbildung 6.5: Verschiebung zwischen den OCC- und SCC-Hellkennlinien auf Grund des Serienwiderstands der ZAO-Mittelelektrode ($R_{\mathrm{S,ZAO}}$).

vom Zustand der NMS überein und weichen nur bei Beleuchtung voneinander ab (Abb. 6.3a). Bei Beleuchtung muss der Photostrom (solange die Diode der NMS sperrt) über die ZAO-Mittelelektrode fließen (Abb. 6.2). Die dafür nötige Spannung folgt aus dem ohmschen Gesetz und ist proportional zum Serienwiderstand der ZAO-Mittelelektrode. Bei hinreichend kleinen Werten für $R_{S,ZAO}$ verschwindet dann der Unterschied zwischen OCC- und SCC-Hellkennlinien (Abb. 6.5b). Generell muss dies aber nicht der Fall sein. So kann anhand von Simulationen mit "LT Spice IV" gezeigt werden, dass derselbe Effekt auch bei Dunkelkennlinien beobachtet werden kann. Hier wirkt unter SCC bei ausreichend hohen Spannungen die NMS ebenfalls wie ein zur Rekombinationsschicht parallelgeschalteter Widerstand $R_{D;NMS}(U)$.

Die Frage, welche der Messmethoden nun für Strom-Spannungsmessungen die Richtige ist, lässt sich eindeutig beantworten: OCC, da die SCC-Messung die Kennlinie wegen des Photostroms der NMS verschiebt und den Serienwiderstand der gemessenen Zelle verfälscht. Dagegen wird sich im anschließenden Kapitel herausstellen, dass für die Bestimmung der externen Quanteneffizienz ohne Biasbeleuchtung die Messung unter SCC korrekt ist.

6.2 Externe Quantenausbeute

Analog zur Messung einfacher Solarzellen wird die externe Quanteneffizienz (EQE) der Subzellen in 3T-Tandemzellen bestimmt, wobei die Rekombinationsschicht als Mittelelektrode verwendet wird (vgl. Abb. 5.7a, S. 102). Als Absorber wurde in der unteren Zelle P3HT (Absorption zwischen ca. 300 nm und 650 nm) verwendet. Zur Erweiterung des Absorptionsspektrums zu größeren Wellenlängen wurde in der oberen Zelle PSBTBT (Absorption zwischen ca. 300 nm und 900 nm) genutzt. Die Absorption beider Materialien überschneidet sich nicht im Wellenlängenbereich zwischen 650 nm und 900 nm.

Die detaillierten Ergebnisse beider Subzellen-EQE-Messungen ohne Biasbeleuchtung im 3T-Tandemaufbau zeigen für die P3HT-Subzelle die Abbildungen 6.6 (S. 123) und für die PSBTBT-Subzelle die Abbildungen 6.7. Dabei wurde während den Messungen die nicht gemessene Zelle (NMS) wahlweise im Leerlauf (OCC, offene Kontakte) oder im Kurzschluss (SCC, geschlossene Kontakte) betrieben.

Die EQE der P3HT-Subzelle (Abb. 6.6a) unter SCC entspricht der Referenz-EQE einer regulären semitransparenten Zelle (Abb. 5.1c, ohne PEDOT:PSS-Schicht).

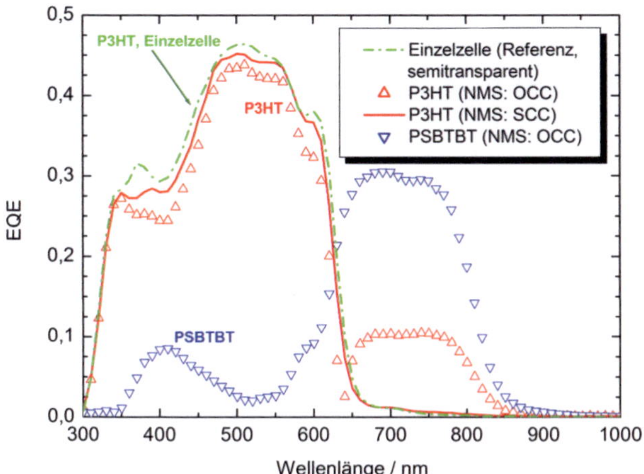

(a) P3HT-Subzellen-EQE unter OCC und SCC der NMS sowie als Referenz die EQE einer regulären semitransparenten P3HT-basierten Solarzelle.

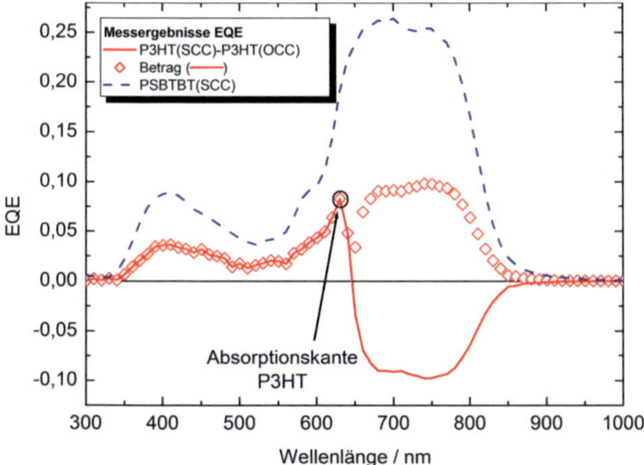

(b) Der Unterschied der P3HT-EQE zwischen OCC- und SCC-Messung folgt der EQE-Kurve von PSBTBT.

Abbildung 6.6: Tandemzelle mit den Absorberpolymeren (vgl. Abb. 5.7a) P3HT (untere Zelle) und PSBTBT (obere Zelle). EQE der P3HT-Subzelle unter OCC und SCC der NMS. Die Abweichung zwischen OCC und SCC folgt der EQE der PSBTBT-Subzelle, deren erzeugtes elektrisches Feld die P3HT-Subzelle aus dem Kurzschlusspunkt zwingt.

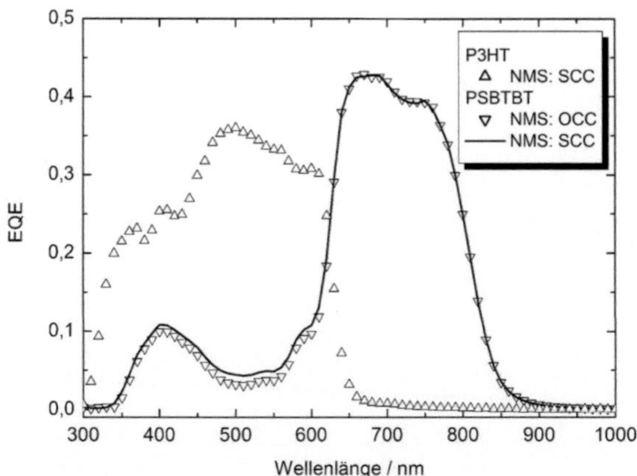

(a) PSBTBT-Subzellen-EQE unter OCC und SCC der NMS mit vergleichsweise (zur P3HT-EQE) geringen Abweichungen

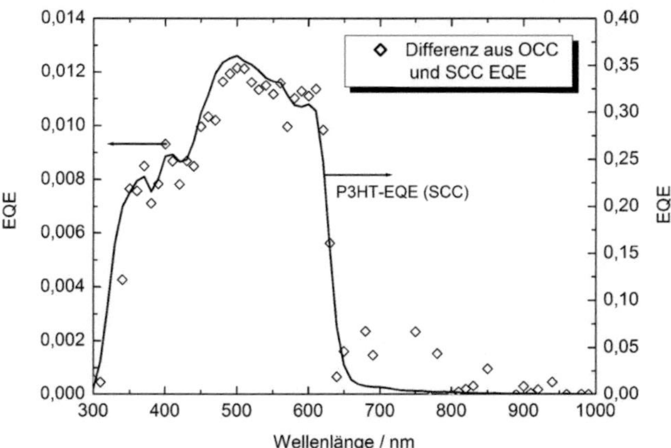

(b) Der Unterschied der PSBTBT-EQE unter OCC und SCC lässt sich auf die EQE
von P3HT unter SCC projezieren.

Abbildung 6.7: Tandemzelle mit den Absorberpolymeren (vgl. Abb. 5.7a) P3HT
(untere Zelle) und PSBTBT (obere Zelle). Zwar ist keine EQE Artefaktbildung
von PSBTBT oberhalb 650 nm Wellenlänge vorhanden (a), jedoch zeigen sich
im Absorptionsbereich von P3HT Differenzen zwischen der OCC- und der SCC-
EQE-Messung. Bei zweiskaliger Auftragung dieser Differenz (b) und der P3HT-
EQE kann deren Korrelation anhand der Überlagerung ihrer Kurven gezeigt werden.

Bei Messung unter OCC ist die EQE verringert und zeigt oberhalb einer Wellenlänge von 650 nm (also außerhalb des intrinsischen Absorptionsvermögens) ein nicht verschwindendes Signal. Eine genauere Betrachtung der Differenz aus dem unterschiedlichen Verlauf der P3HT-EQE unter OCC und SCC (Abb. 6.6b) zeigt, dass deren Verlauf der Form, aber nicht dem Betrag der EQE der PSBTBT-Subzelle folgt. Der nicht äquidistante Unterschied beider Kurven erklärt sich aus der Variation der wellenlängenabhängigen EQE-Lichtquellenintensität. Die EQE dient zur Beschreibung von Anteilen, so dass aus einem gleichen EQE-Wert zweier Wellenlängen nicht auf den tatsächlich erzeugten Strom geschlossen werden kann. Dies ist dann aufgrund der Verknüpfung von Spannung und Strom auch für die Photospannung der NMS der Fall.

Der Unterschied zwischen OCC- und SCC-EQE-Messungen der PSBTBT-Zelle (Abb. 6.7a) ist, im Vergleich zu P3HT, weniger ausgeprägt und im Wellenlängebereich überhalb von 650 nm nicht vorhanden. Die Differenz aus OCC- und SCC-Messung (Abb. 6.7b) beträgt nur wenige 1/10 Prozentpunkte und ist in der Form nahezu identisch zur EQE der P3HT-Subzelle unter SCC.

Auch in 2T-Tandemzellen ist es durch Erweiterung des EQE-Messaufbaus (Abb. 6.8) möglich, individuelle Subzellen-EQE-Messungen durchzuführen. Voraussetzung einer derartigen Messung ist, dass die NMS am Kurzschlusspunkt operiert, wobei zur selben Zeit die zu messende Zelle stets den Gesamtstrom begrenzt. Hierzu wird zunächst die NMS mit einem vorzugsweise monochromatischen Biaslicht in einem Wellenlängenbereich beleuchtet, der die zu messende Subzelle im Vergleich zur NMS nur geringfügig beeinflusst, aber gleichzeitig einen ausreichend großen Kurzschlussstrom der NMS garantiert. Die aus der Biasbeleuchtung resultierende Photospannung der NMS (und auch der zu messenden Subzelle) muss durch eine an der Tandemzelle angelegte Biasspannung U_{Bias} kompensiert werden, damit Rekombinationsschicht und die äußeren Elektroden sich auf demselben Potential befinden und beide Subzellen am Kurzschlusspunkt arbeiten. Für die Messungen wurden zwar ebenfalls 3T-Tandemzellen verwendet, die EQE aber über die äußeren Elektroden, d.h. im 2T-Aufbau durchgeführt. Durch den 3T-Aufbau ist es möglich, im Voraus die durch die Biasbeleuchtung entstehenden Photospannungen (U_{Photo}) in den einzelnen Subzellen zu bestimmen und anschließend deren Summe zu kompensieren. Um einen ausreichend großen Kurzschlussstrom zu sichern, wurde für die EQE-Messung der P3HT-Subzelle keine monochromatische Beleuchtung, sondern ein RG-665 nm Bandpassfilter mit einer Halogenlampe als Bias-Lichtquelle ver-

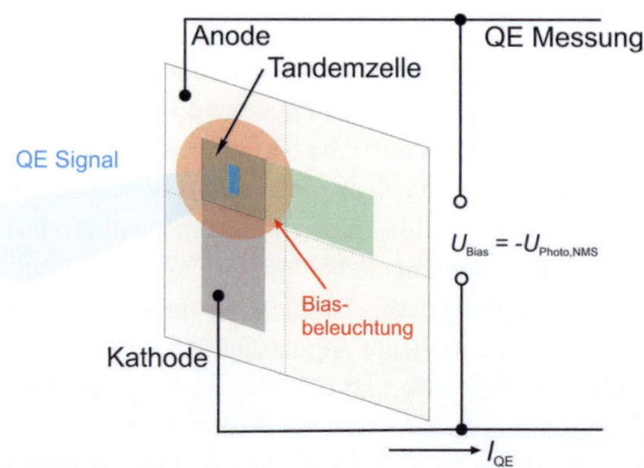

Abbildung 6.8: Aufbau zur Messung der Subzellen-EQE in einer 2T-Tandemzelle. Die nicht zu messende Zelle wird mit Biasbeleuchtung und Biasspannung U_{Bias} in den Kurzschlusszustand gebracht, während die gemessene Zelle hierbei den Gesamtstrom der Tandemzelle begrenzt.

wendet. Als Biaslichtquelle während der EQE-Messung der PSBTBT-Subzelle diente dagegen eine Diode mit 520 nm Wellenlänge. Die gewählten Wellenlängen ergeben sich aus den Absorptionskurven der Subzellen (vgl. Abb. 6.6).

Abbildung 6.9a zeigt das Ergebnis einer 2T-Subzellen-EQE-Messung der P3HT-Subzelle für verschiedene Biasspannungen, die sich im Rahmen der gemessenen Photospannung (ca. 535 mV) bewegen. Beide EQE-Messungen unterscheiden sich voneinander und liegen hinsichtlich der Beträge jeweils über oder unter der Referenzmessung (3T-Messung unter OCC). Bei diesen Zellen fehlt herstellungsbedingt die PEDOT:PSS-Schicht auf ITO und führt zusammen mit der gesputterten ZAO-Elektrode auf einen geringen Parallelwiderstand R_{P}. Dieser führt bereits bei geringen Abweichungen zwischen der angelegten Biasspannung und der Photospannung über die Relation $I_{\mathrm{P}} = (U_{\mathrm{Bias}} - U_{\mathrm{Photo}})/R_{\mathrm{P}}$ zu sichtbaren Parallelströmen I_{P}. Dieser Effekt sollte für ideale Solarzellen mit hohem Parallelwiderstand unterdrückt sein.

Die 2T-EQE-Messung der PSBTBT-Subzelle in Abbildung 6.9b stimmt mit der Referenzmessung überein. Hierfür mitverantwortlich sind sowohl die PEDOT:PSS-Schicht als auch die thermisch verdampfte Aluminiumkathode, die den Parallelwiderstand erhöhen. Als Folge des vergrößerten Parallelwiderstands

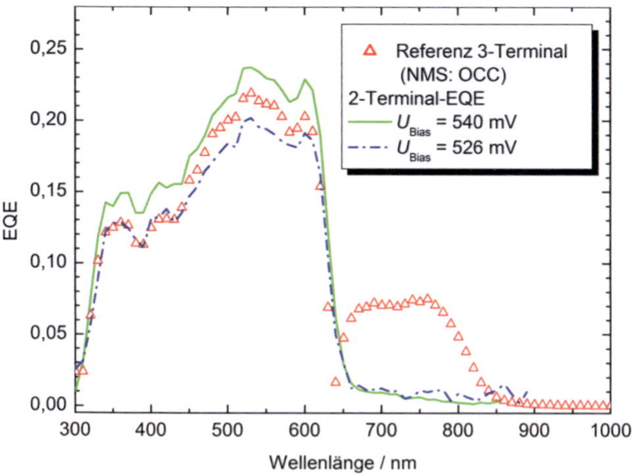

(a) P3HT-Subzelle

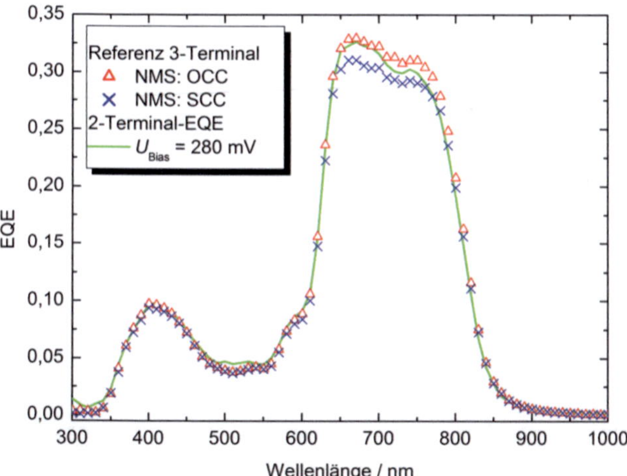

(b) PSBTBT-Subzelle

Abbildung 6.9: Vergleich der Subzellenmessungen unter OCC bzw. SCC der NMS mit den Ergebnissen der 2T-Messungen. Bei geringem Parallelwiderstand sind die Messergebnisse bereits durch im geringen Maße zu große oder zu kleine Biasspannungen U_{Bias} fehlerbehaftet (a). Die 2T-Messungen der EQE werden unter Kurzschlussbedingung ausgeführt und entsprechen damit der 3T-EQE unter SCC (b).

kann der ansonsten induzierte Parallelstrom unterdrückt werden. Eine Artefakt-bildung, wie im Fall einer OCC-Messung, ist zwar nicht erkennbar, dennoch stimmen die drei unterschiedlichen Messungen nicht überall exakt überein. Die Abweichung der 2T-Messung von den Referenzmessungen, insbesondere im langwelligen Bereich, kann auf die Degradation der Subzelle zurückgeführt werden (1. OCC-Messung, 2. 2T-Messung, 3. SCC-Messung). Hier sollten OCC- und SCC-Messung aufgrund fehlender Wechselwirkung mit der P3HT-Subzelle eigentlich übereinstimmen.

Unabhängig von den Beträgen der 2T-EQE ist ihre Form gleich der der Referenz-messung, wobei das Artefakt der OCC-Messung der P3HT-Subzelle im langwelligen Bereich fehlt: die 2T-Messung erfolgt unter Kurzschlussbedingung aller Zellen, einschließlich der NMS. Deshalb ist die 2T-Messung effektiv einer SCC-Messung gleichzusetzen, da alle Elektroden und die Rekombinationsschicht auf dem selben Potential liegen.

Die bisherigen 3T-Subzellen-EQE-Messungen wurden ohne weißes Biaslicht ausgeführt, da bei Messungen von Einzelzellen hierdurch keine essenziellen Ver-änderungen auftreten und auch die Werte beider EQE-Methoden sich nicht we-sentlich unterscheiden. Das Auftreten der Artefakte in 3T- und deren Ausbleiben bei 2T-Subzellen-EQE-Messungen machen jedoch eine Betrachtung unter rea-listischen Beleuchtungsbedingungen ähnlich zum Sonnensimulator (AM1.5G) notwendig. Hierzu wird eine zusätzliche Lichtquelle installiert und die Probe mit weißem Licht beleuchtet. Ihre Intensität sollte im Optimalfall der einer Son-ne entsprechen, so dass in etwa der am Sonnensimulator mit AM1.5G-Spektrum gemessene Kurzschlussstrom erreicht werden kann. Zu hohe Kurzschlussströ-me können am Verstärker bzw. Strom-Spannungswandler durch einen Offset kompensiert werden. Für die Auswertung wird das von der EQE-Lichtquelle stammende AC-Signal verwendet und der durch die Biasbeleuchtung entstan-dene DC-Offset herausgefiltert. Für Subzellenmessungen mit weißem Biaslicht verschwindet das Artefakt zwischen 650 und 900 nm in der P3HT-EQE wie bei 2T-Subzellen-EQE- und SCC-Messungen vollständig (Abb. 6.10a). Die Ursa-che für das Verschwinden des Artefakts kann mit Abbildung 6.10b anschaulich gemacht werden. Die NMS wird in OCC betrieben und ist aus Sicht der Kenn-linie am Leerlaufpunkt. Im Vergleich zur Biasbeleuchtung ist die Lichtintensität der EQE verschwindend gering und wird den erzeugten Photostrom nur unwe-sentlich ändern. Damit ist auch die von der NMS erzeugte Spannung sowie der daraus über den Parallelwiderstand induzierte Strom in der gemessenen Zelle im

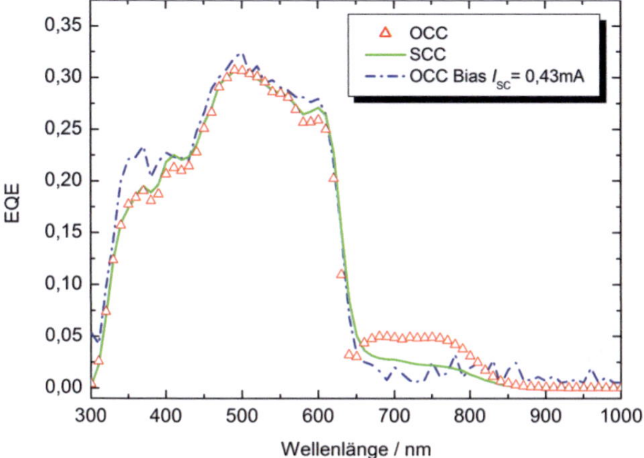

(a) Das EQE-Artefakt verschwindet bei Messungen mit weißer Biasbeleuchtung.

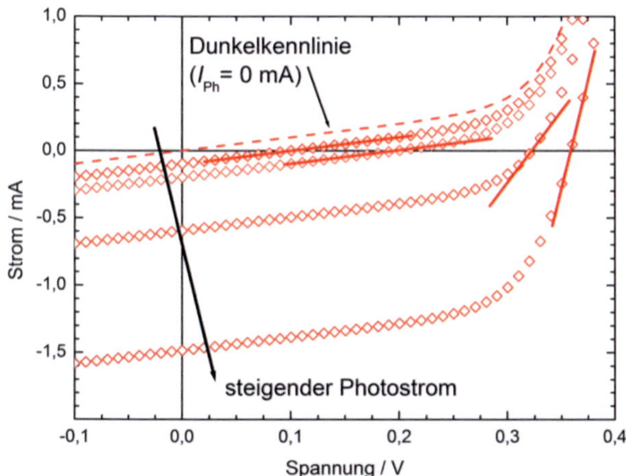

(b) Die Steigung m der Kennlinie am Leerlaufpunkt wird für kleinere Photoströme durch den Parallelwiderstand (flache Steigung $m \sim 1/R_P$) und für größere Photoströme durch den Diodenstrom (steile Steigung $m \to 1/R_S$) bestimmt.

Abbildung 6.10: Auswirkung der Biasbeleuchtung auf die Artefaktbildung. (b) Bei Biasbeleuchtung befindet sich die NMS am Leerlaufpunkt. Dort führen auf Grund der großen Steigung der Kennlinie die von der EQE-generierten Photoströme nur noch zu geringen Spannungsänderungen, wodurch die Artefaktbildung in (a) unterdrückt wird.

Vergleich zu Messungen ohne Biasbeleuchtung nun geringer und, bedingt durch das begrenzte Auflösungsvermögen der Messung, nicht mehr in der EQE sichtbar.

Zusammengefasst folgt aus den vorangegangenen Beobachtungen, dass die korrekte EQE-Messung einer Subzelle unter Kurzschlussbedingung erfolgen muss. Zwar steht dieses Ergebnis zuerst einmal im Gegensatz zu dem der Strom-Spannungsmessung (hierbei war die Messung unter Leerlaufbedingung die korrekte Messmethode) ist jedoch nicht widersprüchlich, wenn die Messbedingungen berücksichtigt werden. Der wesentliche Unterschied ist die Beleuchtung der Tandemzelle und wie im Detail ausgeführt, ist die Artefaktbildung bei EQE-Messungen mit Biasbeleuchtung unterdrückt. Insofern kann die anfängliche Messempfehlung genauer formuliert werden: EQE-Messungen unter realistischen Beleuchtungsbedingungen, d.h. mit Biasbeleuchtung, zeigen keine Abhängigkeit vom elektrischen Zustand der NMS, und OCC- und SCC-EQE-Messung sind gleichermaßen gültig. Ohne Biasbeleuchtung führen nur Messungen unter Kurzschlussbedingung zu einem korrekten Ergebnis.

6.2.1 Ursprung des Messartefakts der 3T-Subzellen-EQE

Die nicht ideale Solarzelle verfügt über Defekte, die durch einen Parallelwiderstand beschrieben werden können (Abb. 3.5, S. 52), über den ein Parallelstrom I_P (Gl. 3.2, S. 52) induziert werden kann. Ohne Beleuchtung gibt es zwischen den Subzellen keine sichtbare elektrische Wechselwirkung, unabhängig von beliebig angelegten Spannungen (vgl. Abb. 6.3a, Dunkelkennlinien). Bei monochromatischer Biasbeleuchtung, die nur im Absorptionsbereich der NMS liegt, ändert sich die Situation grundlegend. Die erzeugten, freien Ladungsträger fließen zu den jeweiligen Elektroden und akkumulieren dort. Dadurch wird ein elektrisches Feld erzeugt, das das innere elektrische Feld der NMS kompensiert, so dass eine weitere Akkumulation verhindert wird. Die in der Mittelelektrode akkumulierten Löcher führen dabei auf eine Potentialdifferenz zwischen Anode und Kathode in der gemessenen Zelle. Diese kann mit dem Oszilloskop bestimmt werden und liegt bei den verwendeten Proben je nach Wellenlänge im Bereich von 0 mV bis 20 mV. Daneben kann mit Hilfe des Oszilloskops auch die erforderliche Übereinstimmung von Spannungsfrequenz und Chopperfrequenz geprüft werden. Diese von der NMS erzeugte Spannung induziert nun über den Parallelwiderstand der gemessenen (faktisch unbeleuchteten) Subzelle den Parallelstrom. Aufgrund des

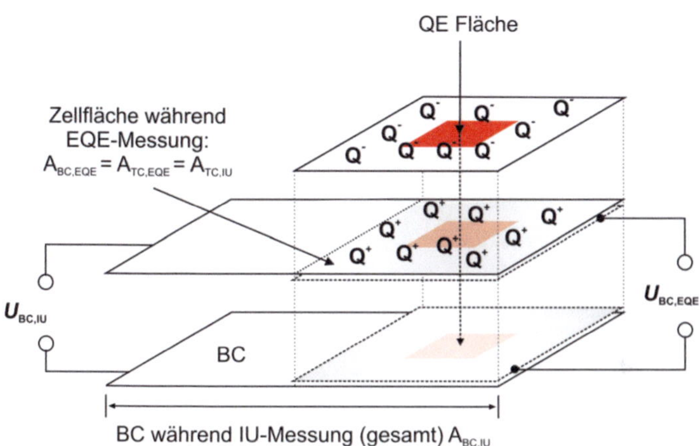

Abbildung 6.11: Rolle der Subzellenflächen während EQE- und IU-Messungen. Die durch die EQE erzeugten freien Ladungen (positive (Q^+) und (negative Q^-) verteilen sich dabei über die gesamte aktive Fläche der NMS. Über die selbe Fläche erfolgt dann während der EQE die Induktion des Stroms in der unteren Zelle (BC). Bei IU-Messungen trägt aber die gesamte Zellfläche der unteren Zelle (BC) bei.

Aufbaus der Tandemzelle ist die Richtung des induzierten Stroms der normalen Photostromrichtung aus der EQE entgegengesetzt. Diese Eigenschaft kann durch Betrachtung des zeitlichen Verlaufs des Stroms und der Phase gegenüber der Monitorzelle am Oszilloskop belegt werden. Für EQE-Wellenlängen, die im Absorptionsbereich der gemessenen Zelle liegen, sind die Ströme von Monitorzelle und gemessener Subzelle in Phase. Sobald die EQE-Wellenlänge nur noch im Absorptionsbereich der NMS liegt, verschiebt sich die Phase zwischen den Strömen um 180°. Dieses Verhalten ist gleichbedeutend mit einem Wechsel der Stromrichtung.

In Tandemzellen hat darüber hinaus auch ihre Probengeometrie Einfluss auf die Messmethodik. Die EQE wird in Bezug auf eine vorher festgelegte EQE-Beleuchtungsfläche bestimmt, mit der zuvor mittels einer Si-Referenzsolarzelle Beleuchtungsintensität und Strom zur Kalibrierung der Monitorzelle bestimmt wurden. Unter OCC verteilen sich die Ladungen über die gesamte aktive Fläche der NMS (vgl. Beispiel Abb. 6.11, NMS ist hierbei die obere Zelle (TC)). Die Schnittfläche aus NMS und der dritten Elektrode der zu messenden Subzelle (untere Zelle, BC) bestimmt nun deren tatsächliche aktive Fläche während der EQE, über die der Parallelstrom in der unteren Zelle induziert wird. Der induzierte Parallelstrom ist ein reines Zeichen der elektrischen Wechselwirkung zwischen den Subzellen und entspricht keiner realen EQE.

Der Parallelstrom des EQE-Artefakts kann durch den aus IU-Messungen bestimmten Parallelwiderstand (Eindiodenmodell) verifiziert werden. Hierzu werden aus der EQE-Messung die an der Zelle abfallenden, von der NMS erzeugten Spannungen U_{EQE}, der durch die EQE erzeugte Photostrom I_{EQE} sowie der Parallelwiderstand R_{P} bestimmt. Ein entsprechender Strom im Eindiodenmodell (I_{IU}) wird durch

$$I_{\mathrm{IU}} = \frac{U_{EQE}}{R_{\mathrm{P}}} = I_{\mathrm{EQE}}$$

beschrieben und stimmt in den Experimenten mit dem Strom der EQE (I_{EQE}) überein. Diese Relation gilt ganz allgemein, selbst wenn die Zellflächen von EQE und IU-Messung nicht übereinstimmen (vgl. Abb. 6.11). Bei letzterem muss der Parallelwiderstand auf die korrekte Zellfläche korrigiert werden. Dazu wird der Parallelwiderstand $R_{\mathrm{P,IU}}$ der IU-Messung als gleichmäßig auf die Zellfläche A_{IU} verteilte, spezifische Elementarwiderstände $\rho_{\mathrm{P,A}}$ aufgefasst (d.h. je größer die Zellfläche, desto kleiner der Parallelwiderstand).

$$\rho_{\mathrm{P,A}} = R_{\mathrm{P}} \cdot A$$

Der wirksame Parallelwiderstand $R_{\mathrm{P,EQE}}$ während der EQE-Messung folgt dann aus dem Verhältnis der Flächen bei EQE- (A_{EQE}) und IU-Messung (A_{IU})

$$R_{\mathrm{P,EQE}} = \frac{\rho_{\mathrm{P,A}}}{A_{\mathrm{EQE}}} = \frac{A_{\mathrm{IU}}}{A_{\mathrm{EQE}}} \cdot R_{\mathrm{P}}.$$

Kapitel 7

Effektives Tandemzellenersatzschaltbild

Das Ersatzschaltbild einer regulären Solarzelle im Eindiodenmodell soll hier als Grundlage zur Beschreibung komplexer Systeme von Solarzellen dienen. Die Verschaltung der Subzellen zu einem komplexen System ist genau dann optimal bzw. elektrisch verlustfrei, wenn zwischen zwei Subzellen keine zusätzlichen Bauelemente wie z.B. Widerstände, Dioden oder Kondensatoren (z.B. aufgrund von Gegendiodenverhalten an Elektrodengrenzflächen, etc.) platziert werden müssen. Die Ersatzschaltbilder der einzelnen Subzellen sind dann zur Beschreibung des Systems und seines Verhaltens ausreichend. Im einfachsten Fall von Tandemzellen werden zwei in Serie verschaltete Solarzellen betrachtet. Zu den komplexeren Systemen zählen Module aus mehreren seriell verschalteten Solarzellen. Zwar entsteht auf diese Weise ein neues Schaltbild, jedoch lässt sich selbst bei genauerer Betrachtung einer Strom-Spannungskennlinie diese nicht sofort einer regulären Solarzelle, einer Tandemsolarzelle oder einem Modul zuordnen. Hieraus folgt die Fragestellung, ob das Ersatzschaltbild einer Tandemzelle oder eines Moduls durch die Einführung effektiver Größen wieder auf das des Ausgangsmodells abgebildet werden kann. Sofern alle Subzellen durch das Eindiodenmodell beschrieben werden, müssten auch Tandemzellen oder Module durch das Eindiodenmodell beschrieben werden können.

Bisher wurde für die optoelektronische Beschreibung in Form der Strom-Spannungscharakterisierung, ein solches effektives Ersatzschaltbild *ad hoc* für Solarzellenmodule [212, 213, 214, 215, 216] verwendet und kann auch bei Tandemzellen gefunden werden [217]. Jedoch konnten bisher die Subzellenparameter nicht analytisch miteinander verknüpft werden.

Dagegen kann mit einem effektiven Modell, das auf der analytischen Verknüpfung von Subzellen- und den Tandem- bzw. Modulparametern beruht, die Mög-

133

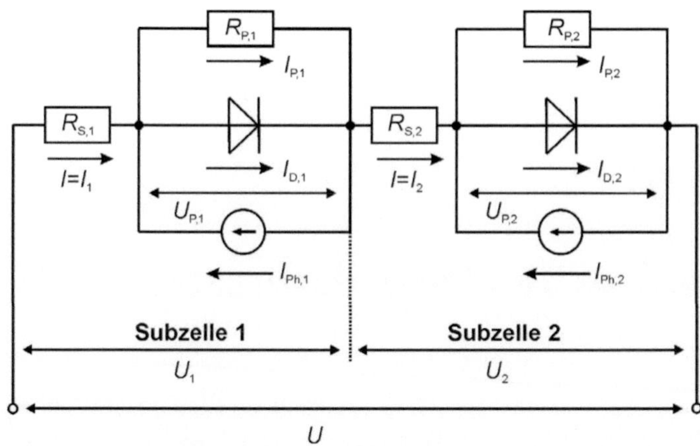

Abbildung 7.1: Vollständiges Ersatzschaltbild einer Tandemzelle, aufgebaut aus seriell verschalteten Einzelzellen des Eindiodenmodells (Abb. 3.5). "Ausgangsmodell"

lichkeit zur Analyse von Tandemzellen bzw. von Modulen erweitert werden. So lässt sich auch die Komplexität einiger Rechnungen reduzieren wie sie z.B. für die Extraktion der Subzellenparameter [218] nötig sind: Hier kann einer der unbekannten Parameter durch einen der Kennlinie entnommenen effektiven Parameter und den verbleibenden unbekannten Parametern ersetzt werden. Darüber hinaus ist es möglich, mit den Kenntnissen zu einzelnen Solarzellen deren Einfluss auf die optoelektronische Eigenschaften der aus ihnen aufgebauten komplexen Systemen auf einfachste Art und Weise zu simulieren. Die Anwendbarkeit eines solchen Modells kann anhand von 3T-Tandemsolarzellen experimentell überprüft werden (vgl. Kapitel 7.5, S. 161).

7.1 Modellentwicklung

Die Grundlage für das Ersatzschaltbild der Tandemzelle bildet das Eindiodenmodell (Abb. 3.5). Die Verschaltung der Solarzellen in Serie (Abb. 7.1) erfordert wegen der Kontinuitätsgleichung übereinstimmende Ströme in den Subzellen

$$I_1 = I_2 = I,$$

wobei die Indizes auf die erste bzw. zweite Zelle verweisen. In gleicher Weise werden den Subzellen aus Abbildung 7.1 die übrigen Größen zugewiesen. Weiter gilt für gleiche Ströme die Kirchoff'sche Regel, wonach sich die Teilspannungen an den Subzellen addieren müssen. Mit Hilfe von Gleichung 3.3 ergibt sich die an der Tandemzelle anliegende Gesamtspannung durch die Summierung der Subzellenteilspannungen:

$$\sum_{i=1,2} U_\mathrm{i} = \sum_{i=1,2} \left(\frac{A_\mathrm{i} k_\mathrm{B} T}{q} \ln\left(\Gamma_\mathrm{i}\right) + R_{\mathrm{S},\mathrm{i}} I \right)$$
$$\Gamma_\mathrm{i} = \frac{I_{\mathrm{x},\mathrm{i}}}{I_{0,\mathrm{i}}},$$
$$I_{\mathrm{x},\mathrm{i}} = I - I_{\mathrm{P},\mathrm{i}} + I_{\mathrm{Ph},\mathrm{i}} + I_{0,\mathrm{i}}. \tag{7.1}$$

Ein Teil der Größen kann zu

$$A_\mathrm{i} \ln\left(\Gamma_\mathrm{i}\right) = \left(A_i + A_j\right) \ln\left(\Gamma_\mathrm{i}^{\frac{A_\mathrm{i}}{A_\mathrm{i}+A_j}}\right)$$
$$\sum_{i=1,2} U_\mathrm{i} = U$$
$$\sum_{i=1,2} R_{\mathrm{S},\mathrm{i}} I = R_{\mathrm{S},\mathrm{eff}} I \tag{7.2}$$

zusammengefasst werden. Damit ändert sich Gleichung 7.1 zu

$$U - R_{\mathrm{S},\mathrm{eff}} I = \frac{k_\mathrm{B} T \left(A_1 + A_2\right)}{q} \ln\left(\prod_{i=1,2} \Gamma_\mathrm{i}^{\frac{A_\mathrm{i}}{A_1+A_2}}\right) \tag{7.3}$$

und es kann ein effektiver Diodenfaktor identifiziert werden:

$$A_{\mathrm{eff}} = A_1 + A_2$$

Aus Gleichung 7.3 folgt dann der Ausdruck

$$\exp\left(\frac{q}{A_{\mathrm{eff}} k_\mathrm{B} T} \left(U - R_{\mathrm{S},\mathrm{eff}} I\right)\right) = \left(\prod_{i=1,2} \Gamma_\mathrm{i}^{\frac{A_\mathrm{i}}{A_{\mathrm{eff}}}}\right). \tag{7.4}$$

An dieser Stelle bietet es sich an zunächst einen vereinfachten Fall zu betrachten: nur zwei in Serie verschaltete ideale Dioden. Für den Moment wird angenommen

$$I_{\mathrm{Ph,i}} = 0$$
$$I_{\mathrm{P,i}} = 0$$
$$\implies I_{\mathrm{x,i}} = I + I_{0,\mathrm{i}}$$

womit die rechte Seite von Gleichung 7.4 zu

$$\frac{1}{I_{0,1}^{\frac{A_1}{A_{\mathrm{eff}}}} I_{0,2}^{\frac{A_2}{A_{\mathrm{eff}}}}} \cdot (I + I_{0,1})^{\frac{A_1}{A_{\mathrm{eff}}}} (I + I_{0,2})^{\frac{A_2}{A_{\mathrm{eff}}}}$$

wird. Gleichung 7.4 kann nun zu

$$I_{0,1}^{\frac{A_1}{A_{\mathrm{eff}}}} I_{0,2}^{\frac{A_2}{A_{\mathrm{eff}}}} \exp\left(\frac{q}{A_{\mathrm{eff}} k_{\mathrm{B}} T} (U - R_{\mathrm{S,eff}} I)\right) =$$
$$(I + I_{0,1})^{\frac{A_1}{A_{\mathrm{eff}}}} (I + I_{0,2})^{\frac{A_2}{A_{\mathrm{eff}}}}$$

umgeformt werden, in der ein Ausdruck für den effektiven Sperrsättigungsstroms $I_{0,\mathrm{eff}}$

$$I_{0,\mathrm{eff}} = I_{0,1}^{\frac{A_1}{A_{\mathrm{eff}}}} I_{0,2}^{\frac{A_2}{A_{\mathrm{eff}}}}$$

identifiziert werden kann. Dieser und der Strom I werden nun auf beiden Seiten der Gleichung subtrahiert und es folgt

$$I_{0,\mathrm{eff}} \left[\exp\left(\frac{q}{A_{\mathrm{eff}} k_{\mathrm{B}} T} (U - R_{\mathrm{S,eff}} I)\right) - 1\right] - I =$$
$$(I + I_{0,1})^{\frac{A_1}{A_{\mathrm{eff}}}} (I + I_{0,2})^{\frac{A_2}{A_{\mathrm{eff}}}} - I_{0,\mathrm{eff}} - I. \tag{7.5}$$

Die linke Seite erinnert an den Ausdruck einer Diodengleichung (Gl. 3.2, S. 52) mit den effektiven Diodenparametern $I_{0,\mathrm{eff}}$, A_{eff} und $R_{\mathrm{S,eff}}$. Die Gleichung einer effektiven Diode sollte daher lauten:

$$I = I_{0,\mathrm{eff}} \left[\exp\left(\frac{q}{A_{\mathrm{eff}} k_{\mathrm{B}} T} (U - R_{\mathrm{S,eff}} I)\right) - 1\right]. \tag{7.6}$$

Diese Gleichung kann aber nur dann als effektive Diodengleichung verwendet werden, wenn die rechte Seite von Gleichung 7.5 verschwindet:

$$(I + I_{0,1})^{\frac{A_1}{A_{\text{eff}}}} (I + I_{0,2})^{\frac{A_2}{A_{\text{eff}}}} - I_{0,\text{eff}} - I = 0. \tag{7.7}$$

Diese Gleichung kann nur unter bestimmten Voraussetzungen exakt gelöst werden. Die effektive Diodengleichung stellt also im Allgemeinen nur eine Näherung dar. Jedoch lässt sich zeigen, dass trotz des Fehlers die effektive Diodengleichung zur Beschreibung von Solarzellen im Eindiodenmodell geeignet ist. Eine ausführliche Gültigkeitsprüfung der effektiven Diodengleichung erfolgt im Anhang auf S. 191. An dieser Stelle wird die Entwicklung des effektiven Tandemzellenersatzschaltbildes unter Berücksichtigung des im Anhang untersuchten Modellfehlers fortgesetzt.

Zusammengefasst können zwei seriell verschaltete ideale Dioden im Allgemeinen durch

$$\begin{aligned}
I &= I_{0,\text{eff}} \left[\exp \left(\frac{q}{A_{\text{eff}} k_{\text{B}} T} (U - R_{\text{S,eff}} I) \right) - 1 \right], \\
A_{\text{eff}} &= A_1 + A_2, \\
I_{0,\text{eff}} &= I_{0,1}^{\frac{A_1}{A_{\text{eff}}}} \cdot I_{0,2}^{\frac{A_2}{A_{\text{eff}}}}, \\
R_{\text{S,eff}} &= R_{\text{S},1} + R_{\text{S},2}
\end{aligned} \tag{7.8}$$

beschrieben werden.

Hinsichtlich der Definition des effektiven Sperrsättigungstroms lohnt sich ein genauer Blick auf dessen Eigenschaften. Nach Rau *et al.* [219] kann der Sperrsättigungsstrom einer Diode durch die Gleichung

$$I_{0,i} = I_{d0,i} \cdot \exp \left(- \frac{E_{\text{a},i}}{A_i k_{\text{B}} T} \right).$$

beschrieben werden. Die neu eingeführten Variablen sind ein Vorfaktor $I_{d0,i}$ und die Aktivierungsenergie $E_{\text{a},i}$. Allgemein kann die Aktivierungsenergie in organischen Solarzellen direkt [220] oder über einen Korrekturfaktor [221, 121] mit der Bandlücke E_g des Absorbers verknüpft werden. Der im Exponenten erscheinende Idealitätsfaktor A_i ändert sich dabei nicht [121, 220], da ein konstanter

Korrekturfaktor z ($z = 1$ [220, 222], $z = 2$ [121]) verwendet wird.

Ersetzt man nun die Aktivierungsenergie $E_{a,i}$ durch die entsprechende Bandlücke mit Korrekturfaktor z ($E_{a,i} = E_{g,i}/z$), kann der effektive Sperrsättigungsstrom mit

$$I_{0,\text{eff}} = I_{d0,1}^{\frac{A_1}{A}} I_{d0,2}^{\frac{A_2}{A}} \cdot \exp\left(-\frac{E_{g,\text{eff}}}{z A_{\text{eff}} k_B T}\right)$$

angegeben werden, wobei eine effektive Bandlücke definiert wurde:

$$E_{g,\text{eff}} = E_{g,1} + E_{g,2}.$$

Das erscheinen einer effektive Bandlücke ist konsistent zum beobachteten Verhalten einer Tandemzelle, bei der insbesondere die Leerlaufspannung von der Summe der einzelnen Bandlücken bestimmt wird. Auch das Ergebnis hinsichtlich des effektiven Diodenidealitätsfaktors stimmt mit dem der effektiven Diode überein. Dagegen kann die Bedeutung der Form des effektiven Vorfaktors nicht genauer erschlossen werden.

Mit dem Ergebnis der effektiven Diode wird nun erneut Gleichung 7.4 einschließlich der individuellen Parallel- und Photoströme ($I_{P,i} \neq 0$, $I_{Ph,i} \neq 0$) betrachtet und die linke Seite der Gleichung in die Form einer effektiven Diode gebracht:

$$I_{0,\text{eff}} \left[\exp\left(\frac{q}{A_{\text{eff}} k_B T}\left(U - R_{S,\text{eff}} I\right)\right) - 1\right]$$
$$= \left[\prod_{i=1,2} I_{x,i}^{\frac{A_i}{A_{\text{eff}}}}\right] - I_{0,\text{eff}}.$$

Auf der rechten der Gleichung sind in den $I_{x,i}$-Faktoren nun die Parallel- und Photoströme der Subzellen enthalten. Anstatt die Rechnung direkt anzugehen, lohnt es sich zuerst einmal das entsprechende Ersatzschaltbild in Abbildung 7.2 zu betrachten. Die beiden Subzellendioden sind durch eine effektive Diode ersetzt worden, d. h. die verbleibenden Teilströme $I_{P,i}$ und $I_{Ph,i}$ müssen die effektiven Teilströme $I_{P,\text{eff}}$ und $I_{Ph,\text{eff}}$ ergeben. Anstatt die letzte Gleichung weiter zu bearbeiten, ist es sinnvoller die Teilspannungen im Ersatzschaltbild zu betrachten. Da der Serienwiderstand bekannt ist, kann die Parallelspannung U_P aus

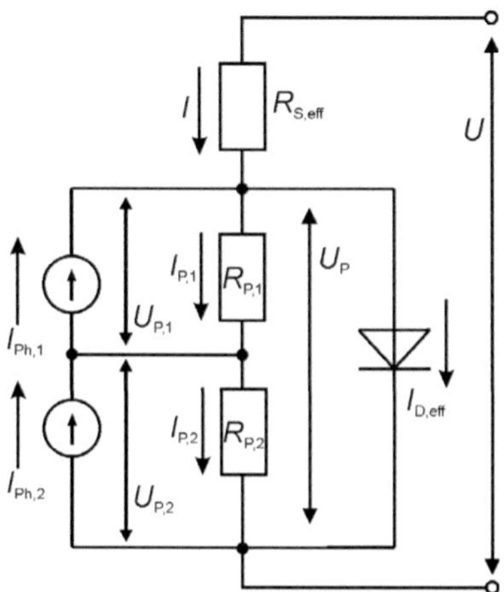

Abbildung 7.2: *Ersatzschaltbild einer Tandemzelle mit effektiver Diode.*

$$U = U_1 + U_2$$
$$U_\mathrm{P} + R_\mathrm{S,eff} I = U_\mathrm{P,1} + R_\mathrm{S,1} I + U_\mathrm{P,2} + R_\mathrm{S,2} I$$
$$U_\mathrm{P} = U_\mathrm{P,1} + U_\mathrm{P,2}.$$

bestimmt werden. Die Teilparallelspannungen $U_\mathrm{P,i}$ können auch durch die zugehörigen Teilströme $I_\mathrm{P,i}$ und Parallelwiderstände $R_\mathrm{P,i}$ ausgedrückt werden

$$U_P = R_{P,eff} I_\mathrm{P,eff} = R_\mathrm{P,1} I_\mathrm{P,1} + R_\mathrm{P,2} I_\mathrm{P,2}$$

mit $R_\mathrm{P,eff}$ als effektivem Parallelwiderstand und $I_\mathrm{P,eff}$ als effektivem Parallelstrom. Hieraus folgt unmittelbar der effektive Parallelwiderstand

$$R_{P,eff} = \frac{I_\mathrm{P,1}}{I_\mathrm{P,eff}} R_\mathrm{P,1} + \frac{I_\mathrm{P,2}}{I_\mathrm{P,eff}} R_\mathrm{P,2} \tag{7.9}$$

sowie der effektive Parallelstrom

$$I_\mathrm{P,eff} = \frac{U_\mathrm{P}}{R_\mathrm{P,eff}} = \frac{U - R_\mathrm{S,eff} I}{R_\mathrm{P,eff}}. \tag{7.10}$$

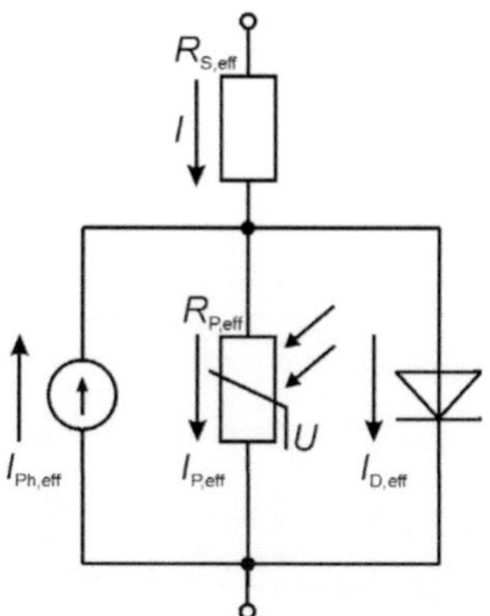

Abbildung 7.3: Allgemeines, effektives Tandemzellenersatzschaltbild mit effektiver Photostromquelle und effektiver Diode. Der Parallelwiderstand der Tandemzelle gleicht einem Photovaristor. "Effektives Modell"

Damit verbleibt nach Gleichung 3.3 für ein effektives Modell nur noch der effektive Photostrom als Unbekannte, der später bestimmt wird. Die Strom-Spannungsgleichung des effektiven Modells aus Abbildung 7.3 ist also

$$
\begin{aligned}
I = I_{0,\text{eff}} &\left[\exp\left(\frac{q}{A_{\text{eff}} k_{\text{B}} T} \left(U - R_{\text{S,eff}} I \right) \right) - 1 \right] \\
&+ \frac{U - R_{\text{S,eff}} I}{R_{\text{P,eff}}} - I_{\text{Ph,eff}}.
\end{aligned}
\tag{7.11}
$$

und entspricht Gleichung 3.3. Allerdings zeigt der effektive Parallelwiderstand (Gl. 7.9) nun Spannungs- und Beleuchtungsabhängigkeit, da Quotienten aus Subzellenparallelströmen und effektivem Parallelstrom auftreten. Die Auswirkung auf die Gültigkeit des effektiven Modells wird nachfolgend noch ausführlich diskutiert.

7.1.1 Effektiver Parallelwiderstand

Die Definition des Parallelwiderstands ist im effektiven Modell nach Gleichung 7.9

$$R_{P,eff}(U) = \frac{I_{\mathrm{P},1}}{I_{\mathrm{P,eff}}} R_{\mathrm{P},1} + \frac{I_{\mathrm{P},2}}{I_{\mathrm{P,eff}}} R_{\mathrm{P},2}$$

und hängt insbesondere von den Subzellenparallelströmen und dem effektiven Parallelstrom ab. Diese Gleichung wird bestimmen, ob das effektive Model anwendbar ist, da hieraus die Spannungs- und Beleuchtungsabhängigkeit des effektiven Parallelwiderstands folgt. Diese muss ausreichend vernachlässigbar sein, so dass die effektiven Diodenparameter bestimmt werden können (siehe hierzu Kapitel 7.2, S. 144).

Hierfür verantwortlich ist die Zusammenschaltung der Subzellendioden, da identische Subzellendiodenströme bei einer angelegten Spannung U mit den Teilspannungen U_1 und U_2 vorausgesetzt werden. Diese Spannungen bestimmen gleichzeitig die Parallelströme durch die Subzellen:

$$I_{\mathrm{D},1} = I_{\mathrm{D},2} = I_{\mathrm{D,eff}}$$
$$\implies U_1, U_2$$
$$I_{\mathrm{P};1,2} = \frac{U_{1,2} - R_{S;1,2}I}{R_{\mathrm{P};1,2}} = \frac{U_{\mathrm{P};1,2}}{R_{\mathrm{P};1,2}}.$$

Das kann dazu führen, dass die Gesamtströme durch die Subzellen nun nicht mehr gleich sind und die Subzellenparallelströme nicht dem effektiven Parallelstrom gleichen.

$$I_1 \neq I \neq I_2$$
$$\Longleftrightarrow$$
$$I_{\mathrm{P},1} \neq I_{\mathrm{P,eff}} \neq I_{\mathrm{P},2}.$$

Damit die Bedingung gleicher Subzellenströme erfüllt werden kann, muss gelten

$$I_1 = I = I_2$$
$$\Longleftrightarrow$$
$$I_{\mathrm{P},1} = I_{\mathrm{P,eff}} = I_{\mathrm{P},2}$$
$$\Longleftrightarrow$$
$$R_{\mathrm{P},1} \rightarrow \tilde{R}_{\mathrm{P},1}$$
$$R_{\mathrm{P},2} \rightarrow \tilde{R}_{\mathrm{P},2}.$$

Mit dem effektiven Parallelstrom übereinstimmende Subzellenparallelströme erfordern dann (virtuell) variable Subzellenparallelwiderstände $\widetilde{R}_{\mathrm{P},i}$:

$$U_{\mathrm{P};1,2} = R_{\mathrm{P};1,2} I_{\mathrm{P};1,2} = \widetilde{R}_{\mathrm{P};1,2} I_{\mathrm{P,eff}}$$
$$\implies \widetilde{R}_{\mathrm{P};1,2} = \frac{I_{\mathrm{P};1,2}}{I_{\mathrm{P,eff}}} R_{\mathrm{P};1,2}.$$

Hieraus folgt der effektive Parallelwiderstand in Termen der variablen Subzellenparallelwiderstände

$$R_{P,eff}(U) = \frac{I_{\mathrm{P},1}}{I_{\mathrm{P,eff}}} R_{\mathrm{P},1} + \frac{I_{\mathrm{P},2}}{I_{\mathrm{P,eff}}} R_{\mathrm{P},2} = \widetilde{R}_{\mathrm{P},1} + \widetilde{R}_{\mathrm{P},2}.$$

7.1.2 Effektiver Photostrom

Der effektive Photostrom wird aus

$$I_{\mathrm{Ph,eff}} = I_{\mathrm{D,eff}}\Big|_{U=0} + I_{\mathrm{P,eff}}\Big|_{U=0} - I_{\mathrm{SC}}. \tag{7.12}$$

bestimmt. Der Kurzschlussstrom der Tandemzelle wird wie bei Einzelzellen ohne angelegtes Potential bestimmt. Die Subzellen in der Tandemzelle werden sich aber in der Regel nicht am Kurzschlusspunkt befinden, sondern es gilt vielmehr:

$$U = 0 = U_1 + U_2 \iff U_1 = -U_2 = U_{\mathrm{SC}} \wedge I = I_{\mathrm{SC}}. \tag{7.13}$$

Erneut sind zwei Variablen unbekannt (U_{SC}, I_{SC}), daher werden zur Lösung zwei linear unabhängige Gleichungen benötigt (Gl. 7.15, Gl. 7.14). Aus diesen Randbedingungen folgt mit Gleichung 3.1 für identische Subzellenströme

$$[I_{\mathrm{D},1} + I_{\mathrm{P},1} - I_{\mathrm{Ph},1}]_{U_1=U_{\mathrm{SC}}} = [I_{\mathrm{D},2} + I_{\mathrm{P},2} - I_{\mathrm{Ph},2}]_{U_2=-U_{\mathrm{SC}}}$$

der allgemeine Ausdruck für die Subzellenkurzschlussspannung

$$U_{\mathrm{SC}} = -\frac{R_{\mathrm{P},1}R_{\mathrm{P},2}}{R_{\mathrm{P},1} + R_{\mathrm{P},2}} \left(I_{\mathrm{D},1}\Big|_{U_1=U_{\mathrm{SC}}} - I_{\mathrm{D},2}\Big|_{U_2=-U_{\mathrm{SC}}} + I_{\mathrm{Ph},2} - I_{\mathrm{Ph},1} + \left(\frac{R_{\mathrm{S},2}}{R_{\mathrm{P},2}} - \frac{R_{\mathrm{S},1}}{R_{\mathrm{P},1}} \right) I_{\mathrm{SC}} \right).$$

$$(7.14)$$

In den Diodenströmen ist ebenfalls die Subzellenkurzschlussspannung enthalten, wodurch die vorige Gleichung numerisch für U_{SC} gelöst werden muss. Die so gefundene Lösung wird in die Strom-Spannungsgleichung einer beliebigen Subzelle eingesetzt, wobei auf das nötige Vorzeichen zu achten ist. Damit ist der Kurzschlussstrom der Tandemzelle

$$I_{\mathrm{SC}} = I_{0,\mathrm{i}}\left[exp\left(\frac{q}{A_{\mathrm{i}}k_{\mathrm{B}}T}\left(-(-1)^i U_{\mathrm{SC}} - R_{\mathrm{S},\mathrm{i}}I_{\mathrm{SC}}\right)\right) - 1\right] + \frac{-(-1)^i U_{\mathrm{SC}} - R_{\mathrm{S},\mathrm{i}}I_{\mathrm{SC}}}{R_{\mathrm{P},\mathrm{i}}} - I_{\mathrm{Ph},\mathrm{i}}\Bigg|_{i=1\vee 2}.$$

$$(7.15)$$

Nachdem der Kurzschlussstrom und der effektive Diodenstrom bekannt sind, ist noch der effektive Parallelstrom zu bestimmen. Jedoch enthält der allgemeine Ausdruck für den effektiven Parallelstrom bereits den effektiven Photostrom (Gl. 7.10).

$$R_{\mathrm{P},\mathrm{eff}}(U) = \frac{U - R_{\mathrm{S},\mathrm{eff}}I}{I_{\mathrm{P},\mathrm{eff}}} = \frac{U - R_{\mathrm{S},\mathrm{eff}}I}{I - I_{\mathrm{D},\mathrm{eff}} + I_{\mathrm{Ph},\mathrm{eff}}} \qquad (7.16)$$

Beide Größen sind linear abhängig und machen eine alternative Vorgehensweise notwendig. Der effektive Parallelstrom am Kurzschlusspunkt kann auch aus der dort bestimmten Steigung $m(U = 0)$ der Strom-Spannungskennlinie bestimmt werden, analog zu Einzelzellen:

$$m(0) = \frac{1}{R} = \frac{dI(U)}{dU}\Big|_{U=0} = \frac{dI_{\mathrm{SC}}(U_{\mathrm{SC}})}{dU_{\mathrm{SC}}}. \qquad (7.17)$$

Die Steigung am Kurzschlusspunkt enthält neben dem Parallelwiderstand auch den Serienwiderstand, der herausgerechnet werden muss.

$$R = R_{\mathrm{P},\mathrm{eff}}(0) + R_{\mathrm{S},\mathrm{eff}}$$

$$R_{\mathrm{P},\mathrm{eff}}(0) = \frac{1}{m(0)} - R_{\mathrm{S},\mathrm{eff}}.$$

Damit folgt der effektive Parallelstrom

$$I_{\mathrm{P,eff}}\Big|_{U=0} = -\frac{R_{\mathrm{S,eff}}}{R_{\mathrm{P,eff}}(0)}I_{\mathrm{SC}} = -\frac{m(0)R_{\mathrm{S,eff}}}{1-m(0)R_{\mathrm{S,eff}}}I_{\mathrm{SC}}$$

und schließlich der gesuchte effektive Photostrom aus Gleichung 7.12

$$I_{\mathrm{Ph,eff}} = I_{\mathrm{D,eff}}\Big|_{U=0} - \frac{1}{1-m(0)R_{\mathrm{S,eff}}}I_{\mathrm{SC}}. \qquad (7.18)$$

7.2 Modellanwendung und Gültigkeit

Die Gültigkeit des effektiven Modells soll nun genauer untersucht werden. Dazu werden zwei Solarzellen mit den Parametern $I_{0,i}$, A_i, $R_{\mathrm{S},i}$, $R_{\mathrm{P},i}$ und $I_{\mathrm{Ph},i}$ gemäß dem Schaltkreis aus Abbildung 3.5 als gegeben angenommen und die Strom-Spannungskennlinie der Tandemzelle (Abb. 7.1) exakt berechnet. Des weiteren wird nach dem Schaltbild aus Abbildung 7.3 eine effektive Solarzelle angenommen und an die exakte generierte Tandemzellen-Kennlinie angepasst. Aus dieser werden die effektiven Parameter entnommen. Außerdem werden auf analytischem Wege aus den Ausgangsdaten zur Generierung der Tandemzellekennlinie ebenfalls die Parameter im effektiven Modell bestimmt. Die Parameter des effektiven Modells aus den beiden unterschiedlichen Methoden werden schließlich miteinander verglichen. Sofern das effektive Modell anwendbar ist, sollten diese übereinstimmen. Das gesamte Verfahren ist schematisch in Abbildung 7.4 zusammengefasst.

Zunächst wird aus dem Ausgangsmodell die Tandemzellenkennlinie bestimmt. Dazu müssen die Strom-Spannungsgleichungen (Gl. 3.3) beider Subzellen gelöst werden.

$$\begin{aligned} I(U_1) &= I_{\mathrm{D,1}}(U_1) + I_{\mathrm{P,1}}(U_1) - I_{\mathrm{Ph,1}} \\ I(U_2) &= I_{\mathrm{D,2}}(U_2) + I_{\mathrm{P,2}}(U_2) - I_{\mathrm{Ph,2}} \end{aligned} \qquad (7.19)$$

Mit der Identität

$$U = U_1 + U_2 \implies U_2 = U - U_1$$

wird U_2 ersetzt und es verbleiben bei zwei Gleichung zwei Unbekannte: U_1

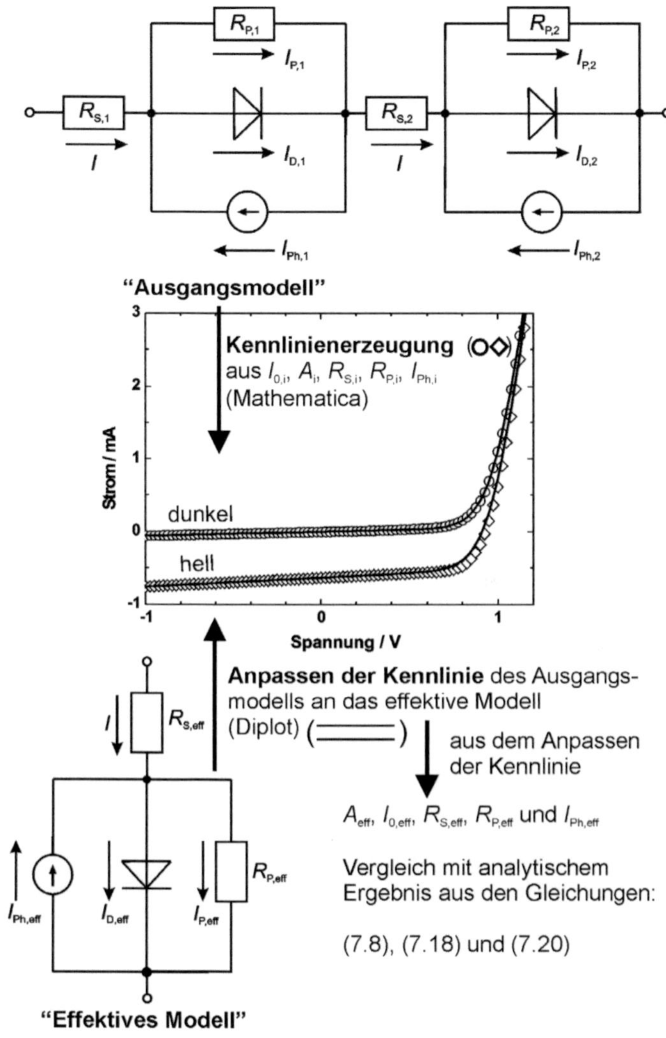

Abbildung 7.4: Schematische Erklärung zum Vergleich des Ausgangsmodells mit dem effektiven Modell.

und I für die die Gleichungen numerisch für jede Spannung U gelöst werden müssen. Die numerische Lösung von Gleichung 7.19 erfolgt mit Mathematica. Zur Prüfung der Methodik wurde ein entsprechendes vollständiges Ersatzschaltbild des Ausgangsmodells mit "LT Spice IV" [211] nachgebildet und die Strom-Spannungskennlinie generiert. Zusätzlich wurde die Tandemzellenkennlinie graphisch durch Addition der in Diplot generierten Einzelzellen simuliert. Das Ergebnis aller drei Lösungswege ist identisch (ohne Abbildung). Für das effektive Modell wird ebenfalls Gleichung 3.3 verwendet

$$I = I_{\mathrm{D,eff}} + I_{\mathrm{P,eff}} - I_{\mathrm{Ph,eff}}$$

wobei der effektive Parallelwiderstand auf Grund fehlender Kenntnis der Spannungsabhängigkeit für den Anfang als Summe der Subzellenparallelwiderstände gewählt wird.

$$R_{\mathrm{P,eff}} = R_{\mathrm{P,1}} + R_{\mathrm{P,2}} \tag{7.20}$$

Diese Relation gilt stets bei Sperrspannung wegen vernachlässigbar kleinen Subzellendiodenströmen $I_{\mathrm{D;1,2}}$ und ohne Beleuchtung (ohne Photoströme).

Das Ergebnis aus Gleichung 7.19 wird als Eingabe für Diplot [201] verwendet, das Kennlinien an das Eindiodenmodell über die Parameter I_0, A, R_{S}, R_{P} und I_{Ph} anpasst. Die Parameter aus Diplot können anschließend mit den analytisch bestimmten Parametern des effektiven Modells verglichen werden. Dies erfolgt nach

effektive Größe		Subzelle 1		Subzelle 2	Gleichung Nr.
A_{eff}	$=$	A_1	$+$	A_2	(7.8)
$I_{0,\mathrm{eff}}$	$=$	$I_{0,1}^{\frac{A_1}{A_{\mathrm{eff}}}}$	$\cdot$	$I_{0,2}^{\frac{A_2}{A_{\mathrm{eff}}}}$	(7.8)
$R_{\mathrm{S,eff}}$	$=$	$R_{\mathrm{S,1}}$	$+$	$R_{\mathrm{S,2}}$	(7.8)
$R_{\mathrm{P,eff}}$	$=$	$R_{\mathrm{P,1}}$	$+$	$R_{\mathrm{P,2}}$	(7.20)

und

effektiver Photostrom	**Gleichung Nr.**

$$I_{\text{Ph,eff}} = I_{\text{D,eff}}(0) - \frac{1}{1-m(0)R_{\text{S,eff}}}I_{\text{SC}} \qquad (7.18).$$

Für den Anfang ist es einfacher, eine Tandemzelle ohne Beleuchtung zu betrachten und sich auf die Bestimmung der Dioden- und Widerstandsparameter zu beschränken. Die Ergebnisse werden anschließend im Fall mit Beleuchtung benötigt. Anhand zweier Beispiele soll allgemein motiviert werden: Das effektive Modell gilt, sofern die Diodenparameter in ausreichender Genauigkeit aus der Dunkelkennlinie bestimmt werden können, d.h. der Diodenstrom kann ausreichend genau und in Abhängigkeit der angelegten Spannung U bestimmt werden. Ist dies der Fall, kann das effektive Modell auch bei Beleuchtung angewandt werden. Eine allgemeine Beschreibung zum Test des effektiven Modells und seiner Anwendung ist in Kapitel 7.3 auf S. 157 zusammengefasst.

7.2.1 Ohne Beleuchtung

Zum Vergleich der Modelle ist es sinnvoll anschauliche Größen zu entwickeln. Hierzu zählt die Abweichung der Ströme ratio_I beider Modelle (Ausgangsmodell I_{initial}, effektives Modell I_{eff})

$$\text{ratio}_I = \frac{I_{\text{initial}}}{I_{\text{eff}}} - 1 \qquad (7.21)$$

sowie das Verhältnis des *spannungsabhängigen* effektiven Parallelwiderstands

$$\text{ratio}_R = \left| \frac{\frac{I_{\text{P,1}}}{I_{\text{P,eff}}}R_{\text{P,1}} + \frac{I_{\text{P,2}}}{I_{\text{P,eff}}}R_{\text{P,2}}}{R_{\text{P,1}} + R_{\text{P,2}}} - 1 \right| \qquad (7.22)$$

zum *spannungsunabhängigen* effektiven Parallelwiderstand in Sperrrichtung nach Gleichung 7.20

$$R_{\text{P,eff}} = R_{\text{P,1}} + R_{\text{P,2}}.$$

In Sperrrichtung stimmen spannungsunabhängiger und spannungsabhängiger effektiver Parallelwiderstand überein, d.h. für die Ströme über die Parallelwiderstände gilt:

$$I_{\mathrm{P},1} = I_{\mathrm{P},2} = I_{\mathrm{P,eff}} \implies \mathrm{ratio}_R = 0.$$

Die Subzellenparameter[1] des ersten Beispiels sind im oberen Teil der Tabelle 7.1a aufgelistet. Die effektiven Parameter aus dem Anpassen der Kennlinie an das Eindiodenmodell sowie die analytisch bestimmten Parameter des effektiven Modells befinden sich im unteren Teil der Tabelle. Zusätzlich wird für die betrachteten Fälle auch die Summe der Fehlerquadrate f^2 aus dem Anpassen der Kennlinien mitangegeben. Aus diesen Daten wurden mit Hilfe der vorher definierten Gleichungen die Abbildungen 7.5a (Gl. 7.21) und 7.5b (Gl. 7.22) erzeugt und die vier Szenarien $\mathbf{a}_1$, $\mathbf{b}_1$, $\mathbf{c}_1$ und $\mathbf{d}_1$ hervorgehoben. Der in Abbildung 7.5b genutzte Farbcode wird zur Codierung der Oberfläche von Abbildung 7.5a übernommen. Zusammen mit dem Farbcode wird aus Abbildung 7.5a ersichtlich, dass die Abweichung der Modellströme mit der Spannungsabhängigkeit (entspricht Änderung der Farbe entlang einer Linie, z. B. $\mathbf{a}_1$) des effektiven Parallelwiderstands korreliert. Darüber hinaus spielt der Endwert des effektiven Parallelwiderstands nach Einsetzen der Diodenströme keine Rolle, da in diesem Spannungsbereich der Gesamtstrom hauptsächlich durch die Diodenströme ($I_{\mathrm{D},i} \gg I_{\mathrm{P},i}$) bestimmt wird. Die Abbildungen 7.6 zeigen die Kennlinien der vorgestellten Szenarien. Bei linearer Auftragung (Abb. 7.6a) ist zwischen den Modellen nur in den Szenarien $\mathbf{a}_1$ und $\mathbf{b}_1$ im Bereich von 0,4 bis 0,8 V ein sichtbarer Unterschied festzustellen. Zur genaueren Analyse bietet sich die semilogarithmische Auftragung der Kennlinien an (Abb. 7.6b), die die Abweichungen leichter sichtbar werden lässt. Hier zeigt sich in Konsistenz zu den f^2-Werten und Abbildung 7.5 eine genauere Übereinstimmung für größere Parallelwiderstände $R_{\mathrm{P},2}$ bzw. für Bereiche ohne signifikante Spannungsabhängigkeit des effektiven Parallelwiderstands.   Um den Einfluss der Diodeneigenschaften aufzuzeigen, wird anstatt $R_{\mathrm{P},2}$ nun $R_{\mathrm{P},1}$ variiert (Tab. 7.1b) während $R_{\mathrm{P},2}$ mit 8 kΩ konstant verbleibt. Die Analyse erfolgt wie zuvor. Die Ergebnisse hinsichtlich der Modellstromabweichungen und des effektiven Parallelwiderstands sind in Abbildung 7.7 gezeigt. Wie im ersten Beispiel korrelieren die Modellstromabweichungen mit der Spannungsabhängigkeit des effektiven Parallelwi-

---

[1]Die Subzellenparameter orientieren sich zwar an den Werten organischer Solarzellen, sind aber bewusst stellenweise derart abgeändert, dass die Problematik des effektiven Modells anschaulich hervorgehoben werden kann.

		$I_{0,i}$ [nA]	A_i	$R_{S,i}$ [Ω]	$R_{P,i}$ [kΩ]	f^2
Subzelle 1		10	1,2	20	8	-/-
Subzelle 2	$\mathbf{a}_1$	1	1,7	15	1,2	-/-
	$\mathbf{b}_1$				5	
	$\mathbf{c}_1$				8	
	$\mathbf{d}_1$				16	
		$I_{0,\text{eff}}$ [nA]	A_{eff}	$R_{S,\text{eff}}$ [Ω]	$R_{P,\text{eff}}$ [kΩ]	f^2
analytisch	$\mathbf{a}_1$	2,6	2,9	35	9,2	-/-
	$\mathbf{b}_1$				13	
	$\mathbf{c}_1$				16	
	$\mathbf{d}_1$				24	
fit	$\mathbf{a}_1$	26	3,5	34	8,3	$4,0 \cdot 10^{-7}$
	$\mathbf{b}_1$	3,1	2,9	35	13	$3,4 \cdot 10^{-9}$
	$\mathbf{c}_1$	2,7	2,9	35	16	$1,8 \cdot 10^{-10}$
	$\mathbf{d}_1$	2,6	2,9	35	24	$4,0 \cdot 10^{-13}$

(a) Daten zur Erstellung der Abbildungen 7.5 und der Tandemzellenkennlinie (Abb. 7.6).

		$I_{0,i}$ [nA]	A_i	$R_{S,i}$ [Ω]	$R_{P,i}$ [kΩ]	f^2
Subzelle 2		1	1,7	15	8	-/-
Subzelle 1	$\mathbf{a}_2$	10	1,2	20	1,2	-/-
	$\mathbf{b}_2$				5	
	$\mathbf{c}_2$				8	
	$\mathbf{d}_2$				16	
		$I_{0,\text{eff}}$ [nA]	A_{eff}	$R_{S,\text{eff}}$ [Ω]	$R_{P,\text{eff}}$ [kΩ]	f^2
analytisch	$\mathbf{a}_2$	2,6	2,9	35	9,2	-/-
	$\mathbf{b}_2$				13	
	$\mathbf{c}_2$				16	
	$\mathbf{d}_2$				24	
fit	$\mathbf{a}_2$	5,1	3,0	35	9	$2,6 \cdot 10^{-8}$
	$\mathbf{b}_2$	2,6	2,9	35	13	$4,8 \cdot 10^{-13}$
	$\mathbf{c}_2$	2,7	2,9	35	16	$1,8 \cdot 10^{-10}$
	$\mathbf{d}_2$	3,0	2,9	35	23	$2,3 \cdot 10^{-9}$

(b) Daten zur Erstellung der Abbildungen 7.7.

Tabelle 7.1: *Jeweils oben:* Ausgangswerte der Subzellen zur Erstellung der Kennlinien. *Jeweils unten:* Analytisch berechnete und aus dem Fit bestimmte Parameter des effektiven Modells.

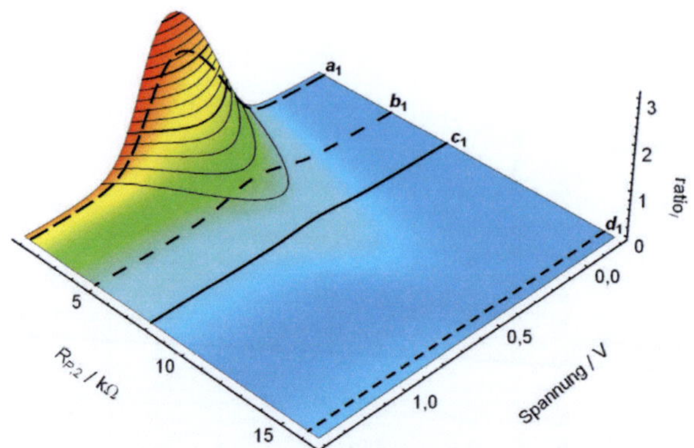

(a) Relative Abweichung ratio_I (Gl. 7.21) des Stroms im Ausgangsmodell I_{initial} gegenüber dem Strom des effektiven Modells I_{eff}.

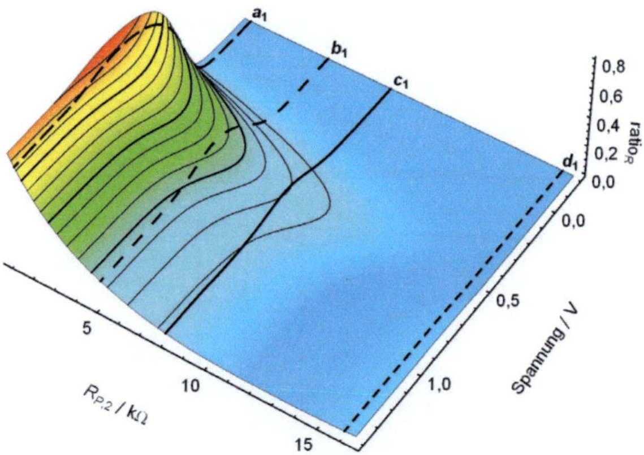

(b) Relative Abweichung ratio_R des spannungsabhängigen effektiven Parallelwiderstands (Gl. 7.22) vom effektiven Parallelwiderstand in Sperrrichtung (Gl. 7.20).

Abbildung 7.5: Korrelation der Abweichung der Ströme aus dem Ausgangsmodell und dem effektiven Modell durch die Spannungsabhängigkeit des effektiven Parallelwiderstands (Werte aus Tabelle 7.1a). Für große Abweichung wie im Fall $\mathbf{a}_1$ kann das effektive Modell nicht verwendet werden.

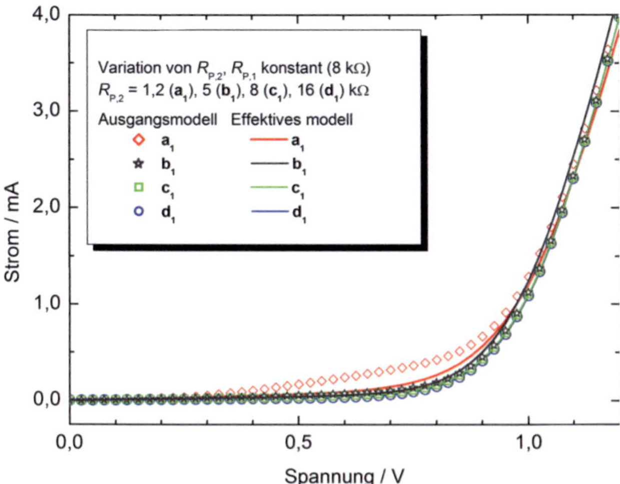

(a) Linear aufgetragene Kennlinie. Nur im Fall a_1 sind Abweichungen zwischen den Modellen wahrnehmbar.

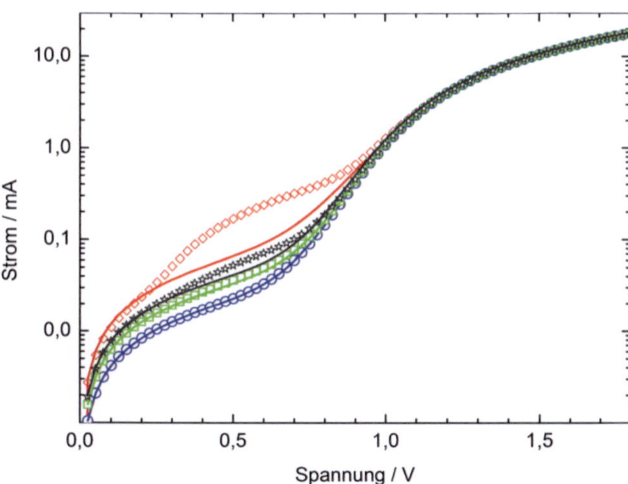

(b) Semilogarithmische Auftragung. Selbst geringe Abweichungen zwischen den Modellströmen sind sichtbar.

Abbildung 7.6: *Linear und semilogarithmisch aufgetragene Kennlinien der Beispiele aus Tabelle 7.1a.*

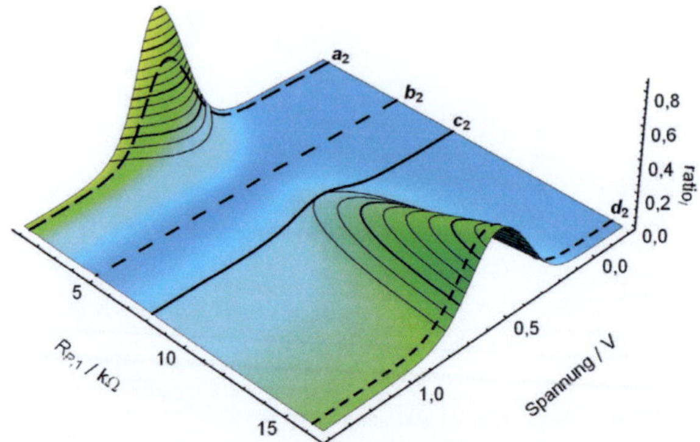

(a) Relative Abweichung ratio_I (Gl. 7.21) des Stroms im Ausgangsmodell I_{initial} gegenüber dem Strom des effektiven Modells I_{eff}.

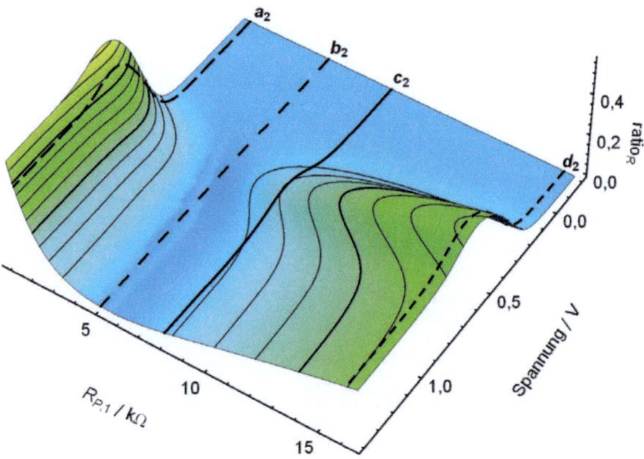

(b) Relative Abweichung ratio_R des spannungsabhängigen effektiven Parallelwiderstands (Gl. 7.22) vom effektiven Parallelwiderstand in Sperrrichtung (Gl. 7.20).

Abbildung 7.7: Korrelation der Abweichung der Ströme aus dem Ausgangsmodell und dem effektiven Modell durch die Spannungsabhängigkeit des effektiven Parallelwiderstands (Werte aus Tabelle 7.1b). Gegenüber Abbildung 7.5a, führen in diesem Beispiel große, abweichende Subzellenparallelwiderständen zu Fehlern des Stroms im effektiven Modell.

	$R_{\mathrm{P,i}}$ [kΩ]			$I_{\mathrm{Ph,i}}$ [mA]	f^2
Subzelle 1	8	-/-	-/-	1,5	-/-
$\mathbf{b}_1^{ill,1.0}$				1,0	
Subzelle 2 $\mathbf{b}_1^{ill,1.5}$	5	-/-	-/-	1,5	-/-
$\mathbf{b}_1^{ill,2.0}$				2,0	
	$R_{\mathrm{P,eff}}(U)$ [kΩ] konstant	bei -2 V	bei 0 V	$I_{\mathrm{Ph,eff}}$ [mA]	f^2
$\mathbf{b}_1^{ill,1.0}$	-/-	5,2	5,1	1,07	
analytisch $\mathbf{b}_1^{ill,1.5}$	-/-	13	12,9	1,50	-/-
$\mathbf{b}_1^{ill,2.0}$	-/-	8,2	8,1	1,57	
$\mathbf{b}_1^{ill,1.0}$	5,2	-/-	-/-	1,07	$2,5 \cdot 10^{-7}$
fit $\mathbf{b}_1^{ill,1.5}$	13	-/-	-/-	1,50	$7,2 \cdot 10^{-9}$
$\mathbf{b}_1^{ill,2.0}$	8,2	-/-	-/-	1,57	$3,5 \cdot 10^{-7}$

Tabelle 7.2: *Oben:* Ausgangswerte der Subzellen zur Erstellung der Tandemzellenkennlinien aus Abbildung 7.8. Die Werte für $I_{0,\mathrm{i}}$, A_{i} und $\mathrm{R}_{S,i}$ wurden aus Tabelle 7.1a ($\mathbf{b}_1$) entnommen.
Unten: Analytisch berechnete und aus dem Fit bestimmte Parameter des effektiven Modells.

derstands. Allerdings ist die in den Abbildungen 7.7 dargestellte Situation verschieden: signifikante Abweichungen der Modellströme treten auch für weiter wachsende Widerstände $R_{\mathrm{P,1}}$ auf. Somit wird klar, dass ein klarer Rahmen bezogen auf die Gültigkeit des effektiven Modells nicht existiert und der Übergang zwischen "gültig" und "ungültig" fließend ist. Allerdings kann anhand semilogarithmischer Kennlinien wie in Abbildung 7.6 die Anwendbarkeit des Modells leicht überprüft werden. Daneben gilt es zu bemerken, dass geringe Spannungsabhängigkeiten des effektiven Parallelwiderstands die Gültigkeit des effektiven Modells nicht wesentlich beeinflussen, so dass die Eigenschaften der effektiven Diode hinreichend genau bestimmt werden können.

7.2.2 Mit Beleuchtung

Der Fall mit Beleuchtung lässt sich auf die Betrachtung zweier Szenarien reduzieren: gleiche und ungleiche Subzellenphotoströme. Wesentlich hieran ist, dass der effektive Parallelwiderstand in Sperrrichtung bei Beleuchtung nicht mit dem ohne Beleuchtung übereinstimmen muss. Diese beleuchtungsabhängige Eigenschaft des effektiven Parallelwiderstands wird im Folgenden nun ausführlich in Bezug auf die Gültigkeit des effektiven Modells erörtert.
Als Grundlage werden die Subzellenparameter für $I_{0,\mathrm{i}}$, A_{i}, $R_{\mathrm{S,i}}$ und $R_{\mathrm{P,i}}$ aus Ta-

belle 7.1a für das Szenario $\mathbf{b}_1$ übernommen. Die relevanten Werte (Subzellenparallelwiderstände und Subzellenphotoströme) für das betrachtete Szenario sind im oberen Teil von Tabelle 7.2 zusammengefasst. Im unteren Teil der Tabelle befinden sich die aus dem Anpassen der Kennlinie gewonnenen sowie die analytisch errechneten Werte des zugehörigen effektiven Modells. Abbildung 7.8 zeigt die Kennlinien der betrachteten Szenarien. Als Ausgangswerte für die Photoströme wurde für Subzelle **1** ein Strom von 1,5 mA und für Subzelle **2** ein Strom von 1,0 / 1,5 / 2,0 mA gewählt. Unabhängig vom Szenario stimmen die analytischen Parameter des effektiven Modells hervorragend mit denen aus dem Anpassen der Kennlinie an das Eindiodenmodell gewonnenen Parameter überein. Jedoch zeigt der effektive Parallelwiderstand nun eine Beleuchtungsabhängigkeit, die auf voneinander abweichenden Subzellenphotoströmen beruht. Dieses Verhalten ist die Folge der Strombegrenzung durch eine der Subzellen. Hierzu soll zur Erklärung Abbildung 7.9 betrachtet werden. Subzelle **2** befindet sich zwischen den Punkten **A** und **B** in Sperrrichtung und begrenzt dort den Strom der Tandemzelle während Subzelle **1** in Vorwärtsrichtung nahe ihrer Leerlaufspannung betrieben wird.

Die Strombegrenzung der Tandemzelle durch Subzelle **2** führt dazu, dass die Steigung der Tandemzellenkennlinie in etwa der von Subzelle **2** entspricht. Demnach ist zwischen zwei passend gewählten Punkten **A** und **B** der effektive Parallelwiderstand nach Addition der Teilspannung zur Gesamtspannung der Tandemzelle ($U_{\mathrm{T,A;B}}$) bei jeweils gleichen Strömen I_{A} und I_{B}

$$
\begin{aligned}
R_{\mathrm{P,eff}} &= \frac{U_{\mathrm{T,B}} - U_{\mathrm{T,A}}}{I_{\mathrm{B}} - I_{\mathrm{A}}} = \frac{(U_{2,\mathrm{B}} + U_{1,\mathrm{B}}) - (U_{2,\mathrm{A}} + U_{1,\mathrm{A}})}{I_{\mathrm{B}} - I_{\mathrm{A}}} \\
&= \frac{U_{2,\mathrm{B}} - U_{2,\mathrm{A}} + (U_{1,\mathrm{B}} - U_{1,\mathrm{A}})}{I_{\mathrm{B}} - I_{\mathrm{A}}} \gtrsim \frac{U_{2,\mathrm{B}} - U_{2,\mathrm{A}}}{I_{\mathrm{B}} - I_{\mathrm{A}}} = R_{\mathrm{P},2}.
\end{aligned}
\tag{7.23}
$$

Sofern der Spannungsabfall an Subzelle **1** ($|U_{1,\mathrm{B}} - U_{1,\mathrm{A}}|$) gegenüber dem von Subzelle **2** ($|U_{2,\mathrm{B}} - U_{2,\mathrm{A}}|$) klein ist, wird die Kennliniensteigung im Wesentlichen von Subzelle **2** bestimmt. Jedoch führt der nicht vollständig vernachlässigbare Spannungsabfall an Subzelle **1** zu einer leichten Spannungsabhängigkeit des effektiven Parallelwiderstands.

Im Fall gleicher Photoströme ($\mathbf{b}_1^{ill,1,5}$) kann der Spannungsabfall $|U_{1,\mathrm{B}} - U_{1,\mathrm{A}}|$ an Subzelle **1** nicht mehr vernachlässigt werden, da diese nun nicht mehr wie im vorigen Fall zwangsläufig nahe ihres Leerlaufpunktes arbeiten muss. Damit er-

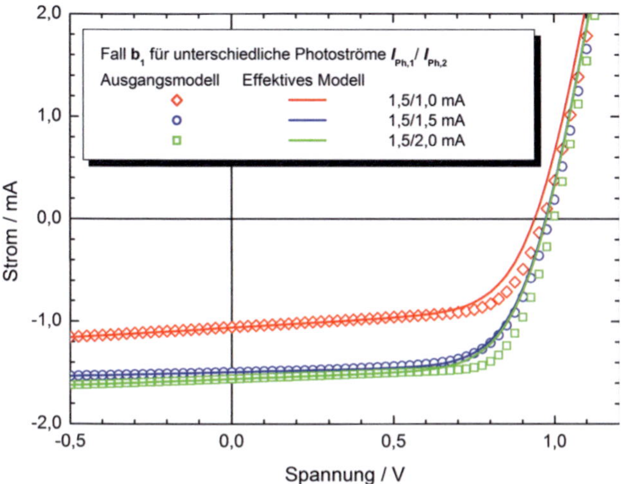

(a) Effektives Modell mit spannungsunabhängigem effektivem Parallelwiderstand.

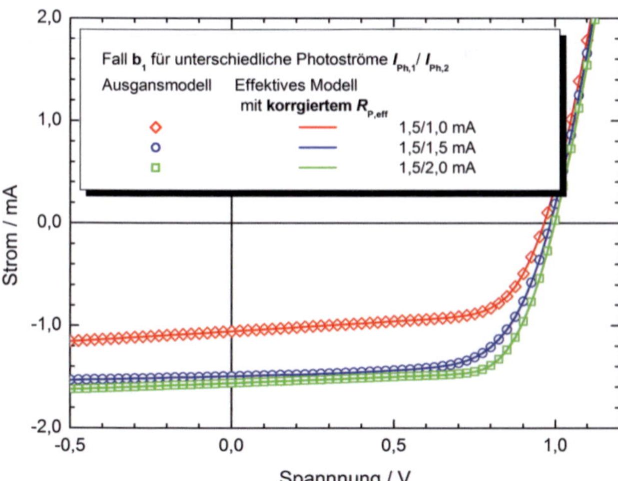

(b) Effektives Modell mit korrigiertem effektivem Parallelwiderstand nach Gleichung 7.16

Abbildung 7.8: *Ausgangsmodell und effektives Modell bei Beleuchtung.*

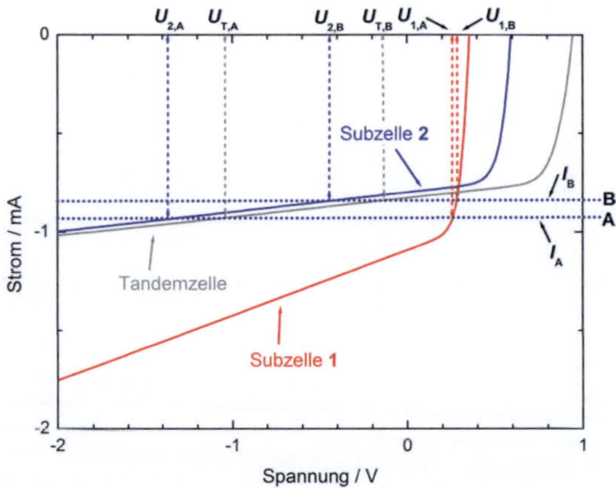

Abbildung 7.9: Konstruktion des effektiven Parallelwiderstands bei Beleuchtung aus den Subzellenkennlinien. Für negative Spannungen dominiert der Parallelwiderstand der strombegrenzenden Subzelle den der Tandemzelle, da die an der anderen Zelle anliegende Spannung sich nur geringfügig ändert (Gl. 7.23).

gibt sich der selbe Fall wie ohne Beleuchtung: bei Sperrspannung[2] addieren sich die Subzellenparallelwiderstände zum effektiven Parallelwiderstand (Gl. 7.20):

$$R_{\mathrm{P,eff}} = \frac{U_{2,\mathrm{B}} - U_{2,\mathrm{A}} + (U_{1,\mathrm{B}} - U_{1,\mathrm{A}})}{I_\mathrm{B} - I_\mathrm{A}}$$

$$\Downarrow$$

$$R_{\mathrm{P,eff}} = \frac{U_{1,\mathrm{B}} - U_{1,\mathrm{A}}}{I_\mathrm{B} - I_\mathrm{A}} + \frac{U_{2,\mathrm{B}} - U_{2,\mathrm{A}}}{I_\mathrm{B} - I_\mathrm{A}}$$
$$\approx R_{\mathrm{P},1} + R_{\mathrm{P},2}$$

Die Kennlinien beider Modelle stimmen zum Großteil überein (Abb. 7.8a), jedoch ist bei 0,8 V ein sichtbarer Unterschied zwischen den Modellströmen durch die Spannungsabhängigkeit des effektiven Parallelwiderstands erkennbar. Diese Diskrepanz kann durch die Kenntnis der effektiven Diodenparameter (aus

---

[2] Bzw. Spannungen $U_{1;2}$ die ausreichend kleiner als die Leerlaufspannung $U_{\mathrm{OC},1;2}$ sind, bei denen die Steigung der Subzellenkennlinien ausschließlich durch deren jeweiligen Subzellenparallelwiderstand bestimmt wird.

Tabelle 7.1a, $\mathbf{b}_1$) und des effektiven Photostroms (Tabelle 7.2, bzw. Gl. 7.18) korrigiert werden. Diese werden zunächst in Gleichung 7.16 eingesetzt, mit der anschließend für jedes Strom-Spannungswertepaar (aus der Kennlinie des Ausgangsmodells) der effektive Parallelwiderstand berechnet wird. Der so bestimmte spannungsabhängige effektive Parallelwiderstand wird nun zusammen mit den effektiven Diodenparametern und dem effektiven Photostrom in Gleichung 7.8 eingesetzt, die dann für die Spannungen U numerisch gelöst wird. Nach dieser Prozedur wurde Abbildung 7.8b erstellt, die nun eine hervorragende Übereinstimmung der Kennlinien aus dem Ausgangsmodell und dem effektiven Modell zeigt.

Die Eigenschaften des effektiven Parallelwiderstands haben einen interessanten Aspekt: sofern die Subzellenkurzschlussströme im Wesentlichen von ihren zugehörigen Photoströmen bestimmt werden, kann anhand des effektiven Parallelwiderstands die Übereinstimmung der Subzellenphotoströme überprüft werden. Weicht dieser von dem aus der Dunkelkennlinie bestimmten ab, deutet dies auf nicht übereinstimmende Subzellenphotoströme hin. Bei beleuchtungsunabhängigen effektiven Parallelwiderständen stimmen die Subzellenphotoströme überein.

Zusammengefasst gilt: das effektive Modell ist immer anwendbar wenn:

1. Die Parameter der effektiven Diode in ausreichender Genauigkeit ohne Beleuchtung bestimmt werden können, d.h. Ausgangskennlinie und Kennlinie des effektiven Modells stimmen bei semilogarithmischer Stromauftragung gut überein,

2. Der effektive Photostrom bekannt ist.

7.3 Anleitung zur Anwendung des effektiven Modells

Die allgemeine Methodik zum Test und zur Anwendung des effektiven Modells kann in 5 Schritte zusammengefasst werden. Dabei ist die Voraussetzung für die Anwendbarkeit des effektiven Modells, dass die Parameter der Diode hinreichend genau (vorwiegend aus der Dunkelkennlinie) bestimmt werden können.

1. Notwendige Ausgangsdaten

   (a) Experimentelle Dunkelkennlinie und Hellkennlinie der Tandemzelle oder des Moduls **oder**

   (b) Vollständiger Parametersatz der Subzellen, aus dem Dunkel- und Hellkennlinien generiert werden können

2. Bestimmung der effektiven Diodenparameter aus der Dunkelkennlinie

   (a) Aus Kennlinie: Anpassen (d.h. Fitten der Kennlinie, z. B. Diplot) des effektiven Modells an die experimentelle (oder generierte) Dunkelkennlinie. Hieraus folgen dann die Werte für $I_{0,\mathrm{eff}}$, A_{eff}, $R_{\mathrm{S,eff}}$ und $R_{\mathrm{P,eff}}$ (spannungsunabhängig!).

   (b) Rechnerisch aus den Subzellenparametern: Nutzung von Gleichung 7.8 um die Werte für $I_{0,\mathrm{eff}}$, A_{eff}, $R_{\mathrm{S,eff}}$ und Gleichung 7.20 um die den Wert für $R_{\mathrm{P,eff}}$ (spannungsunabhängig!) zu bestimmen:

$$
\begin{array}{cccc}
\textbf{effektiv} & \textbf{Subzelle 1} & & \textbf{Subzelle 2} \\
A_{\mathrm{eff}} & = & A_1 & + & A_2 \\
I_{0,\mathrm{eff}} & = & I_{0,1}^{\frac{A_1}{A_{\mathrm{eff}}}} & \cdot & I_{0,2}^{\frac{A_2}{A_{\mathrm{eff}}}} \\
R_{\mathrm{S,eff}} & = & R_{\mathrm{S},1} & + & R_{\mathrm{S},2} \\
R_{\mathrm{P,eff}} & = & R_{\mathrm{P},1} & + & R_{\mathrm{P},2}.
\end{array}
$$

3. Überprüfung der Genauigkeit der Kennlinie im effektiven Modell anhand der experimentellen oder der im Ausgangsmodell generierten Kennlinie bei semilogarithmischer Auftragung der Stromachse (vgl. Abb. 7.6b). Bei Übereinstimmung beider Kurven: das Modell gilt, ansonsten: das Modell ist nicht anwendbar.

4. Bestimmung des Photostroms

   (a) Aus Kennlinie: Anpassen des effektiven Modells an die experimentelle (oder generierte) Hellkennlinie. Hieraus folgt dann der Wert für $I_{\mathrm{Ph,eff}}$.

   (b) Rechnerisch aus den Subzellenparametern: nutze Gleichung 7.18, um den Wert von $I_{\mathrm{Ph,eff}}$ zu bestimmen wobei für den Diodenstrom $I_{\mathrm{D,eff}}$ (Gl. 7.8) die bereits bestimmten Werte von oben eingesetzt werden.

Die Steigung der Kennlinie am Kurzschlusspunkt $m(0)$ und der Kurzschlussstrom I_{SC} können aus der erzeugten Kennlinie bei $U = 0$ V bestimmt werden. Alternativ kann I_{SC} aus den Gleichungen 7.14 und 7.15 bestimmt werden sowie $m(0)$ durch lösen von Gleichung 7.17 mit den zuvor bestimmten Werten für I_{SC} und U_{SC}.

5. Bestimmung des beleuchtungs- und spannungsabhängigen effektiven Parallelwiderstands.

   (a) Aus Kennlinie: Strom- und Spannungswerte der entsprechenden experimentellen (oder generierten) Hellkennlinie werden zusammen mit den Parametern der effektiven Diode sowie dem effektiven Photostrom in Gleichung 7.16 eingesetzt. $R_{\mathrm{P,eff}}(U)$ wird dann für jedes Strom-Spannungswertepaar bestimmt (vgl. Abb. 7.8).

   (b) Rechnerisch aus den Subzellenparametern: wie 5(a), wobei hier die aus den Subzellenparametern generierte Hellkennlinie verwendet werden muss.

7.4   Solarzellenmodule

Die Ergebnisse für zwei in Serie verschaltete Solarzellen können ohne weiteres auf Module angewandt werden. Betrachtet werden soll ein Beispielmodul aus 8 ähnlichen (nicht identischen!) in Serie geschalteten Solarzellen. Die Ausgangswerte befinden sich in Tabelle 7.3. Nach Gleichungen 7.8, 7.18 und 7.20 sind die effektiven Parameter eines solchen Moduls

$$A_{\mathrm{eff}} = \sum_{i=1}^{8} A_i, \qquad I_{0,\mathrm{eff}} = \prod_{i=1}^{8} I_{0,i}^{\frac{A_i}{A_{\mathrm{eff}}}}$$

$$R_{\mathrm{S,eff}} = \sum_{i=1}^{8} R_{\mathrm{S},i}, \qquad R_{\mathrm{P,eff}} = \sum_{i=1}^{8} R_{\mathrm{P},i}$$

$$I_{\mathrm{Ph,eff}} = I_{\mathrm{D,eff}}(0) - \frac{1}{1 - m(0)R_{\mathrm{S,eff}}} I_{\mathrm{SC}}.$$

Die Prozedur zum Vergleich des Ausgangsmodells mit dem effektiven Modell ist ähnlich wie die in Abbildung 7.4 dargestellt, wenngleich aus technischen Gründen zur Erzeugung der Kennlinie des Ausgangsmodells "LT Spice IV" verwendet wurde. Die durch Anpassen der Kennlinie an Abbildung 3.5 und die analytisch bestimmten effektiven Parameter sind im unteren Teil von Tabelle 7.3 aufgelistet und stimmen hervorragend überein. Mit den analytischen Diodenparametern des effektiven Modells wurde die Korrektur des effektiven Parallelwiderstands durchgeführt (siehe S. 157). Die Dunkel- und Hellkennlinien beider Modelle sind in Abbildung 7.10 gezeigt. Um Abweichungen leichter zu verdeutlichen wurde eine logarithmische Stromskala gewählt. Unabhängig von der Beleuchtung stimmen die Kennlinien beider Modelle hervorragend überein.

Insgesamt ist diese Übereinstimmung wenig überraschend: die Ähnlichkeit der einzelnen Subzellen beinhaltet auch die Ähnlichkeit der Parallelwiderstände, die die Spannungsabhängigkeit des effektiven Parallelwiderstands reduziert. Darüber hinaus ist ein Modul nichts anderes als die sukzessive Verschaltung zweier Subzellen. Daher spielt in dieser Hinsicht die tatsächliche Zahl von Subzellen in einem Modul keine Rolle, solange jeweils zwei Subzellen im effektiven Modell dargestellt werden können.

Subzelle Nr.	$I_{0,i}$ [nA]	A_i	$R_{S,i}$ [Ω]	$R_{P,i}$ [kΩ]	$I_{Ph,i}$ [mA]	f^2
1	1,00	1,95	4,9	10,5	2,80	-/-
2	1,20	1,80	5,2	9,50	3,00	-/-
3	1,15	2,10	5,4	9,70	3,05	-/-
4	0,95	2,00	5,1	10,1	3,10	-/-
5	1,05	1,90	4,7	10,2	2,90	-/-
6	0,90	2,05	4,8	9,60	3,20	-/-
7	0,85	2,15	5,0	10,0	2,95	-/-
8	1,10	1,85	5,3	9,80	2,85	-/-
	$I_{0,eff}$ [nA]	A_{eff}	$R_{S,eff}$ [Ω]	$R_{P,eff}$ [kΩ]	$I_{Ph,eff}$ [mA]	f^2 [10^{-9}]
Fit (dunkel)	1,02	15,9	40,4	79,1	-/-	1,35
Fit (hell)	-/-	-/-	-/-	51,1	2,93	133
analytisch	1,01	15,8	40,4	79,4	2,93	-/-

Tabelle 7.3: *Oben:* Ausgangsparameter der Subzellen zur Berechnung der Modulkennlinie (Abb. 7.10).
unten: Analytische berechnete und durch Anpassen der Kennlinie an das Eindiodenmodell gewonnene Parameter des effektiven Modells.

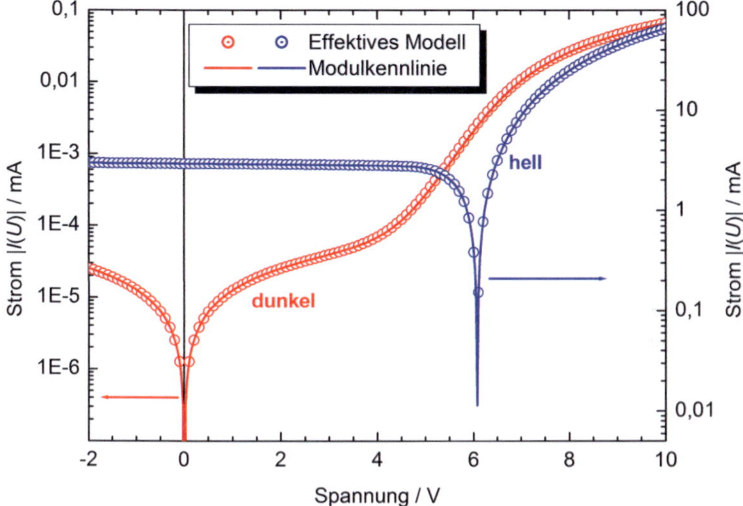

Abbildung 7.10: Semilogarithmisch aufgetragene Kennlinien eines Moduls im Ausgangsmodell aus den Daten von Tabelle 7.3 und dem zugehörigen Modell (Abb. 3.5) zum anpassen der Kennlinie.

7.5 Experimentelle Validierung des effektiven Ersatzschaltbildes

Die Ergebnisse zum effektiven Ersatzschaltbild einer Tandemzelle sollen anhand einer experimentellen 3T-Tandemzelle im optimierten Aufbau (vgl. Kap. 5.3) über die bisherige, rein theoretische Betrachtung hinaus belegt werden. Zu Beginn werden die Dunkel- und Hellkennlinien der Subzellen und der Tandemzelle aufgenommen. Die Subzellenkennlinien werden mit Diplot an das Ersatzschaltbild einer Solarzelle im Eindiodenmodell (vgl. Abb. 3.5, S. 52) angepasst und die Subzellenfitparameter in Tabelle 7.4 jeweils als **BC** (untere Zelle) und **TC** (obere Zelle) aufgelistet. Diese Werte werden nun genutzt, um auf analytischem Wege die Parameter im effektiven Modell zu bestimmen (vgl. Kap. 7.3, S. 157). Durch die Verwendung der ZAO-Rekombinationsschicht als Elektrode wäre der Serienwiderstand im effektiven Modell allerdings zu groß und muss nach unten korrigiert werden. Je nach Position in der Sputteranlage variiert der Serienwider-

dunkel		I_0 [nA]	A	R_S [Ω]	R_P [kΩ]	I_{Ph} [mA]
	BC	119	2,33	90,0 (40,0)	60,1	(0,002)
	TC	2,21	1,80	91,9 (41,9)	95,3	(0,000)
Tandem	**analytisch**	21,0	4,13	182 (82,9)	155	(0,001)
	experimentell	20,9	4,14	79,9	126	(0,001)

hell		I_0 [nA]	A	R_S [Ω]	R_P [kΩ]	I_{Ph} [mA]
	BC	873	2,85	82,3 (32,3)	2,04	0,885
	TC	1520	3,44	74,5 (24,5)	3,32	1,030
Tandem	**analytisch**	1242	6,29	156,8 (56,8)	4,15[*]	0,970
	experimentell	1224	6,34	57,1	4,21	0,971

Tabelle 7.4: Subzellenparameter im Eindiodenmodell sowie die hieraus berechneten Parameter einer Tandemzelle im effektiven Ersatzschaltbild. Geklammerte Serienwiderstände: Serienwiderstand abzüglich des abgeschätzten Serienwiderstands der ZAO-Elektrode. Die Photoströme (ca. 1 μA) der Dunkelkennlinien sind die Folge von geringem Streulicht während der Messung. [*] Bei $U = 0$ V bestimmt.

stand der ZAO-Elektrode. Auf Teststreifen sind bei 300 nm ZAO-Schichtdicke einschließlich der Aluminiumzwischenschicht Werte zwischen etwa 30 Ω und 40 Ω gemessen worden und können auf dem Substrat aus vielerlei Gründen höher sein. Der Serienwiderstand der ZAO-Elektrode wurde daher auf etwa 50 Ω abgeschätzt. Dieser wird für die analytische Berechnung der Werte im effektiven Modell immer abgezogen. Mit dem korrigierten Serienwiderstand und den restlichen Parametern werden die effektiven Parameter berechnet, aus denen anschließend eine Tandemzellenkennlinie im effektiven Modell erzeugt wird (Tabelle 7.4, Tandem **analytisch**). Diese wird mit der experimentellen Tandemzellenkennlinie verglichen und auf Basis der berechneten effektiven Parameter mit Diplot noch genauer im Bereich der vorgegebenen Werte angepasst (Tabelle 7.4, Tandem **experimentell**).

Die experimentellen Dunkel- und Hellkennlinien mit logarithmischer Stromachse zeigen die Abbildungen 7.11. Die Dunkelkennlinien in Abbildung 7.11a aus Experiment und dem Eindiodenmodell stimmen sehr gut, wenn auch nicht exakt, überein. Insbesondere die Dunkelkennlinie der unteren Zelle (BC) zeigt wachsende Abweichungen bei zunehmender Sperrspannung. Dieses Verhalten verdeutlicht den Näherungscharakter des Eindiodenmodells einer Solarzelle. Dessen Gültigkeit bleibt bestehen, wenn sich dennoch die relevanten Kennlinienbereiche für Dioden-, Widerstand- und Photostromparameter ausreichend genau nähern lassen. In Hinsicht auf die analytische Bestimmung der Parallelwiderstän-

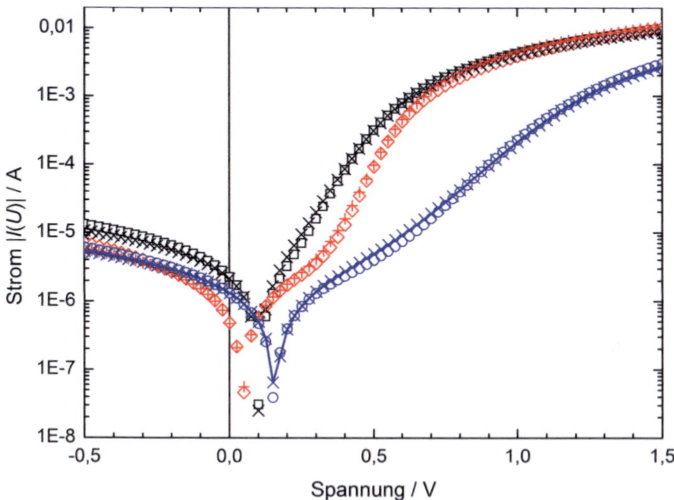

(a) Dunkelkennlinien bei logarithmischer Stromauftragung

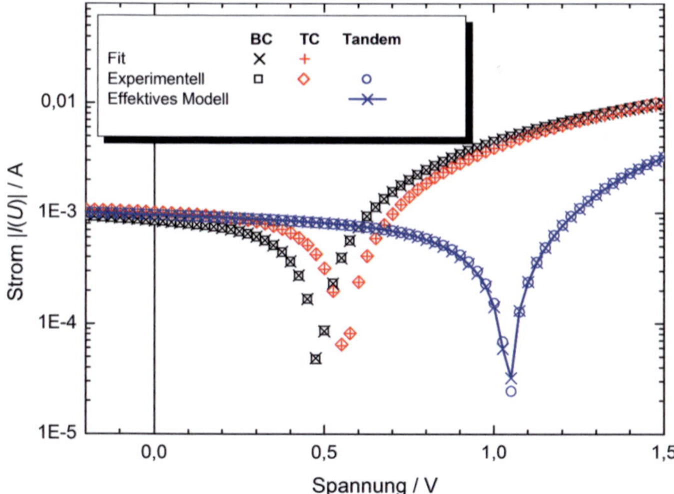

(b) Hellkennlinien bei logarithmischer Stromauftragung

Abbildung 7.11: Experimentelle Subzellenkennlinien und Tandemzellenkennlinien im Vergleich mit dem effektiven Modell. Die Tandemzellenkennlinie im
effektiven Modell wurde anhand der Subzellenparameter und den hieraus berechneten Parametern des effektiven Modells bestimmt.

de kann dieses Verhalten (des BC-Parallelwiderstands) jedoch zu Ungenauigkeiten führen, so dass berechneter und experimenteller effektiver Parallelwiderstand nicht übereinstimmen können, wenngleich die übrigen Parameter dies in hervorragender Weise tun. Trotz der Ungenauigkeiten des effektiven Parallelwiderstands stimmt die experimentelle Tandem-Dunkelkennlinie mit der aus den analytisch berechneten effektiven Parametern generierten Tandem-Dunkelkennlinie hervorragend überein (Tabelle 7.4) und unterstreicht die experimentelle Gültigkeit des effektiven Modells.

In den Hellkennlinien aus Abbildung 7.11b sind dagegen keinerlei Abweichungen zwischen den experimentellen Kennlinien und den Kennlinien im Eindiodenmodell (Subzellen) bzw. der des effektiven Modells zu beobachten. Hieraus begründet sich die herausragende Übereinstimmung der berechneten Werte mit den experimentellen Werten (Tabelle 7.4) und belegt die Anwendbarkeit des effektiven Modells bei Beleuchtung. Das effektive Modell berücksichtigt im Übrigen keine elektrischen Verluste durch die Verschaltung der Subzellen. So folgt im Umkehrschluss, dass bei Anwendbarkeit des effektiven Modells keine signifikanten Verluste durch die Verschaltung der Subzellen vorhanden sind können.

Kapitel 8

Zusammenfassung

Ziel dieser Arbeit war die Entwicklung und Optimierung semitransparenter Solarzellen sowie 3-Terminal-Tandemsolarzellen (3T-Tandemzellen) anhand verschiedener funktionaler Zwischenschichten. Dabei auftretende Fragestellungen zur optoelektronischen Charakterisierung von Subzellen in 3T-Tandemzellen wurden untersucht und beantwortet. Darüber hinaus konnte gezeigt werden, dass sich das Ersatzschaltbild einer Tandemzelle unter bestimmten Voraussetzungen zu einem effektiven Eindiodenschaltbild vereinfachen lässt.

Auf Basis semitransparenter Zellen mit gesputterter, transparenter Aluminium-dotierter Zinkoxid (ZAO) Kathode mit Aluminiumzwischenschicht wurden 3T-Tandemzellen mit einer dritten, mittleren Elektrode entwickelt. Diese kann auch als Rekombinationsschicht verwendet werden. Der wesentliche Vorteil von 3T-Tandemzellen ist die Möglichkeit des elektrischen Zugangs zu den einzelnen Subzellen. Damit besteht die Möglichkeit ihrer optoelektronischen Charakterisierung durch Strom-Spannungsmessungen und die Bestimmung der externen Quanteneffizienz, aber auch Impedanzmessungen oder anderweitige Verfahren. Dabei auftretenden Probleme wie Sputterschäden an organischen Schichten und die Inkompatibilität der PEDOT:PSS-Lochleiterschichten auf Zinn-dotiertem Indiumoxid (ITO) und ZAO konnten gelöst werden.

Für die semitransparente Kathode wurden eine Reihe von Metalloxiden als Zwischenschicht analysiert und optimiert. Die Schädigung der organischen Schicht durch Ionenbeschuss beim Sputtern der Kathode konnte durch die Verwendung einer aus der Lösung abgeschiedenen Metalloxidpufferschicht aus TiO_2 bzw. ZnO-Nanopartikel vollständig unterbunden werden. Die zusätzliche Einführung von ZnO-Nanopartikeln erfolgte, da für P3HT:PCBM-basierte Solarzellen zu deren vollständigen Bedeckung zu dicke TiO_2-Schichten nötig gewesen wären. Die schadensfreie Abscheidung der semitransparenten Kathode macht ein Ausheizen der Proben zum Entfernen von Sputterschäden überflüssig und erlaubt deren Verwendung in Kombination beliebiger, auch thermisch empfindlicher organischer Materialien in semitransparenten Solarzellen und 3T-Tandemzellen.

Auf Grundlage der TiO_2-Puffer-Schicht wurden hocheffiziente semitransparente Solarzellen mit durchschnittlichen Wirkungsgraden von 4% demonstriert. Hierbei kann über die Al-Schichtdicke (zwischen der TiO_2- und der ZAO-Schicht) die Reflexion an der Kathode gesteuert werden, was insbesondere bei Solarzellen mit dünnen Absorbern die Steigerung des erzeugten Photostroms und der Effizenz auf bis zu 4% ermöglicht. Die Transparenz nimmt dabei jedoch mit wachsender Al-Schichtdicke ab. Alternativ zur Maximierung der Transparenz, insbesondere in Richtung des langwelligen Spektralbereichs in Hinblick auf Tandemzellen, kann statt der Al-Schichtdicke die Absorberschichtdicke erhöht werden. Dies führt dann selbst bei dünnsten Al-Schichten zu vergleichbaren Effizienzen von ebenfalls 3,9%. Die Variation der ZAO-Schichtdicke führt dagegen auf keine messbare Steigerung der Photoströme in semitransparenten Solarzellen, da sich hierbei im Wesentlichen nur das Reflexionsspektrum ändert und weniger die Stärke der Reflexion. Allerdings kann das Reflexionsspektrum der Al/ZAO-Kathode dennoch von Relevanz sein, da sich hierdurch Reflexionsmaxima (und Minima) verschieben lassen. Letztere können gegebenenfalls zur Optimierung des Photostroms an die Maxima und Minima des externen Quanteneffizienz-Spektrums angepasst werden. Darüber hinaus können Reflexionsspektrum bzw. das Transmissionsspektrum der gesamten semitransparenten Zelle abhängig von ihrem Einsatzort, z.B. Fenster, hinsichtlich der Farbgebung bzw. farbneutraler Transparenz relevant werden. Insgesamt öffnen sich semitransparenten Solarzellen weitreichende neue Anwedungsgebiete in Architektur bzw. in gebäudeintegrierten Anwedungen, über Fenster zu Automobilen bis hin zur Kombination mit anderen Technologien wie z.B. (O)LEDs. Die Ergebnisse zu sputterschadenfreien Kathoden sollten auch auf andere organische Technologien wie z.B. OLEDs und OTFTs übertragen werden können. So ließen sich z.B. semitransparente/transparente OTFTs als Displays in Fenstern/Windschutzscheiben (o. ä.), an Hausfassaden, in/an Automobilen und vielen anderen Orten einsetzen.

Die aus der Entwicklung semitransparenter Zellen hervorgegangenen TiO_2/Al/ZAO- bzw. ZnO-Nanopartikel/Al/ZAO-Kathode wurde für die

Herstellung von 3T-Tandemsolarzellen verwendet. Hierbei musste zusätzlich die Wechselwirkung zwischen dem üblicherweise verwendeten, sauren PEDOT:PSS-Lochleiter mit der ZAO-Schicht untersucht werden. Es wurde festgestellt, dass abhängig vom pH-Wert der PEDOT:PSS-Lösung zwar ein Teil der ZAO-Schicht heruntergeätzt wird, diese aber dennoch prinzipiell als Rekombinationsschicht und Mittelelektrode verwendet werden kann. Dies erlaubt demnach die Verwendung saurer Materialien in Kombination mit ZAO, sofern der Materialverlust durch eine größere Anfangsschichtdicke ausgeglichen wird. Ab etwa 45 nm oder weniger ZAO-Restschichtdicke bilden sich in der Tandemzellen-Hellkennlinie S-Kurven aus, die auf eine Elektronenakkumulation an der Kathode der semitransparenten Zelle hindeuten. Daher ist die minimale ZAO-Schichtdicke, die für den Betrieb einer 2T-Tandemzelle erforderlich ist, im Bereich von etwa 45 nm anzusiedeln. Abschließend konnte die saure PEDOT:PSS-Lösung erfolgreich durch eine pH-neutrale PEDOT:PSS-Lösung ersetzt werden. Außerdem zeigte sich anhand struktureller Schäden an der ZAO-Schicht in Form von Rissen, dass in Tandemzellen die Verwendung von PEDOT:PSS sowohl auf ITO als auch ZAO nicht möglich ist. Daher musste in Tandemzellen auf die PEDOT:PSS-Schicht auf ITO verzichtet werden. Bei rein gesputterten Kathoden aus $LiCoO_2$/Al/ZAO stellt dies bei semitransparenten P3HT:PCBM-Zellen kein Problem dar. Jedoch zeigte sich im Zusammenhang mit TiO_2-Pufferschichten, dass aufgrund von Phasensegregationsprozessen bei P3HT:PCBM-Absorbern bzw. Barrieren bei $PCDTBT:PC_{70}BM$-Absorbern, zwingend ein alternativer, wasserunlöslicher p-Leiter auf ITO nötig wird. Hierzu wird eine aus der Lösung abgeschiedene MoO_3-Lochleiterschicht verwendet. Die Verwendung der MoO_3-Schicht sollte außerdem die Langzeitstabilität der Tandemzelle erhöhen. Insgesamt konnte mit Hilfe des optimierten Aufbaus die hervorragende Funktionalität dieses 3T-Aufbaus belegt werden, was durch die Betrachtung im effektiven Ersatzschaltbild einer Tandemsolarzelle bestätigt wird.

Das effektive Ersatzschaltbild (ESB) geht davon aus, dass die serielle Verschaltung zweier jeweils durch das Eindiodenmodell beschreibbaren Solarzellen prinzipiell wieder durch ein Eindiodenmodell mit effektiven Parametern beschrieben werden kann. Wenn das Eindiodenmodell also die Definition einer Solarzelle darstellt heißt das: zwei in Serie geschaltete Solarzellen verhalten sich wieder wie eine Solarzelle. Eine solche Situation wird allgemein durch Tandemsolarzellen repräsentiert. Im Rahmen der Modellentwicklung konnten zwei einzelne und in Serie geschaltete Dioden durch eine einzelne, effektive Ersatzdiode analytisch beschrieben werden. Auf Basis dieses Ergebnisses wurde die Entwicklung des ESB vervollständigt und dessen Gültigkeit untersucht, die im Allgemeinen gegeben ist. Das ESB wurde darüber hinaus anhand experimenteller Daten überprüft und bestätigt. Darüber hinaus wurde die Anwendbarkeit des ESB auf Module untersucht und gezeigt, dass die Anwendbarkeit auch in diesem Fall gegeben ist. Schlussendlich erlaubt die analytische Verknüpfung der Subzellenparameter bei serieller Verschaltung die Vorhersage der Kennlinie und die ihr zugrundeliegenden effektiven Parameter. Dies ist nicht nur für Tandemzellen, sondern vielmehr auch für die Analytik an Solarzellenmodulen hilfreich.

Neben der Schaltbildanalyse wurden detaillierte Kennlinien- und Quanteneffizienzanalysen an Subzellen von 3T-Tandemzellen durchgeführt. Hierbei war der elektrische Zustand der nicht zu charakterisierenden Subzelle (NMS) entscheidend. Bei Strom-Spannungsmessungen muss die NMS unter Leerlaufbedingung, d.h. mit offenen Kontakten betrieben werden, um eine korrekte Messung durchzuführen. Dieser Fall gilt nur bei Beleuchtung, ohne Beleuchtung spielt der elektrische Zustand der NMS keine Rolle. Bei Bestimmung der externen Quanteneffizienz ohne Biasbeleuchtung führt die Messung unter Leerlaufbedingung dagegen zu einem fehlerhaften Ergebnis. Hier muss die NMS bei Kurzschlussbedingung, d.h. mit geschlossenen Kontakten betrieben werden oder die Messung muss mit Biasbeleuchtung erfolgen, wobei dann der elektrische Zustand der NMS ohne Bedeutung ist.

Die weitere Entwicklung der organischen Solarzellen zu marktkompetitiven Produkten wird in der Zukunft vermehrt von der Entwicklung und Synthese neuartiger, hocheffizienter Donor-Polymere (bzw. auch Akzeptoren) abhängen. Daher ist es bereits jetzt erforderlich, neue Solarzellenarchitekturen zu entwickeln und zu optimieren, um später für die kommenden Generationen hocheffizienter organischer Absorber eine geeignete Plattform zu bieten. Auf Grundlage dieses Zusammenspiels sollten Polymersolarzellen schon bald in der Lage sein, gegenüber den etablierten Solarzellentechnologien konkurrenzfähig zu werden.

Literaturverzeichnis

[1] British Petroleum, Statistical Review of World Energy, 2011.

[2] Auswärtiges Amt der BRD, `www.auswaertiges-amt.de`, 2012.

[3] Eurostat Pressemitteilung, `http://epp.eurostat.ec.europa.eu/cache/ITY_PUBLIC/3-28072011-AP/DE/3-28072011-AP-DE.PDF`, 28.07.2011.

[4] P. Würfel, *Physik der Solarzellen* (Spektrum Akademischer Verlag GmbH, Heidelberg, 2000).

[5] M. Kaltenbrunner, M. S. White, E. D. Głowacki, T. Sekitani, T. Someya, N. S. Sariciftci und S. Bauer, Nat. Commun. **3**, 770 (2012).

[6] M. T. Dang, L. Hirsch und G. Wantz, Adv. Mater. **23**, 3597 (2011).

[7] Konarka, Pressemitteilung, `www.konarka.com`, 28.02.2012.

[8] C. H. Peters, I. T. Sachs-Quintana, J. P. Kastrop, S. Beaupré, M. Leclerc und M. D. McGehee, Adv. En. Mater. **1**, 491 (2011).

[9] Sumitomo Chemical, Pressemitteilung, `www.sumitomo-chem.co.jp/english/newsreleases/`, 14.02.2012.

[10] Heliatek, `www.heliatek.com`, 2012.

[11] L. Dou, J. You, J. Yang, C.-C. Chen, Y. He, S. Murase, T. Moriarty, K. Emery, G. Li und Y. Yang, Nature Photonics **6**, 180 (2012).

[12] V. S. Gevaerts, A. Furlan, M. M. Wienk, M. Turbiez und R. A. J. Janssen, Adv. Mater. **24**, 2130 (2012).

[13] A. Colsmann, A. Puetz, A. Bauer, J. Hanisch, E. Ahlswede und U. Lemmer, Adv. En. Mater. **1**, 599 (2011).

[14] T. Minami, Semicond. Sci. Technol. **20**, S35 (2005).

[15] H. Shirakawa, E. J. Louis, A. G. MacDiarmid, C. K. Chiang und A. J. Heeger, J. C. S. Chem. Comm. 578 (1977).

[16] C. W. Tang, Appl. Phys. Lett. **48**, 183 (1986).

[17] S. E. Shaheen, C. J. Brabec, N. S. Sariciftci, F. Padinger, T. Fromherz und J. C. Hummelen, Appl. Phys. Lett. **78**, 841 (2001).

[18] J. Meyer, R. Khalandovsky, P. Görrn und A. Kahn, Adv. Mater. **23**, 70 (2011).

[19] R. Müller, *Grundlagen der Halbleiter-Elektronik: Grundlagen und Bauelemente* (Springer, Berlin, 1995).

[20] T. Tille und D. Schmitt-Landsiedel, *Mikroelektronik: Halbleiterbauelemente und deren Anwendung in elektronischen Schaltungen* (Springer, Berlin, 2005).

[21] J. Hanisch, E. Ahlswede und M. Powalla, Eur. Phys. J. Appl. Phys. **37**, 261 (2007).

[22] J. Hanisch, E. Ahlswede und M. Powalla, Thin Solid Films **516**, 7241 (2008).

[23] R. E. Peierls, *Quantum Theory of Solids* (Oxford University Press, Oxford, 1955).

[24] J. J. M. Halls, J. Cornil, D. A. dos Santos, R. Silbey, D.-H. Hwang, A. B. Holmes, J. L. Brédas und R. H. Friend, Phys. Rev. B **60**, 5721 (1999).

[25] J. Y. Kim, K. Lee, N. E. Coates, D. Moses, T.-Q. Nguyen, M. Dante und A. J. Heeger, Science **317**, 222 (2007).

[26] K. Tvingstedt, K. Vandewal, A. Gadisa, F. Zhang, J. Manca und O. Inganäs, J. Am. Chem. Soc. **131**, 11819 (2009).

[27] K. Tvingstedt, K. Vandewal, F. Zhang und O. Inganäs, J. Phys. Chem. C **114**, 21824 (2010).

[28] C. Deibel, T. Strobel und V. Dyakonov, Adv. Mater. **22**, 4097 (2010).

[29] D. Veldman, S. C. J. Meskers und R. A. J. Janssen, Adv. Funct. Mater. **19**, 1939 (2009).

[30] X.-Y. Zhu, Q. Yang und M. Muntwiler, Acc. Chem. Res. **42**, 1779 (2009).

[31] H. Ohkita, S. Cook, Y. Astuti, W. Duffy, S. Tierney, W. Zhang, M. Heeney, I. McCulloch, J. Nelson, D. D. C. Bradley und J. R. Durrant, J. Am. Chem. Soc. **130**, 3030 (2008).

[32] H. Aarnio, P. Sehati, S. Braun, M. Nyman, M. P. de Jong, M. Fahlman und R. Österbacka, Adv. En. Mater. **1**, 792 (2011).

[33] S. Braun, W. R. Salaneck und M. Fahlman, Adv. Mater. **21**, 1450 (2009).

[34] M. T. Greiner, M. G. Helander, W.-M. Tang, Z.-B. Wang, J. Qiu und Z.-H. Lu, Nature Materials **11**, 76 (2012).

[35] H. W. Kroto, J. R. Heath, S. C. O'Brien, R. F. Curl und R. E. Smalley, Nature **318**, 162 (1985).

[36] N. S. Sariciftci, L. Smilowitz, A. J. Heeger und F. Wudl, Science **258**, 1474 (1992).

[37] V. Shrotriya, E. H.-E. Wu, G. Li, Y. Yao und Y. Yang, Appl. Phys. Lett. **88**, 064104 (2006).

[38] S. Wilken, T. Hoffmann, E. von Hauff, H. Borchert und J. Parisi, Sol. Energy Mater. Sol. Cells **96**, 141 (2012).

[39] D. Han, H. Kim, S. Lee, M. Seo und S. Yoo, Opt. Express **18**, A513 (2010).

[40] C. Tao, G. Xie, F. Meng, S. Ruan und W. Chen, J. Phys. Chem. C **115**, 12611 (2011).

[41] L. Shen, Y. Xu, F. Meng, F. Li, S. Ruan und W. Chen, Org. Electron. **12**, 1223 (2011).

[42] N. P. Sergeant, A. Hadipour, B. Niesen, D. Cheyns, P. Heremans, P. Peumans und B. P. Rand, Adv. Mater. **24**, 728 (2012).

[43] F. Nickel, A. Puetz, M. Reinhard, H. Do, C. Kayser, A. Colsmann und U. Lemmer, Org. Electron. **11**, 535 (2010).

[44] G.-M. Ng, E. L. Kietzke, T. Kietzke, L.-W. Tan, P.-K. Liew und F. Zhu, Appl. Phys. Lett. **90**, 103505 (2007).

[45] F.-C. Chen, J.-L. Wu, K.-H. Hsieh, W.-C. Chen und S.-W. Lee, Org. Electron. **9**, 1132 (2008).

[46] T. Winkler, H. Schmidt, H. Függe, F. Nikolayzik, I. Baumann, S. Schmale, T. Weimann, P. Hinze, H.-H. Johannes, T. Rabe, S. Hamwi, T. Riedl und W. Kowalsky, Org. Electron. **12**, 1612 (2011).

[47] K. H. Lee, P. E. Schwenn, A. R. G. Smith, H. Cavaye, P. E. Shaw, M. James, K. B. Krueger, I. R. Gentle, P. Meredith und P. L. Burn, Adv. Mater. **23**, 766 (2011).

[48] N. D. Treat, M. A. Brady, G. Smith, M. F. Toney, E. J. Kramer, C. J. Hawker und M. L. Chabinyc, Adv. En. Mater. **1**, 82 (2011).

[49] J. C. Hummelen, B. W. Knight, F. LePeq, F. Wudl, J. Yao und C. L. Wilkins, J. Org. Chem. **60**, 532 (1995).

[50] D. S. Germack, C. K. Chan, B. H. Hamadani, L. J. Richter, D. A. Fischer, D. J. Gundlach und D. M. DeLongchamp, Appl. Phys. Lett. **94**, 233303 (2009).

[51] Z. Xu, L. M. Chen, G. W. Yang, C. H. Huang, J. H. Hou, Y. Wu, G. Li, C. S. Hsu und Y. Yang, Adv. Funct. Mater. **19**, 1227 (2009).

[52] D. S. Germack, C. K. Chan, R. J. Kline, D. A. Fischer, D. J. Gundlach, M. F. Toney, L. J. Richter und D. M. DeLongchamp, Macromolecules **43**, 3828 (2010).

[53] H. J. Kim, J. H. Park, H. H. Lee, D. R. Lee und J.-J. Kim, Org. Electron. **10**, 1505 (2009).

[54] A. J. Parnell, A. D. F. Dunbar, A. J. Pearson, P. A. Staniec, A. J. C. Dennison, H. Hamamatsu, M. W. A. Skoda, D. G. Lidzey und R. A. L. Jones, Adv. Mater. **22**, 2444 (2010).

[55] A. Orimo, K. Masuda, S. Honda, H. Benten, S. Ito, H. Ohkita und H. Tsuji, Appl. Phys. Lett. **96**, 043305 (2010).

[56] T. Wang, A. J. Pearson, D. G. Lidzey und R. A. L. Jones, Adv. Funct. Mater. **21**, 1383 (2011).

[57] B. Xue, B. Vaughan, C.-H. Poh, K. B. Burke, L. Thomsen, A. Stapleton, X. Zhou, G. W. Bryant, W. Belcher und P. C. Dastoor, J. Phys. Chem. C **114**, 15797 (2010).

[58] X. Yang, J. Loos, S. C. Veenstra, W. J. H. Verhees, M. M. Wienk, J. M. Kroon, M. A. J. Michels und R. A. J. Janssen, Nano Lett. **5**, 579 (2005).

[59] G. Li, V. Shrotriya, J. Huang, Y. Yao, T. Moriarty, K. Emery und Y. Yang, Nature Materials **4**, 864 (2005).

[60] J. W. Kiel, A. P. R. Eberle und M. E. Mackay, Phys. Rev. Lett. **105**, 168701 (2010).

[61] P. Karagiannidis, S. Kassavetis, C. Pitsalidis und S. Logothetidis, Thin Solid Films **519**, 4105 (2011).

[62] T. Agostinelli, S. Lilliu, J. G. Labram, M. Campoy-Quiles, M. Hampton, E. Pires, J. Rawle, O. Bikondoa, D. D. C. Bradley, T. D. Anthopoulos, J. Nelson und J. E. Macdonald, Adv. Funct. Mater. **21**, 1701 (2011).

[63] Y. Kim, S. A. Choulis, J. Nelson, D. D. C. Bradley, S. Cook und J. R. Durrant, Appl. Phys. Lett. **86**, 063502 (2005).

[64] F. Padinger, R. S. Rittberger und N. S. Sariciftci, Adv. Funct. Mater. **13**, 85 (2003).

[65] I. A. Howard, R. Mauer, M. Meister und F. Laquai, J. Am. Chem. Soc. **132**, 14866 (2010).

[66] J. Guo, H. Ohkita, H. Benten und S. Ito, J. Am. Chem. Soc. **132**, 6154 (2010).

[67] T. M. Clarke, A. M. Ballantyne, J. Nelson, D. D. C. Bradley und J. R. Durrant, Adv. Funct. Mater. **18**, 4029 (2008).

[68] P. E. Keivanidis, T. M. Clarke, S. Lilliu, T. Agostinelli, J. E. Macdonald, J. R. Durrant, D. D. C. Bradley und J. Nelson, J. Phys. Chem. Lett. **1**, 734 (2010).

[69] B. Ray, P. R. Nair und M. A. Alam, Sol. Energy Mater. Sol. Cells **95**, 3287 (2011).

[70] R. Hamilton, C. G. Shuttle, B. O'Regan, T. C. Hammant, J. Nelson und J. R. Durrant, J. Phys. Chem. Lett. **1**, 1432 (2010).

[71] L. J. A. Koster, M. Kemerink, M. M. Wienk, K. Maturová und R. A. J. Janssen, Adv. Mater. **23**, 1670 (2011).

[72] Y. Shen, K. Li, N. Majumdar, J. C. Campbell und M. C. Gupta, Sol. Energy Mater. Sol. Cells **95**, 2314 (2011).

[73] M. A. Ruderer, S. Guo, R. Meier, H.-Y. Chiang, V. Körstgens, J. Wiedersich, J. Perlich, S. V. Roth und P. Müller-Buschbaum, Adv. Funct. Mater. **21**, 3382 (2011).

[74] L. Chang, H. W. A. Lademann, J.-B. Bonekamp, K. Meerholz und A. J. Moulé, Adv. Funct. Mater. **21**, 1779 (2011).

[75] S. T. Turner, P. Pingel, R. Steyrleuthner, E. J. W. Crossland, S. Ludwigs und D. Neher, Adv. Funct. Mater. **21**, 4640 (2011).

[76] W.-H. Baek, H. Yang, T.-S. Yoon, C. Kang, H. H. Lee und Y.-S. Kim, Sol. Energy Mater. Sol. Cells **93**, 1263 (2009).

[77] M. Sanyal, B. Schmidt-Hansberg, M. F. G. Klein, A. Colsmann, C. Munuera, A. Vorobiev, U. Lemmer, W. Schabel, H. Dosch und E. Barrena, Adv. En. Mater. **1**, 363 (2011).

[78] W. Tress, K. Leo und M. Riede, Adv. Funct. Mater. **21**, 2140 (2011).

[79] A. Hadipour, D. Cheyns, P. Heremans und B. P. Rand, Adv. En. Mater. **1**, 930 (2011).

[80] J. Gilot, I. Barbu, M. M. Wienk und R. A. J. Janssen, Appl. Phys. Lett. **91**, 113520 (2007).

[81] B. V. Andersson, D. M. Huang, A. J. Moulé und O. Inganäs, Appl. Phys. Lett. **94**, 043302 (2009).

[82] H. Hänsel, H. Zettl, G. Krausch, R. Kisselev, M. Thelakkat und H.-W. Schmidt, Adv. Mater. **15**, 2056 (2003).

[83] A. Roy, S. H. Park, S. Cowan, M. H. Tong, S. Cho, K. Lee und A. J. Heeger, Appl. Phys. Lett. **95**, 013302 (2009).

[84] M. Riede, C. Uhrich, J. Widmer, R. Timmreck, D. Wynands, G. Schwartz, W.-M. Gnehr, D. Hildebrandt, A. Weiss, J. Hwang, S. Sundarraj, P. Erk, M. Pfeiffer und K. Leo, Adv. Funct. Mater. **21**, 3019 (2011).

[85] Y. Sun, C. J. Takacs, S. R. Cowan, J. H. Seo, X. Gong, A. Roy und A. J. Heeger, Adv. Mater. **23**, 2226 (2011).

[86] C.-P. Chen, Y.-D. Chen und S.-C. Chuang, Adv. Mater. **23**, 3859 (2011).

[87] E. Voroshazi, B. Verreet, A. Buri, R. Müller, D. Di Nuzzo und P. Heremans, Org. Electron. **12**, 736 (2011).

[88] E. Voroshazi, B. Verreet, T. Aernouts und P. Heremans, Sol. Energy Mater. Sol. Cells **95**, 1303 (2011).

[89] K. Zilberberg, S. Trost, H. Schmidt und T. Riedl, Adv. En. Mater. **1**, 377 (2011).

[90] K. Xerxes Steirer, P. F. Ndione, N. Edwin Widjonarko, M. T. Lloyd, J. Meyer, E. L. Ratcliff, A. Kahn, N. R. Armstrong, C. J. Curtis, D. S. Ginley, J. J. Berry und D. C. Olson, Adv. En. Mater. **1**, 813 (2011).

[91] S.-Y. Lin, C.-M. Wang, K.-S. Kao, Y.-C. Chen und C.-C. Liu, J. Sol-Gel Sci. Technol. **53**, 51 (2010).

[92] C. Girotto, E. Voroshazi, D. Cheyns, P. Heremans und B. P. Rand, ACS Appl. Mater. Interfaces **3**, 3244 (2011).

[93] S. Murase und Y. Yang, Adv. Mater. **24**, 2459 (2012).

[94] J. J. Jasieniak, J. Seifter, J. Jo, T. Mates und A. J. Heeger, Adv. Funct. Mater. **22**, 2594 (2012).

[95] L. Cattin, F. Dahou, Y. Lare, M. Morsli, R. Tricot, S. Houari, A. Mokrani, K. Jondo, A. Khelil, K. Napo und J. C. Bernede, J. Appl. Phys. **105**, 034507 (2009).

[96] F. Liu, S. Shao, X. Guo, Y. Zhao und Z. Xie, Sol. Energy Mater. Sol. Cells **94**, 842 (2010).

[97] T. Kuwabara, H. Sugiyama, M. Kuzuba, T. Yamaguchi und K. Takahashi, Org. Electron. **11**, 1136 (2010).

[98] T. Shirakawa, T. Umeda, Y. Hashimoto, A. Fuji und K. Yoshino, J. Phys. D: Appl. Phys. **37**, 847 (2004).

[99] S. K. Hau, H. L. Yip, N. S. Baek, J. Y. Zou, K. O'Malley und A. K. Y. Jen, Appl. Phys. Lett. **92**, 253301 (2008).

[100] C. J. Brabec, S. Shaheen, C. Winder, N. Sariciftci und P. Denk, Appl. Phys. Lett. **80**, 1288 (2002).

[101] J. Hanisch, Dissertation, Karlsruher Institut für Technologie, 2010.

[102] M. Reinhard, J. Hanisch, Z. Zhang, E. Ahlswede, A. Colsmann und U. Lemmer, Appl. Phys. Lett. **98**, 053303 (2011).

[103] E. Ahlswede, J. Hanisch und M. Powalla, Appl. Phys. Lett. **90**, 163504 (2007).

[104] S.-H. Lee, D.-H. Kim, J.-H. Kim, G.-S. Lee und J.-G. Park, J. Phys. Chem. C **113**, 21915 (2009).

[105] A. Bauer, T. Wahl, J. Hanisch und E. Ahlswede, Appl. Phys. Lett. **100**, 073307 (2012).

[106] E. Ahlswede, J. Hanisch und M. Powalla, Appl. Phys. Lett. **90**, 063513 (2007).

[107] C. Zhang, S. W. Tong, C. Zhu, C. Jiang, E. T. Kang und D. S. H. Chan, Appl. Phys. Lett. **94**, 103305 (2009).

[108] H. J. Kim, H. H. Lee und J.-J. Kim, Macromol. Rapid Commun. **30**, 1269 (2009).

[109] C. Zhang, Y. Hao, S.-W. Tong, Z. Lin, Q. Feng, E.-T. Kang und C. Zhu, IEEE Trans. Electron Devices **58**, 835 (2011).

[110] P. Qin, G. Fang, W. Zeng, X. Fan, Q. Zheng, F. Cheng, J. Wan und X. Zhao, Sol. Energy Mater. Sol. Cells **95**, 3311 (2011).

[111] J. Wang, X. Ren, S. Shi, C. Leung und P. K. Chan, Org. Electron. **12**, 880 (2011).

[112] H.-K. Kim, S.-W. Kim, K.-S. Lee und K. H. Kim, Appl. Phys. Lett. **88**, 083513 (2006).

[113] H. Lei, K. Ichikawa, Y. Hoshi, M. Wang, T. Uchida und Y. Sawada, Thin Solid Films **518**, 2926 (2010).

[114] H. Schmidt, H. Flügge, T. Winkler, T. Bülow, T. Riedl und W. Kowalsky, Appl. Phys. Lett. **94**, 243302 (2009).

[115] W. Shockley und H. J. Queisser, J. Appl. Phys. **32**, 510 (1961).

[116] A. de Vos, J. Phys. D: Appl. Phys. **13**, 839 (1980).

[117] T. Kirchartz, K. Taretto und U. Rau, J. Phys. Chem. C **113**, 17958 (2009).

[118] D. Credgington, R. Hamilton, P. Atienzar, J. Nelson und J. R. Durrant, Adv. Funct. Mater. **21**, 2744 (2011).

[119] C. J. Brabec, A. Cravino, D. Meissner, N. S. Sariciftci, T. Fromherz, M. T. Rispens, L. Sanchez und J. C. Hummelen, Adv. Funct. Mater. **11**, 374 (2001).

[120] A. Gadisa, M. Svensson, M. R. Andersson und O. Inganäs, Appl. Phys. Lett. **84**, 1609 (2004).

[121] B. P. Rand, D. P. Burk und S. R. Forrest, Phys. Rev. B **76**, 020502 (2007).

[122] M. F. Lo, T. W. Ng, T. Z. Liu, V. A. L. Roy, S. L. Lai, M. K. Fung, C. S. Lee und S. T. Lee, Appl. Phys. Lett. **96**, 113303 (2010).

[123] V. D. Mihailetchi, P. W. M. Blom, J. C. Hummelen und M. T. Rispens, J. Appl. Phys. **94**, 6849 (2003).

[124] K. Vandewal, A. Gadisa, W. D. Oosterbaan, S. Bertho, F. Banishoeib, I. Van Severen, L. Lutsen, T. J. Cleij, D. Vanderzande und J. V. Manca, Adv. Funct. Mater. **18**, 2064 (2008).

[125] M. C. Scharber, D. Mühlbacher, M. Koppe, P. Denk, C. Waldauf, A. J. Heeger und C. J. Brabec, Adv. Mater. **18**, 789 (2006).

[126] G. Garcia-Belmonte und J. Bisquert, Appl. Phys. Lett. **96**, 113301 (2010).

[127] M. Hallermann, E. Da Como, J. Feldmann, M. Izquierdo, S. Filippone, N. Martin, S. Juchter und E. von Hauff, Appl. Phys. Lett. **97**, 023301 (2010).

[128] K. Vandewal, K. Tvingstedt, A. Gadisa, O. Inganäs und J. V. Manca, Phys. Rev. B **81**, 125204 (2010).

[129] R. Mauer, I. A. Howard und F. Laquai, J. Phys. Chem. Lett. **1**, 3500 (2010).

[130] W. J. Grzegorczyk, T. J. Savenije, T. E. Dykstra, J. Piris, J. M. Schins und L. D. Siebbeles, J. Phys. Chem. C **114**, 5182 (2010).

[131] S. R. Cowan, R. A. Street, S. Cho und A. J. Heeger, Phys. Rev. B **83**, 035205 (2011).

[132] J. Schafferhans, A. Baumann, A. Wagenpfahl, C. Deibel und V. Dyakonov, Org. Electron. **11**, 1693 (2010).

[133] A. Kumar, Z. Hong, S. Sista und Y. Yang, Adv. En. Mater. **1**, 124 (2011).

[134] H.-H. Liao, C.-M. Yang, C.-C. Liu, S.-F. Horng, H.-F. Meng und J.-T. Shy, J. Appl. Phys. **103**, 104506 (2008).

[135] M. Sun Ryu, H. Jin Cha und J. Jang, Sol. Energy Mater. Sol. Cells **94**, 152 (2010).

[136] M. Manceau, A. Rivaton, J.-L. Gardette, S. Guillerez und N. Lemaître, Sol. Energy Mater. Sol. Cells **95**, 1315 (2011).

[137] J. Li, S. Kim, S. Edington, J. Nedy, S. Cho, K. Lee, A. J. Heeger, M. C. Gupta und J. T. Yates Jr, Sol. Energy Mater. Sol. Cells **95**, 1123 (2011).

[138] M. Jørgensen, K. Norrman und F. C. Krebs, Sol. Energy Mater. Sol. Cells **92**, 686 (2008).

[139] M. Wang, F. Xie, J. Du, Q. Tang, S. Zheng, Q. Miao, J. Chen, N. Zhao und J. Xu, Sol. Energy Mater. Sol. Cells **95**, 3303 (2011).

[140] K. Tvingstedt, V. Andersson, F. Zhang und O. Inganäs, Appl. Phys. Lett. **91**, 123514 (2007).

[141] B. V. Andersson, N.-K. Persson und O. Inganäs, J. Appl. Phys. **104**, 124508 (2008).

[142] D. Moet, P. de Bruyn, J. Kotlarski und P. Blom, Org. Electron. **11**, 1821 (2010).

[143] J. D. Kotlarski und P. W. M. Blom, Appl. Phys. Lett. **98**, 053301 (2011).

[144] G. Dennler, M. C. Scharber, T. Ameri, P. Denk, K. Forberich, C. Waldauf und C. J. Brabec, Adv. Mater. **20**, 579 (2008).

[145] P. Boland, K. Lee, J. Dean und G. Namkoong, Sol. Energy Mater. Sol. Cells **94**, 2170 (2010).

[146] G. Dennler, K. Forberich, T. Ameri, C. Waldauf, P. Denk, C. J. Brabec, K. Hingerl und A. J. Heeger, J. Appl. Phys. **102**, 123109 (2007).

[147] Y. He, H.-Y. Chen, J. Hou und Y. Li, J. Am. Chem. Soc. **132**, 1377 (2010).

[148] J. Yang, R. Zhu, Z. Hong, Y. He, A. Kumar, Y. Li und Y. Yang, Adv. Mater. **23**, 3465 (2011).

[149] S. Kouijzer, S. Esiner, C. H. Frijters, M. Turbiez, M. M. Wienk und R. A. J. Janssen, Adv. Energy Mater., **2**, 945 (2012).

[150] C. Zhang, S. W. Tong, C. Jiang, E. T. Kang, D. S. H. Chan und C. Zhu, Appl. Phys. Lett. **93**, 043307 (2008).

[151] Y. Min Nam, J. Huh und W. H. Jo, Sol. Energy Mater. Sol. Cells **95**, 1095 (2011).

[152] R. Schueppel, R. Timmreck, N. Allinger, T. Mueller, M. Furno, C. Uhrich, K. Leo und M. Riede, J. Appl. Phys. **107**, 044503 (2010).

[153] G. Namkoong, P. Boland, K. Lee und J. Dean, J. Appl. Phys. **107**, 124515 (2010).

[154] J. Üpping, A. Bielawny, R. B. Wehrspohn, T. Beckers, R. Carius, U. Rau, S. Fahr, C. Rockstuhl, F. Lederer, M. Kroll, T. Pertsch, L. Steidl und R. Zentel, Adv. Mater. **23**, 3896 (2011).

[155] J. Gilot, M. M. Wienk und R. A. J. Janssen, Appl. Phys. Lett. **90**, 143512 (2007).

[156] W.-S. Chung, H. Lee, W. Lee, M. J. Ko, N.-G. Park, B.-K. Ju und K. Kim, Org. Electron. **11**, 521 (2010).

[157] S. Sista, M.-H. Park, Z. Hong, Y. Wu, J. Hou, W. L. Kwan, G. Li und Y. Yang, Adv. Mater. **22**, 380 (2010).

[158] X. Guo, F. Liu, B. Meng, Z. Xie und L. Wang, Org. Electron. **11**, 1230 (2010).

[159] D. J. D. Moet, P. de Bruyn und P. W. M. Blom, Appl. Phys. Lett. **96**, 153504 (2010).

[160] C.-H. Chou, W. L. Kwan, Z. Hong, L.-M. Chen und Y. Yang, Adv. Mater. **23**, 1282 (2011).

[161] T. T. Larsen-Olsen, E. Bundgaard, K. O. Sylvester-Hvid und F. C. Krebs, Org. Electron. **12**, 364 (2011).

[162] A. G. F. Janssen, T. Riedl, S. Hamwi, H.-H. Johannes und W. Kowalsky, Appl. Phys. Lett. **91**, 073519 (2007).

[163] D. W. Zhao, X. W. Sun, C. Y. Jiang, A. K. K. Kyaw, G. Q. Lo und D. L. Kwong, Appl. Phys. Lett. **93**, 083305 (2008).

[164] A. Hadipour, B. de Boer, J. Wildeman, F. B. Kooistra, J. C. Hummelen, M. G. R. Turbiez, M. M. Wienk, R. A. J. Janssen und P. W. M. Blom, Adv. Funct. Mater. **16**, 1897 (2006).

[165] J. Sakai, K. Kawano, T. Yamanari, T. Taima, Y. Yoshida, A. Fujii und M. Ozaki, Sol. Energy Mater. Sol. Cells **94**, 376 (2010).

[166] A. Bauer, J. Hanisch, T. Wahl und E. Ahlswede, Org. Electron. **12**, 2071 (2011).

[167] A. Hadipour, B. de Boer und P. W. M. Blom, J. Appl. Phys. **102**, 074506 (2007).

[168] X. W. Sun, D. W. Zhao, L. Ke, A. K. K. Kyaw, G. Q. Lo und D. L. Kwong, Appl. Phys. Lett. **97**, 053303 (2010).

[169] D. Zhao, L. Ke, Y. Li, S. Tan, A. Kyaw, H. Demir, X. Sun, D. Carroll, G. Lo und D. Kwong, Sol. Energy Mater. Sol. Cells **95**, 921 (2011).

[170] K. Kawano, N. Ito, T. Nishimori und J. Sakai, Appl. Phys. Lett. **88**, 073514 (2006).

[171] D. Zhao, X. Sun, C. Jiang, A. Kyaw, G. Lo und D. Kwong, **30**, 490 (2009).

[172] J. M. Olson, S. R. Kurtz, A. E. Kibbler und P. Faine, Appl. Phys. Lett. **56**, 623 (1990).

[173] G. Lakhwani, R. F. H. Roijmans, A. J. Kronemeijer, J. Gilot, R. A. J. Janssen und S. C. J. Meskers, J. Phys. Chem. C **114**, 14804 (2010).

[174] B. Yu, F. Zhu, H. Wang, G. Li und D. Yan, J. Appl. Phys. **104**, 114503 (2008).

[175] R. Timmreck, S. Olthof, K. Leo und M. K. Riede, J. Appl. Phys. **108**, 033108 (2010).

[176] F.-C. Chen und C.-H. Lin, J. Phys. D: Appl. Phys. **43**, 025104 (2010).

[177] J. Gilot, M. M. Wienk und R. A. Janssen, Org. Electron. **12**, 660 (2011).

[178] S. Sista, Z. Hong, M.-H. Park, Z. Xu und Y. Yang, Adv. Mater. **22**, E77 (2010).

[179] X. Guo, F. Liu, W. Yue, Z. Xie, Y. Geng und L. Wang, Org. Electron. **10**, 1174 (2009).

[180] S. Tanaka, K. Mielczarek, R. Ovalle-Robles, B. Wang, D. Hsu und A. A. Zakhidov, Appl. Phys. Lett. **94**, 113506 (2009).

[181] B. Joon Lee, H. Jung Kim, W.-i. Jeong und J.-J. Kim, Sol. Energy Mater. Sol. Cells **94**, 542 (2010).

[182] J. Gilot, M. M. Wienk und R. A. J. Janssen, Adv. En. Mater. **22**, E67 (2010).

[183] B. Minnaert, M. Burgelman, A. De Vos und P. Veelaert, Sol. Energy Mater. Sol. Cells **94**, 1125 (2010).

[184] J. Y. Kim, S. H. Kim, H.-H. Lee, K. Lee, W. Ma, X. Gong und A. J. Heeger, Adv. Mater. **18**, 572 (2006).

[185] S. Maier, Master's thesis, Universität Ulm, 2008.

[186] H. Womelsdorf, W. Hoheisel und G. Passing, DE-A 199 07 704 A 1, 2000.

[187] C. Pacholski, A. Kornowski und H. Weller, Angew. Chem. **114**, 1234 (2002).

[188] G. Janssen, A. Aguirre, E. Goovaerts, P. Vanlaeke, J. Poortmans und J. Manca, Eur. Phys. J. Appl. Phys. **37**, 287 (2007).

[189] H.-K. Kim, D.-G. Kim, K.-S. Lee, M.-S. Huh, S. H. Jeong, K. I. Kim, H. Kim, D. W. Han und J. H. Kwon, Appl. Phys. Lett. **85**, 4295 (2004).

[190] K. Tominaga, M. Chong und Y. Shintani, J. Vac. Sci. Technol., A **12**, 1435 (1994).

[191] L. S. Liao, L. S. Hung, W. C. Chan, X. M. Ding, T. K. Sham, I. Bello, C. S. Lee und S. T. Lee, Appl. Phys. Lett. **75**, 1619 (1999).

[192] C. J. Brabec, *Organic Photovoltaics: Concepts and Realization* (Springer, Berlin, 2003).

[193] Y. Kinoshita, R. Takenaka und H. Murata, Appl. Phys. Lett. **92**, 243309 (2008).

[194] Z. M. Beiley, E. T. Hoke, R. Noriega, J. Dacuña, G. F. Burkhard, J. A. Bartelt, A. Salleo, M. F. Toney und M. D. McGehee, Adv. En. Mater. **1**, 954 (2011).

[195] P. A. Staniec, A. J. Parnell, A. D. F. Dunbar, H. Yi, A. J. Pearson, T. Wang, P. E. Hopkinson, C. Kinane, R. M. Dalgliesh, A. M. Donald, A. J. Ryan, A. Iraqi, R. A. L. Jones und D. G. Lidzey, Adv. En. Mater. **1**, 499 (2011).

[196] S. Alem, T.-Y. Chu, S. C. Tse, S. Wakim, J. Lu, R. Movileanu, Y. Tao, F. Bélanger, D. Désilets, S. Beaupré, M. Leclerc, S. Rodman, D. Waller und R. Gaudiana, Org. Electron. **12**, 1788 (2011).

[197] T.-Y. Chu, S. Alem, S.-W. Tsang, S.-C. Tse, S. Wakim, J. Lu, G. Dennler, D. Waller, R. Gaudiana und Y. Tao, Appl. Phys. Lett. **98**, 253301 (2011).

[198] S. H. Park, A. Roy, S. Beaupre, S. Cho, N. Coates, J. S. Moon, D. Moses, M. Leclerc, K. Lee und A. J. Heeger, Nature Photonics **3**, 297 (2009).

[199] S. Wakim, S. Beaupre, N. Blouin, B.-R. Aich, S. Rodman, R. Gaudiana, Y. Tao und M. Leclerc, J. Mater. Chem. **19**, 5351 (2009).

[200] M. Burgelman, P. Nollet und S. Degrave, Thin Solid Films **361–362**, 527 (2000).

[201] E. Lotter, Diplot, `http://www.diplot.de`, 2012.

[202] J. Needham, Technical report, Ohio State Physics REU 2002 (unpublished).

[203] J.-H. Park, K.-J. Ahn, K.-I. Park, S.-I. Na und H.-K. Kim, J. Phys. D: Appl. Phys. **43**, 115101 (2010).

[204] C. Guillén und J. Herrero, Vacuum **84**, 924 (2010).

[205] A. Niemegeers und M. Burgelman, J. Appl. Phys. **81**, 2881 (1997).

[206] S. Demtsu und J. Sites, Thin Solid Films **510**, 320 (2006).

[207] A. Godoy, L. Cattin, L. Toumi, F. Díaz, M. del Valle, G. Soto, B. Kouskoussa, M. Morsli, K. Benchouk, A. Khelil und J. Bernède, Sol. Energy Mater. Sol. Cells **94**, 648 (2010).

[208] W. J. E. Beek, M. M. Wienk und R. A. J. Janssen, Adv. Mater. **16**, 1009 (2004).

[209] A. Swinnen, I. Haeldermans, P. Vanlaeke, J. D'Haen, J. Poortmans, M. D'Olieslaeger und J. V. Manca, Eur. Phys. J. Appl. Phys. **36**, 251 (2006).

[210] J.-C. Wang, C.-Y. Lu, J.-L. Hsu, M.-K. Lee, Y.-R. Hong, T.-P. Perng, S.-F. Horng und H.-F. Meng, J. Mater. Chem. **21**, 5723 (2011).

[211] Linear Technology, `http://www.linear.com`, 2012.

[212] T. Ikegami, T. Maezono, F. Nakanishi, Y. Yamagata und K. Ebihara, Sol. Energy Mater. Sol. Cells **67**, 389 (2001).

[213] V. Lo Brano, A. Orioli, G. Ciulla und A. Di Gangi, Sol. Energy Mater. Sol. Cells **94**, 1358 (2010).

[214] A. Chatterjee, A. Keyhani und D. Kapoor, IEEE Trans. Energy Convers. **26**, 883 (2011).

[215] A. N. Celik, Sol. Energy **85**, 2507 (2011).

[216] F. Toledo, J. M. Blanes, A. Garrigós und J. A. Martínez, Renewable Energy **43**, 83 (2012).

[217] K. Araki, M. Yamaguchi, T. Takamoto, E. Ikeda, T. Agui, H. Kurita, K. Takahashi und T. Unno, Sol. Energy Mater. Sol. Cells **66**, 559 (2001).

[218] A. Ben Or und J. Appelbaum, Prog. Photovoltaics Res. Appl., DOI: 10.1002/pip.2158 (2012).

[219] U. Rau, A. Jasenek, H. Schock, F. Engelhardt und T. Meyer, Thin Solid Films **361-362**, 298 (2000).

[220] C. Waldauf, M. C. Scharber, P. Schilinsky, J. A. Hauch und C. J. Brabec, J. Appl. Phys. **99**, 104503 (2006).

[221] W. J. Potscavage, Jr., S. Yoo und B. Kippelen, Appl. Phys. Lett. **93**, 193308 (2008).

[222] D. M. Stevens, J. C. Speros, M. A. Hillmyer und C. D. Frisbie, J. Phys. Chem. C **115**, 20806 (2011).

Abbildungsverzeichnis

2.1 Schema zur Definition von Halbleitern 6

2.2 Bildung von organischen Halbleiterstrukturen durch Aufspaltung der p_Z-Orbitalenergieniveaus 9

2.3 Aufbau einer organischen Solarzelle einschließlich der vorkommenden Halbleitergrenzflächen 11

2.4 Ladungstransferzustände zwischen Donor und Akzeptor 12

2.5 Wechselwirkung der CTS an einer Metall/OHL Grenzfläche . . 14

2.6 Grenzfläche zwischen einer anorganischen p- bzw. n-Halbleiterschicht und einer Metallschicht (Schottky-Kontakt) . . 15

2.7 Schichtaufbau regulärer und invertierter Polymersolarzellen . . . 18

2.8 Konzepte zur Verwirklichung der photoaktiven Schicht in organischen Solarzellen. 19

2.9 Strukturformeln von P3HT und PCBM 20

2.10 Optische Distanzschicht in Polymersolarzellen 24

2.11 Beispiele für normale Kennlinien und Kennlinien mit S-Form . . 27

2.12 Modelle zur Entstehung der Leerlaufspannung 29

2.13 Allgemeiner schematischer Aufbau einer Tandemzelle mit seriell verschalteten Subzellen. 33

2.14 Schema zum Ladungstransfer zwischen den Subzellen durch die Rekombinationsschicht 38

3.1 Aufbau zur Synthese des TiO_2-Precursors 44

3.2 Schematische Darstellung der Ti-Precursor-Hydrolyse 45

3.3 Verschiedene Verfahren zur Kathodenabscheidung im HV 48

3.4 Kennlinie und die daraus abgeleiteten charakteristischen Kenngrößen einer Solarzelle 50

3.5 Ersatzschaltbild einer regulären Solarzelle im Eindiodenmodell . 52

3.6 Schematischer Aufbau des Quanteneffizienz-Messplatzes 55

4.1 Schematischer Aufbau der verschiedenen semitransparenten Solarzellen 59

4.2 Strukturformeln von PCDTBT und $PC_{70}BM$ 61

4.3 Semitransparente $PCDTBT:PC_{70}BM$ Zellen mit MoO_3-Pufferschicht: Kennlinien, Füllfaktoren und Leerlaufspannungen 63

4.4 Einfluss von Sputterprozess und Heizen auf verschiedene Polymersysteme mit MoO_3- oder $LiCoO_2/Al$-Zwischenschicht und gesputterter ZnO:Al-Elektrode 64

4.5 Variable Kurzschlussstromdichte in Kennlinien semitransparenter Zellen mit unterschiedlich dicker Aluminiumzwischenschicht 67

4.6 Vergleich von $LiCoO_2/Al$- und TiO_2/Al-Zwischenschichten semitransparenter P3HT:PCBM-Zellen 68

4.7 REM-Oberflächenaufnahmen von TiO_2-Schichten auf P3HT:PCBM-Absorber 72

4.8 Optoelektronische Eigenschaften semitransparenter P3HT:PCBM-Zellen mit unterschiedlich dicken TiO_2-Schichten 73

4.9 Transmissionskurven semitransparenter $PCDTBT:PC_{70}BM$-Zellen und der jeweilig verwendeten Al/ZAO-Kathode 74

4.10 Einfluss auf Transmission und Reflexion der Al-Schichtdicke im semitransparenten Kontakt 76

4.11 Verschiedene Möglichkeiten zur Rückstreuung von Licht in die Zelle 78

4.12 Einfluss der Aluminiumzwischenschichtdicke auf Kurzschlussstromdichte und Wirkungsgrad 79

4.13 EQE semitransparenter Solarzellen mit unterschiedlicher Al-Schichtdicke und 70 nm Absorber 81

4.14 EQE semitransparenter Solarzellen mit unterschiedlicher Al- und Absorberschichtdicke 82

4.15 EQE semitransparenter Solarzellen mit unterschiedlicher ZAO-Schichtdicke 83

4.16 SCAPS-Simulation semitransparenter Zellen mit dünner $PCDTBT:PC_{70}BM$-Absorberschicht und verschiedenen ZAO-Schichtdicken auf dünner Al-Schicht: EQE und Kurzschlussstromdichten 87

5.1 Schematischer Aufbau der in diesem Kapitel verwendeten Solarzellen 91

5.2 Kennlinie der unteren Zelle nach jedem Prozessschritt der oberen Zelle 93

5.3 REM-Querschnitte von Tandemzellen mit Auswirkung von saurem und pH-neutralem PEDOT auf ZAO 95

5.4 Leerlaufspannung von Tandemzellen mit unterschiedlichen ZAO Schichtdicken: 15 nm bis 300 nm 97

5.5 Kennlinien von Tandemzellen mit unterschiedlicher ZAO-Rekominationsschichtdicke und pH-neutralem PEDOT:PSS . . . 100

5.6 Verschieden dicke ZAO-Schichten auf P3HT:PCBM-Absorber . 101

5.7 Aufbau einer nicht optimierten 3T-Tandemzelle mit P3HT- und PSBTBT-Absorber 102

5.8 Aktive Zellfläche von Tandemzellen und ihren Subzellen in verschiedenen Aufbauten 103

5.9 Roll-Over in IU-Kennlinien ohne p-Leiter auf ITO und TiO_2-Pufferschicht 105

5.10 Erklärung des Roll-Over bei positiven Spannungen anhand einer Barriere an der Elektroden/Absorber-Grenzfläche durch Vakuum-Level-Alignment 106

5.11 Parameter semitransparenter $PCDTBT:PC_{70}BM$-Zellen mit MoO_3-Puffer 108

5.12 Schema des optimierten Tandemzelleaufbaus mit ZnO-Nanopartikel- bzw. TiO_2- und MoO_3-Zwischenschicht 111

5.13 Kennlinien von Tandemzellen mit unterschiedlichen Rekominationsschichten: $LiCoO_2$-, ZnO-Nanopartikel- oder TiO_2-Zwischenenschicht 112

5.14 ZAO-Schichtwiderstand und Leitfähigkeit in Abhängigkeit der ZAO-Schichtdicke 113

5.15 Reflexion dünner ZAO-Schichten 114

6.1 Kennlinien einer 3-Terminal-Tandemzelle, ihrer Subzellen und der daraus simulierten Tandemzellenkennlinie 116

6.2 Ersatzschaltbild zur OCC- und SCC-Schaltung während der Messung 117

6.3   Kennlinien der oberen Zelle einer Tandemzelle bei Messung unter OCC und SCC 118
6.4   Differentieller OCC- und SCC-Kennlinienwiderstand 120
6.5   Kennlinienverschiebung im Experiment und Simulation 121
6.6   P3HT-Subzellen-EQE im 3-Terminalaufbau unter OCC und SCC der NMS 123
6.7   PSBTBT-Subzellen-EQE im 3T-Aufbau unter OCC und SCC der NMS 124
6.8   Schematischer Messaufbau zur Bestimmung einer 2T-Subzellen-EQE 126
6.9   P3HT- und PSBTBT-2T-Subzellen-EQE 127
6.10 EQE-Artefaktunterdrückung bei Biasbeleuchtung 129
6.11 Rolle der tatsächlich aktiven Subzellenflächen auf das EQE-Artefakt 131

7.1   Vollständiges Ersatzschaltbild einer Tandemzelle 134
7.2   Ersatzschaltbild einer Tandemzelle mit effektiver Diode 139
7.3   Effektives Ersatzschaltbild einer Tandemzelle 140
7.4   Schematische Erklärung zum Vergleich des Ausgangsmodells mit dem effektiven Model 145
7.5   Korrelation der Abweichung der Ströme aus dem Ausgangsmodell und dem effektiven Modell: Beispiel 1 150
7.6   Linear und semilogarithmisch aufgetragene Kennlinien zu Beispiel 1 151
7.7   Korrelation der Abweichung der Ströme aus dem Ausgangsmodell und dem effektiven Modell: Beispiel 2 152
7.8   Ausgangsmodell und effektives Modell bei Beleuchtung 155
7.9   Konstruktion des effektiven Parallelwiderstands bei Beleuchtung aus den Subzellenkennlinien 156
7.10 Semilogarithmische Kennlinien eines Moduls im Ausgangsmodell und im effektiven Modell 161
7.11 Experimentelle Subzellenkennlinien und Tandemzellenkennlinien im Vergleich mit dem effektiven Modell 163

8.1   Fehler des effektiven Modells als Hyperbel dargestellt 192
8.2   Grenzwert des Fehlers $\epsilon_{\max}(I_{0,1}, I_{0,2})$ im effektiven Modell . . . 195

Tabellenverzeichnis

2.1 Verschiedene in Tandemzellen als Rekombinationsschicht verwendete Materialkombinationen 36

4.1 Übersicht über die verwendeten Metalloxidschichten in Kombination mit gesputterter ZnO:Al-Elektrode 58

4.2 Vergleich von Zellparametern semitransparenter Zellen mit ZAO-Elektrode und $LiCoO_2$/Al- oder MoO_3-Zwischenschicht . 65

4.3 Vergleich von Zellparametern semitransparenter Zellen mit ZAO-Elektrode und $LiCoO_2$/Al- oder TiO_2/Al-Zwischenschicht 66

4.4 Vergleich von Zellparametern in semitransparenten $PCDTBT:PC_{70}BM$-Zellen in Abhängigkeit der Aluminiumzwischenschichtdicke 77

4.5 Kurzschlussstromdichten bei verschiedenen ZAO-Schichtdicken 84

4.6 Solarzellenparameter aus der Simulation mit SCAPS für unterschiedlich dicke ZAO-Schichten mit dünner Al-Schicht als Kathode 86

5.1 Direkter Wertevergleich verschiedener, optimierter 3T-Tandemzellen 110

5.2 Zellparameter simulierter semitransparenter $PCDTBT:PC_{70}BM$-Zellen in Abhängigkeit der Reflexion dünner ZAO-Schichten . . 113

7.1 Ausgangswerte und effektive Werte für die Beispiel 1 und 2 . . . 149

7.2 Ausgangswerte und effektive Werte für Beispiel 1, mit Beleuchtung 153

7.3 Ausgangsparameter und effektive Parameter eines Moduls . . . 160

7.4 Experimentelles Beispiel zum effektiven Ersatzschaltbild anhand einer 3T-Tandemzelle und ihrer Subzellen 162

Anhang

Fehlerbetrachtung der effektiven Diodengleichung

Ausgehend von Gleichung 7.1 folgt aus der Addition der Subzellenteilspannungen die Gleichung

$$I_{0,\text{eff}} \left[\exp\left(\frac{q}{A_{\text{eff}} k_{\text{B}} T} \left(U - R_{\text{S,eff}} I \right) \right) - 1 \right] - I =$$

$$(I + I_{0,1})^{\frac{A_1}{A_{\text{eff}}}} (I + I_{0,2})^{\frac{A_2}{A_{\text{eff}}}} - I_{0,\text{eff}} - I, \quad \text{mit}$$

$$\sum_{i=1,2} R_{\text{S},i} I = R_{\text{S,eff}} I$$

$$A_{\text{eff}} = A_1 + A_2$$

$$I_{0,\text{eff}} = I_{0,1}^{\frac{A_1}{A_{\text{eff}}}} I_{0,2}^{\frac{A_2}{A_{\text{eff}}}}.$$

Hierbei entspricht die linke Seite der Gleichung dem Ausdruck für eine effektive Diodengleichung. Dies kann nur dann gelten, wenn die rechte Seite der Gleichung verschwindet oder vernachlässigt werden darf. Damit ist zu zeigen:

$$(I + I_{0,1})^{\frac{A_1}{A_{\text{eff}}}} (I + I_{0,2})^{\frac{A_2}{A_{\text{eff}}}} - I_{0,\text{eff}} - I = 0.$$

Diese Gleichung hat zwei leicht zu findende Lösungen: für $I = 0$ A und $I_{0,1} = I_{0,2}$. Für die weitere Betrachtung wird zunächst die linke Seite der Gleichung als Funktion des Stroms übernommen und zur vereinfachten Darstellung werden die $I_{\text{x},i} = I + I_{0,i}$ benutzt:

$$\begin{aligned}
f(I) &= (I + I_{0,1})^{\frac{A_1}{A_{\text{eff}}}} (I + I_{0,2})^{\frac{A_2}{A_{\text{eff}}}} - I_{0,\text{eff}} - I \\
&= I_{\text{x},1}^{\frac{A_1}{A_{\text{eff}}}} I_{\text{x},2}^{\frac{A_2}{A_{\text{eff}}}} - I_{0,\text{eff}} - I.
\end{aligned} \tag{8.1}$$

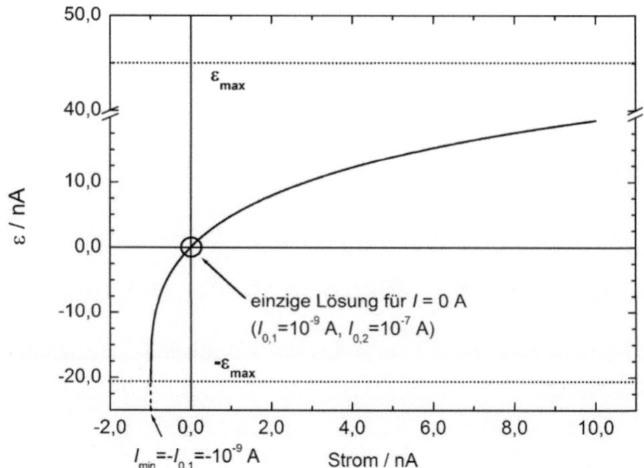

Abbildung 8.1: Der Fehler des effektiven Modells entspricht einer Hyperbel und ist durch den minimalen Sperrsättigungsstrom sowie durch die zweite Asymptote ϵ_{max} für $I \to \infty$ begrenzt. Für identische Subzellen-Sperrsättigungsströme ist das effektive Modell exakt.

Diese Gleichung entspricht einer Hyperbel mit zwei Asymptoten (vgl. Abb. 8.1) und kann höchstens zwei Nullstellen besitzen, die die Lösung der Gleichung darstellen. Da bereits eine Nullstelle ($I = 0$ A) gefunden wurde, kann eine zweite Nullstelle nur existieren, sofern die Steigung $f'(I)$ ihr Vorzeichen wechselt und der Wendepunkt der Hyperbel nicht bei $I = 0$ A liegt. Im Folgenden soll gezeigt werden, dass die Steigung $f'(I) \geq 0$ ist. Für die weitere Rechnung ist es nötig zu zeigen, dass die $I_{\mathrm{x,i}}$ positive reelle Zahlen sind:

$$I + I_{0,\mathrm{i}} = I_{0,\mathrm{i}} \left[\exp \left(\frac{q}{A_{\mathrm{i}} k_{\mathrm{B}} T} (U_{\mathrm{i}} - R_{\mathrm{S,i}} I) \right) \right]$$
$$I_{\mathrm{x,i}} = I_{0,\mathrm{i}} \left[\exp \delta_{\mathrm{i}} \right]$$

$$I_{0,\mathrm{i}} > 0 A, \exp \delta_{\mathrm{i}} > 0$$
$$\Downarrow$$
$$I_{\mathrm{x,i}} > 0 \Rightarrow I > -I_{0,\mathrm{i}} \Rightarrow I > -\min(I_{0,1}, I_{0,2}).$$

Nun ist zu zeigen, dass entsprechend der Voraussetzung die Ableitung von Gleichung 8.1

$$f'(I) = \frac{d}{dI}\left[I_{x,1}^{\frac{A_1}{A_{\text{eff}}}} I_{x,2}^{\frac{A_2}{A_{\text{eff}}}} - I_{0,\text{eff}} - I\right]$$

$$= \frac{A_1}{A_{\text{eff}}}\left(\frac{I_{x,2}}{I_{x,1}}\right)^{\frac{A_1}{A_{\text{eff}}}} + \frac{A_2}{A_{\text{eff}}}\left(\frac{I_{x,1}}{I_{x,2}}\right)^{\frac{A_1}{A_{\text{eff}}}} - 1 \geq 0$$

ist. Nach Umformen folgt die "Youngsche Ungleichung"

$$\frac{A_1}{A_{\text{eff}}}I_{x,2} + \frac{A_2}{A_{\text{eff}}}I_{x,1} \geq I_{x,2}^{\frac{A_1}{A_{\text{eff}}}} I_{x,1}^{\frac{A_2}{A_{\text{eff}}}}$$

die immer gilt[1], da die $I_{x,i}$ positive reelle Zahlen sind und außerdem die Bedingung

$$\frac{A_1}{A_{\text{eff}}} + \frac{A_2}{A_{\text{eff}}} = 1, \quad A_{\text{eff}} = A_1 + A_2$$

durch die Definition von A_{eff} erfüllt ist. Aus der bekannten Nullstelle bei $I = 0$ A und der stets positiven Steigung folgt, dass Gleichung 7.7 nur für $I = 0A$ gelöst werden kann (vgl. Abb. 8.1). Hinsichtlich der möglichen Stromwerte I einer Diode (von $-I_0$ bis $+\infty$) wird Gleichung 7.7 nicht exakt sondern bestenfalls in ausreichender Näherung gelöst:

$$(I + I_{0,1})^{\frac{A_1}{A_{\text{eff}}}} (I + I_{0,2})^{\frac{A_2}{A_{\text{eff}}}} - I_{0,\text{eff}} - I = 0 \Leftrightarrow I_{0,1} = I_{0,2} \vee I = 0$$

$$\tag{8.2}$$

$$(I + I_{0,1})^{\frac{A_1}{A_{\text{eff}}}} (I + I_{0,2})^{\frac{A_2}{A_{\text{eff}}}} - I_{0,\text{eff}} - I = \epsilon \neq 0 \Leftrightarrow I_{0,1} \neq I_{0,2} \wedge I \neq 0$$

Daher soll der Fehler ϵ der unteren Gleichung (oder die Güte der Näherung) genauer bestimmt werden. Hierzu können die beiden Asymptoten der Hyperbel verwendet werden, die die Grenzen des maximal möglichen Fehlers ϵ_{max} darstellen (vgl. Abb. 8.1). Die Grenzwerte für den minimalen und den maximalen Strom bei seriell verschalteten Dioden sind

---

[1]Das Gleichheitszeichen gilt nur, sofern $I_{x,1} = I_{x,2}$ bzw. $I_{0,1} = I_{0,2}$ ist.

$$I \to -\min(I_{0,1}, I_{0,2})$$
$$I \to +\infty$$

und führen mit Gleichung 8.1 auf die Grenzwertbetrachtung

$$\epsilon_{\max}(I_{0,1}, I_{0,2}) = \lim_{I \to a} \left[I_{\mathrm{x},1}^{\frac{A_1}{A_{\mathrm{eff}}}} I_{\mathrm{x},2}^{\frac{A_2}{A_{\mathrm{eff}}}} - I_{0,\mathrm{eff}} - I \right], \quad a \in \{-\min(I_{0,1}, I_{0,2}), +\infty\}. \tag{8.3}$$

Ein Beispiel für die Größenordnung des Fehlers beider Grenzwerte zeigen die Abbildungen 8.2. Die Fehlerwerte liegen im Bereich $< 10^{-6}A$ und ihre Größenordnung entspricht in etwa der Größenordnung des größeren der beiden Sperrsättigungsströme. Damit sind die Fehler nahe 0, so dass Gleichung 8.2 (bzw. Gl. 7.7) in einer sehr guten Näherung erfüllt ist und darüber hinaus theoretisch auch die Verwendung von Gleichung 7.6 erlaubt. Allerdings muss berücksichtigt werden, dass für große Sperrsättigungsströme (z.B. $> 10^{-3}A$) die Fehler größer werden und ab einer gewissen Größe nicht mehr unbedeutend sind. Vielmehr entscheidend ist jedoch die Größe des Fehlers $\epsilon_{\max}$ in Sperrrichtung: dieser entspricht in seiner Größe dem minimalen Sperrsättigungsstrom ($-\min(I_{0,1}, I_{0,2})$), so dass die Gleichung hier nicht gilt! Jedoch stellt dies im Zusammenhang mit dem verwendeten Ersatzschaltbild einer Solarzelle kein Problem dar, da der Sperrsättigungstromüberschuss ($I_{0,1} - I_{0,2}$, $I_{0,1} > I_{0,2}$) der einen Diode über den Parallelwiderstand $R_{\mathrm{P},2}$ der anderen Diode fließen kann. Dadurch entsteht zwar eine Spannungsverschiebung U_{V}, die sich über

$$U_{\mathrm{V}} = R_{\mathrm{P},2} \cdot (I_{0,1} - I_{0,2})$$

bestimmen lässt, aber im Allgemeinen wegen des geringen Spannungsbetrags U_{V} (z.B. $I_{0,1} - I_{0,2} = 10^{-8}A$ und $R_{\mathrm{P},2} = 10\mathrm{k}\Omega$ führen auf $U_{\mathrm{V}} = 100\mu\mathrm{V}$) vernachlässigt werden kann.

Neben diesem Ansatz zur Bestimmung einer effektiven Diodengleichung existiert noch ein weiterer Ansatz. Dieser führt zwar auf eine exakte Diodengleichung, welche in ihrer Form nicht mehr ganzheitlich mit der üblichen Diodengleichung übereinstimmt.

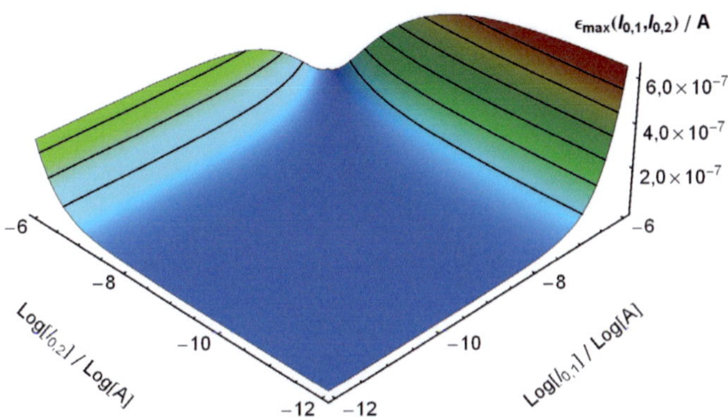

(a) Grenzwert des Fehlers ϵ_{max} für $I \to +\infty$.

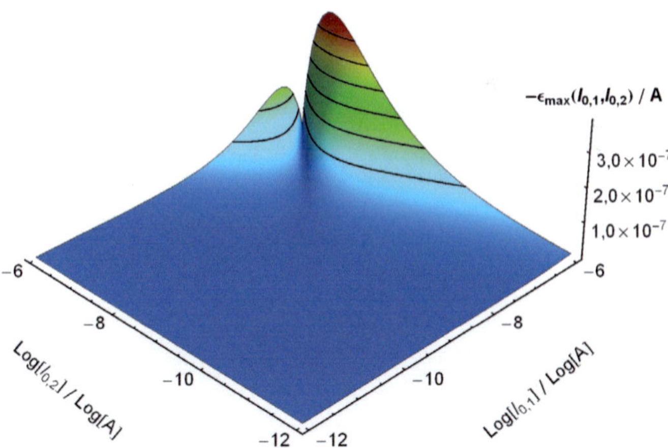

(b) Grenzwert des Fehlers ϵ_{max} für $I \to -\min(I_{0,1}, I_{0,2})$. *Anmerkung:* aus praktischen Gründen wurde $-\epsilon$ aufgetragen.

Abbildung 8.2: Grenzwert des Fehlers $\epsilon_{\mathrm{max}}(I_{0,1}, I_{0,2})$ aus Gleichung 8.3 bzw. Abweichung der Gleichung 7.7 von 0. In beiden Beispielen sind die Fehler von der Größenordnung 10^{-7} und vernachlässigbar klein. Die verwendeten Diodenfaktoren sind $A_1 = 2$ and $A_2 = 1$.

Alternative Herleitung einer exakten effektiven Diodengleichung

Als Ausgangspunkt zur Ableitung der effektiven Diodengleichung wird erneut Gleichung 7.1 auf S. 135 verwendet

$$\sum_{i=1,2} U_i = \sum_{i=1,2} \left(\frac{A_i k_\mathrm{B} T}{q} \ln\left(\Gamma_i\right) + R_{\mathrm{S},i} I \right)$$
$$\Gamma_i = \frac{I + I_{0,i}}{I_{0,i}}$$

und führt mit $U = U_1 + U_2$ auf:

$$\frac{q\left(U - R_{\mathrm{S,eff}} I\right)}{k_\mathrm{B} T} = A_1 \ln\left(\frac{I + I_{0,1}}{I_{0,1}}\right) + A_2 \ln\left(\frac{I + I_{0,2}}{I_{0,2}}\right).$$

Die neue Idee ist, den zweiten Sperrsättigungsstrom ($I_{0,2}$) durch den ersten Sperrsättigungsstrom ($I_{0,1}$) auszudrücken, wobei ohne Beschränkung der Allgemeinheit $I_{0,1} \leq I_{0,2}$ gilt. Damit lassen sich die Logarithmen leichter vereinfachen

$$I_{0,2} = x \cdot I_{0,1}, \quad x \geq 1$$
$$\Longrightarrow \ln\left(\frac{I + I_{0,2}}{I_{0,2}}\right) = \ln\left(\frac{I + x I_{0,1}}{x I_{0,1}}\right) =$$
$$\ln\left(\frac{I + I_{0,1}}{I_{0,1}}\right) + \ln\left(\frac{I + x I_{0,1}}{x I + x I_{0,1}}\right) =$$
$$\ln\left(\frac{I + I_{0,1}}{I_{0,1}}\right) + \ln\left(\frac{I_{0,1}}{I_{0,2}} \frac{I + I_{0,2}}{I + I_{0,1}}\right)$$

und zusammen mit der Identität des effektiven Diodenfaktors in die vorangegangene Gleichung einsetzen:

$$\frac{q\,(U - R_{\mathrm{S,eff}}I)}{k_{\mathrm{B}}T} =$$

$$(A_1 + A_2)\left(\ln\left(\frac{I + I_{0,1}}{I_{0,1}}\right)\right) + A_2 \ln\left(\frac{I_{0,1}}{I_{0,2}}\frac{I + I_{0,2}}{I + I_{0,1}}\right) =$$

$$A_{\mathrm{eff}} \cdot \left(\ln\left(\frac{I + I_{0,1}}{I_{0,1}}\right) + \frac{A_2}{A_{\mathrm{eff}}}\ln\left(\frac{I_{0,1}}{I_{0,2}}\frac{I + I_{0,2}}{I + I_{0,1}}\right)\right) =$$

$$A_{\mathrm{eff}} \cdot \left(\ln\left(\frac{I + I_{0,1}}{I_{0,1}}\right) + \ln\left[\left(\frac{I_{0,1}}{I_{0,2}}\frac{I + I_{0,2}}{I + I_{0,1}}\right)^{\frac{A_2}{A_{\mathrm{eff}}}}\right]\right) =$$

$$A_{\mathrm{eff}}\ln\left[\frac{I + I_{0,1}}{I_{0,1}} \cdot \left(\frac{I_{0,1}}{I_{0,2}}\frac{I + I_{0,2}}{I + I_{0,1}}\right)^{\frac{A_2}{A_{\mathrm{eff}}}}\right] =$$

$$A_{\mathrm{eff}}\ln\left[\frac{I + I_{0,1}}{I_{0,1}^{\frac{A_1}{A_{\mathrm{eff}}}} I_{0,2}^{\frac{A_2}{A_{\mathrm{eff}}}}} \cdot \left(\frac{I + I_{0,2}}{I + I_{0,1}}\right)^{\frac{A_2}{A_{\mathrm{eff}}}}\right].$$

Mit dem Ausdruck für den effektiven Sperrsättigungsstrom folgt die Gleichung

$$\frac{q\,(U - R_{\mathrm{S,eff}}I)}{A_{\mathrm{eff}}k_{\mathrm{B}}T} = \ln\left[\frac{I + I_{0,1}}{I_{0,\mathrm{eff}}} \cdot \left(\frac{I + I_{0,2}}{I + I_{0,1}}\right)^{\frac{A_2}{A_{\mathrm{eff}}}}\right]$$

$$\Downarrow$$

$$\exp\left(\frac{q\,(U - R_{\mathrm{S,eff}}I)}{A_{\mathrm{eff}}k_{\mathrm{B}}T}\right) = \frac{I + I_{0,1}}{I_{0,\mathrm{eff}}} \cdot \left(\frac{I + I_{0,2}}{I + I_{0,1}}\right)^{\frac{A_2}{A_{\mathrm{eff}}}},$$

die derart umgeformt werden kann, dass eine Gleichung erscheint, die in ihrer Form wieder einer effektiven Diodengleichung ähnelt (vgl. Gl. 7.8, S. 137):

$$I = \left(\frac{I + I_{0,1}}{I + I_{0,2}}\right)^{\frac{A_2}{A_{\mathrm{eff}}}} \cdot I_{0,\mathrm{eff}} \exp\left(\frac{q\,(U - R_{\mathrm{S,eff}}I)}{A_{\mathrm{eff}}k_{\mathrm{B}}T}\right) - I_{0,1}.$$

Hier sind die zwei wesentlichen Unterschiede sofort ersichtlich: der bisher konstante effektive Sperrsättigungsstromfaktor vor der Exponentialfunktion durch einen Stromvorfaktor ($\left(\frac{I+I_{0,1}}{I+I_{0,2}}\right)^{\frac{A_2}{A_{\mathrm{eff}}}}$) ergänzt *und* es gibt nun einen konstanten

Sperrsättigungsterm, der vom kleineren der beiden Sperrsättigungsströme bestimmt wird (hier $I_{0,1}$).

In Sperrrichtung wird der Gesamtstrom I durch den minimalen Sperrsättigungsstrom ($I_{0,1}$) bestimmt, so dass gilt

$$\left(\frac{I + I_{0,1}}{I + I_{0,2}}\right)^{\frac{A_2}{A_{\text{eff}}}} \xrightarrow{I \approx -I_{0,1}} 0.$$

Bei ausreichend hohen positiven Spannungen übersteigt der Gesamtstrom die Sperrsättigungsströme und der Vorfaktor wird

$$\left(\frac{I + I_{0,1}}{I + I_{0,2}}\right)^{\frac{A_2}{A_{\text{eff}}}} \xrightarrow{I \gg I_{0,1;2}} 1.$$

Diese Näherung führt wieder auf den bekannten Ausdruck für die effektive Diode aus Gleichung 7.8, sofern der konstante effektive Sperrsättigungsterm vernachlässigt werden darf. Damit stellt Gleichung 7.8 eine Näherung dar, die stets bei den gezeigten Voraussetzungen gilt: 1) positive Spannung, so dass 2) die Subzellen-Sperrsättigungsströme gegenüber dem Gesamtstrom I vernachlässigbar klein sind.

Abschließend kann der Ausdruck für die effektive Diode in eine Form gebracht werden, die für Rechnungen evtl. besser geeignet sein könnte:

$$(I + I_{0,1})^{A_1} \cdot (I + I_{0,2})^{A_2} = \exp\left(\frac{q\,(U - R_{\text{S,eff}}I)}{k_{\text{B}}T}\right).$$

Danksagung

Eine Doktorarbeit ist eine langwierige Aufgabe, die nicht im Alleingang bewältigt werden kann. An dieser Stelle möchte ich mich daher bei all jenen bedanken, die maßgeblich zum Erfolg meiner Arbeit beigetragen haben.

Folglich gilt mein erster und besonderer Dank meinem Doktorvater Prof. Uli Lemmer für das mir entgegengebrachte Vertrauen und die Betreuung meiner Arbeit. Frau Prof. Ellen Ivers-Tiffée möchte für die Übernahme des Korreferats danken. Daneben möchte ich mich bei Prof. Michael Powalla und Dr. Erik Ahlswede für die Gelegenheit danken, am ZSW, einem der führenden Solarforschungsinstitute, zu promovieren.

Für die Betreuung am ZSW möchte ich mich ganz besonders bei Dr. Erik Ahlswede und Dr. Jonas Hanisch bedanken und mich auf diesem Wege für die vielen Formeln entschuldigen, die Jonas alle nachrechnen musste. Auch die vielen Diskussionen mit Jonas zu allen anfallenden Themen haben mir immer weitergeholfen, deren Problematik neu auszuleuchten. Noch einmal sei den beiden für das Korrekturlesen meiner Arbeit gedankt, bei dem ihnen auch einige Wochenenden abhanden kamen. An dieser Stelle bedanke ich mich herzlich bei Ines Klugius, die sich bereit erklärt hat, meine Arbeit gegenzulesen.

Tina Wahl möchte ich sowohl für die experimentelle Unterstützung bei der Herstellung der semtiransparenten Zellen danken, als auch für die ZnO-Nanopartikelsynthese und das anfertigen der REM-Bilder. Für die Hilfe bei der MoO_3-Nanopartikelsynthese danke ich Cordula Schmidt, die so nett war als Chemikerin die Strukturformeln der Polymere und Fullerene für meine Arbeit zu erstellen. Jörg Hanisch, dem Bruder von Jonas Hanisch und studierter Mathematiker, möchte ich für die richtungsweisenden Ideen zur Beschreibung des Fehlers im effektiven Ersatzschaltbildmodell danken, ohne die dieser Teil der Arbeit nicht so schnell und gut gelungen wäre.

Dr. Oliver Kiowski danke ich für die vielen Ratschläge und Erklärungen zur EQE-, Transmissions- und Reflexionsmessung, die mir alle sehr weitergeholfen haben. Auch bei Richard Menner möchte ich mich bedanken, der nicht nur in allen Belangen der Sputteranlagentechnik stets zu helfen wusste, sondern auch bei Diskussionen über Halbleiterphysik. Dr. Erwin Lotter sei für die Entwicklung von Diplot gedankt und auch für die vielen Gespräche über optische Effekte. Im Besonders möchte ich mich noch bei Dr. Wolfram Witte bedanken, der mit vielen Ratschlägen zum gelingen meiner Arbeit beigetragen hat.

Dr. Theresa Magorian-Friedlmeier und Claudia Brusdaylins möchte ich abschließend für das Korrekturlesen meiner englischsprachigen Publikation danken.

Den Mitarbeitern des ZSW sei auch gedankt: für das stets freundliche Betriebsklima und die regelmäßige Verköstigung um 13 Uhr im Wellnessbereich. Nicht weniger schön war das Arbeitsklima in meinem Büro zusammen mit Dr. Aina Quintilla und Ines Klugius, denen ich hiermit sagen will: war toll mit Euch!

Der DFG danke ich für die TRAPOS-Projektgelder aus dem SPP 1355 und die damit verbundene Finanzierung meiner Dissertation. Dem ZSW danke ich für die Aufstockung auf ein für einen Doktoranden fürstliches Gehalt. Den Mietpreisen in Stuttgart danke ich wiederum dafür, dass mir das nie zu Kopfe steigen konnte.

Am Ende möchte ich mich ganz besonders herzlich bei meinen Eltern und meiner Großmutter bedanken, die mich, insbesondere in der für mich sehr schweren Phase zu Beginn meiner Arbeit, stets und ohne Vorbehalt in jedweder Hinsicht unterstützt haben.

Veröffentlichungen

Im Rahmen dieser Arbeit entstandene Publikationen:

- **ZnO:Al-based recombination layers for polymer tandem solar cells: influence of acidic or pH-neutral poly(3,4-ethylenedioxythiophene):poly(styrenesulfonate) formulations**
  Andreas Bauer, Jonas Hanisch, Tina Wahl, Erik Ahlswede
  Org. Electron., 2011, Vol. 12, 2071

- **ZnO:Al cathode for highly efficient, semitransparent 4% organic solar cells utilizing TiO$_x$ and aluminum interlayers**
  Andreas Bauer, Tina Wahl, Jonas Hanisch, Erik Ahlswede
  Appl. Phys. Lett., 2012, Vol. 100, 073307

- **Effective single solar cell equivalent circuit model for two or more serially connected solar cells**
  Andreas Bauer, Jonas Hanisch, Erik Ahlswede
  eingereicht

- **Efficient Semi-Transparent Organic Solar Cells with Good Transparency Color Perception and Rendering Properties**
  Alexander Colsmann, Andreas Pütz, Andreas Bauer, Jonas Hanisch, Erik Ahlswede, Uli Lemmer
  Adv. En. Mater., 2011, Vol. 1, 599

Posterpräsentation auf Konferenzen:

- **Sputtered ZnO:Al Recombination Layer for Flexible Organic Tandem Solar Cells**
  Andreas Bauer, Jonas Hanisch, Erik Ahlswede
  International Symposium on Flexible Organic Electronics (IS-FOE), Ouranopolis, 2010

- **Shunt Resistance Effects in Organic Tandem Solar Cells**
  Andreas Bauer, Jonas Hanisch, Erik Ahlswede
  European Materials Research Society (E-MRS) Spring Meeting, Nizza, 2011

- **Highly efficient semitransparent organic solar cells with sputtered ZnO:Al cathodes: Influence of light management at the transparent electrode**
  Andreas Bauer, T. Wahl, Jonas Hanisch, Erik Ahlswede
  International Conference on Hybrid and Organic Photovoltaics, Uppsala (Sweden), 2012

Konferenzvorträge:

- **Recent Results of the TRAPOS Project: Towards Organic Tandem Solar Cells**
  Andreas Bauer, Jonas Hanisch, Erik Ahlswede
  Plastic Electronics (Workshop), Dresden, 2010

Weitere Publikationen:

- **Matching coefficients for α_S and m_b to $\mathcal{O}(\alpha_S^2)$ in the MSSM**
  Andreas Bauer, Luminita Mihaila, Jens Salomon
  J. High Energy Phys., 2009, 037